Farming

GAODENG ZHIYE JIAOYU
XUMU SHOUYI LEI ZHUANYE
XILIE JIAOCAI

高等职业教育
畜牧兽医类专业
系列教材

兽医临床诊疗技术

SHOUYI LINCHUANG ZHENLIAO JISHU

主编 何德肆 张传师

重庆大学出版社

内容提要

  本书是为高等职业教育畜牧兽医类专业核心课程"兽医临床诊疗技术"编写的教材,针对高等职业教育培养高素质技能型人才的要求,系统全面地介绍了兽医临床和实验室诊断的基本方法、疾病在兽医临床上的基本表现形式和兽医临床常用治疗方法。本书在内容上共分为4个项目,下设若干任务,具体包括兽医临床检查技术、兽医临床生化检验、兽医特殊检验技术、兽医临床治疗技术。各项目前设有学习目标、培养工作能力、工作任务等,各项目后设有小结测试,便于加深理解和复习。

  本书可供高等职业教育畜牧兽医、动物医学、动物药学、宠物养护等专业师生使用,也可供兽医防治员、动物医院医生等相关从业者参考。

图书在版编目(CIP)数据

兽医临床诊疗技术 / 何德肆,张传师主编. -- 重庆:
重庆大学出版社,2022.5
高等职业教育畜牧兽医类专业系列教材
ISBN 978-7-5689-3254-7

Ⅰ.①兽… Ⅱ.①何… ②张… Ⅲ.①兽医学—诊疗
—高等职业教育—教材 Ⅳ.①S854

中国版本图书馆 CIP 数据核字(2022)第 067395 号

兽医临床诊疗技术
主 编 何德肆 张传师
策划编辑:袁文华

责任编辑:张红梅　版式设计:袁文华
责任校对:王 倩　责任印制:赵 晟

*

重庆大学出版社出版发行
出版人:饶帮华
社址:重庆市沙坪坝区大学城西路 21 号
邮编:401331
电话:(023) 88617190　88617185(中小学)
传真:(023) 88617186　88617166
网址:http://www.cqup.com.cn
邮箱:fxk@ cqup.com.cn(营销中心)
全国新华书店经销
重庆紫石东南印务有限公司印刷

*

开本:787mm×1092mm　1/16　印张:15.5　字数:369千
2022 年 5 月第 1 版　　2022 年 5 月第 1 次印刷
印数:1—3 000
ISBN 978-7-5689-3254-7　定价:38.00 元

Preface
前言

　　"兽医临床诊疗技术"是高等职业教育畜牧兽医类专业工学结合的核心课程。随着科技的进步、现代畜牧业的快速发展,面对动物疾病的复杂性,现代畜牧兽医对高素质技能型人才的需求也快速增长。兽医临床诊疗技术是高等职业教育畜牧兽医类专业学生必须掌握的技能,本书根据畜牧生产、兽医临床实际的需要,针对高等职业教育培养高素质技能型人才的目标要求而编写。

　　本书依据相关畜牧兽医人才培养方案和课程标准,按照项目化教学要求,本着理论够用、能用,以常见病、多发病为主,传统技术与现代技术融合,以畜牧兽医应用实际为最终目的,构建新的兽医临床诊疗技术教材内容和体系,删减部分理论内容,增加新的实用知识与技能,突出学生实际技能的培养。调整后,本书共分为 4 个项目,下设若干任务,系统全面地介绍了兽医临床和实验室诊断的基本方法、疾病在兽医临床上的基本表现形式和兽医临床常用治疗方法,具体包括兽医临床检查技术、兽医临床生化检验、兽医特殊检验技术、兽医临床治疗技术。各项目前设有学习目标、培养工作能力、工作任务等;各项目后设有小结测试,便于加深理解和复习。本书直接面向畜牧兽医专业岗位群,与兽医防治员、动物医院相关岗位工作任务相对应,内容翔实,各相关专业和不同层次的教学可酌情选择教学内容。本书出版后可供高等职业教育畜牧兽医、动物医学、动物药学、宠物养护等专业师生使用,也可供兽医防治员、动物医院医生等相关从业者参考。

　　本书由何德肆、张传师担任主编,徐平源、杨庆稳任副主编;彭兰丽、马玉捷、向琼昊、文星星、李至军、高帅、曾伍、胡楚元、胡锡光参与了编写。本书编写过程中,参阅了大量国内外公开发表和出版的文献资料,瑞派宠物医院管理股份有限公司为本书编写提供了大量的视频,在此向所有原著作者表示诚挚的敬意和由衷的感谢。同时,感谢重庆大学出版社对本书出版的大力支持和帮助。

　　由于编者水平有限,书中难免存在不足之处,恳请各位读者提出宝贵意见,以便今后不断完善。

编　者
2022 年 2 月

Directory
目录

项目1
兽医临床检查技术

SHOUYI LINCHUANG JIANCHA JISHU

▶▷ **学习目标**

学生通过本项目的学习,全面掌握动物保定技术;掌握临床基本检查的方法、技巧及要领;掌握动物基本体征,心血管、呼吸、消化、泌尿、生殖、神经等系统检查的技术要领和临床意义。学生能按工作任务要求,运用所学知识、技能提出动物疾病临床检查方案并完成工作任务,培养诊断疾病的程序化、规范化操作技能。

▶▷ **培养工作能力**

1. 会动物的保定。
2. 会临床基本检查。
3. 会动物基本体征检查。
4. 会消化器官的临床检查。
5. 会呼吸器官的临床检查。
6. 会心脏血管的检查。
7. 会泌尿生殖器官的临床检查。
8. 会临床常见症状的鉴别诊断。

▶▷ **工作任务**

1. 动物保定。
2. 临床基本检查与建立诊断。
3. 动物基本体征检查。
4. 动物各系统器官检查。
5. 临床常见症状鉴别诊断。

任务 1.1　动物保定技术

➤ **学习目标**

● 会动物的接近。

● 会各种动物的基本保定技术。

● 能运用理论知识解释操作的原理。

1.1.1　动物的接近

1)方法

①检查者首先向动物发出温和的呼声,以示欲向其靠近,然后再从其前侧方缓缓接近。

②接近后,用手轻抚动物的头、颈、躯干部,或轻轻搔痒,使其保持安静、温顺,然后进行检查。

③接近动物时,一般应由畜主或饲养人员协助保定以确保安全。

2)注意事项

①应向畜主了解动物的性情,有无咬人、踢人、顶人的恶习,并时刻注意动物的神态。若发现马竖耳、瞪眼,牛低头凝视,羊低头后退,猪翘鼻、斜视、发出吼声,应停止检查或采取相应措施。

②根据马、牛踢人的习惯,不能从正后方接近马属动物或从后侧方接近牛,以免被其前肢刨伤或后肢踢伤。

1.1.2　动物的保定

在了解各种动物的习性及其自卫表现的基础上,应视动物的个体情况,尽可能地在其自然状态下进行检查。必要时,可采取一些保定措施。保定是以人力、器械或药物控制病畜,限制及防止其活动。其目的是让动物接受诊治,同时保障人、畜安全。

1)牛的保定

(1)徒手保定法

一手抓住牛角,另一手拉鼻环或用拇指、食指和中指捏住鼻中隔加以固定(图1.1)。该保定方法较为简单,主要用于一般检查,灌药、肌注或静注等。

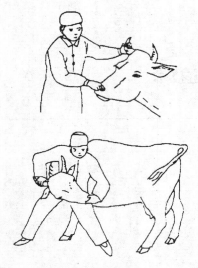

图 1.1　牛徒手保定法

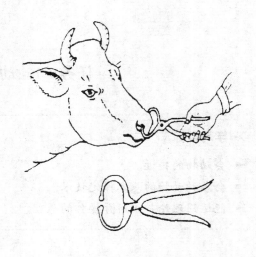

图 1.2　牛鼻钳保定法

（2）鼻钳保定法

一手抓住笼头，另一手握牛鼻钳，将鼻钳的两钳嘴抵于两鼻孔，并迅速夹紧鼻中隔，并固定牢靠。在松手时，两个手柄不能同时松开，以免鼻钳甩出伤人（图 1.2）。该保定方法用于牛的一般检查，灌药、肌注或静注等。

（3）两后肢固定法

取一条 3 m 长的绳索，一端打活结挽成绳环，游离端环绕牛腹部一圈后插入绳环内，形成大绳环。将大绳环后移，经腰、臀部滑落至跟结节上部，绳端再由两后肢间向前穿出，抽紧即可保定（图 1.3）。如需较长时间保定，可将绳的游离端经腰部抛向对侧，再经腹下拉回本绳打结固定。该保定方法用于一般检查，乳房、子宫、阴道的治疗。

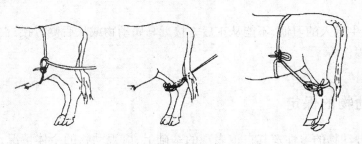

图 1.3　牛两后肢固定法

（4）柱栏保定法

柱栏保定法是临床上最常用、也最可靠的保定方法。常见的柱栏保定法有单柱栏（图 1.4）、二柱栏（图 1.5）、四柱栏、五柱栏（图 1.6）和六柱栏保定法等。用作柱栏的材料多为钢管，也有少数为木质的。柱栏上有多个钩和环，可拴缰绳，挂吊瓶、吊桶，并备有一头固定、另一头拴解方便的绳或带，如肩前带、臀带、背带和腹带，使前、后、左、右、上、下都固定，非常安全。一般来说,前两者是必备也是必用的,后两者可依据需要选择应用。该保定方法适用于修蹄、瘤胃切开等手术。

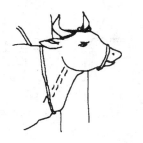

图1.4　牛单柱栏保定法

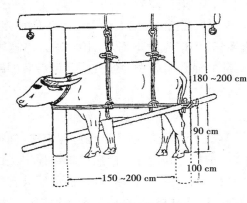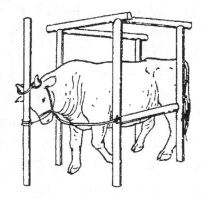

图1.5　牛二柱栏保定法　　　　　　　　　图1.6　牛五柱栏保定法

（5）倒卧保定法

倒卧保定法是根据需要先倒牛,再进行保定的方法。目前,倒牛的方法主要有:背腰缠绕倒牛法、勒压式倒牛法、拉提前肢倒牛法。其中背腰缠绕倒牛法主要适用于黄牛的外科手术等,勒压式倒牛法、拉提前肢倒牛法适用于水牛的保定,常用于去势及会阴部外科手术等。

①背腰缠绕倒牛法。用12~15 m长的圆绳,一端拴在牛颈部,另一端由颈背侧引向后方,经肩胛后方及髋结节前方,分别绕背胸及腰腹部各作一环套,再引绳向后。两环套的绳交叉点均在倒卧对侧。随后,由1~2人固定牛头并向倒卧侧按压,2~3人向后牵拉倒绳,牛因绳套压近,胸腹肌紧缩,后肢屈曲而自行倒卧(图1.7)。应注意,牛倒卧后,先固定好头部;其次不能放松绳端,否则易站立。

②勒压式倒牛法。取一条长10 m的绳索,将绳对折,绳中部搭在牛颈上方,两绳端向下,经两前肢间向后,交叉后由胸侧上引,至腰背部再交叉,分别经腹部下行,由前向后穿过两后肢间由两助手向后拉,牵牛人向前拉,3人同时用力,使牛四肢屈曲而卧倒(图1.8)。倒牛后,上侧绳端绕上侧后肢系部,下侧绳端绕下侧后肢系部,引向前拉紧固定。

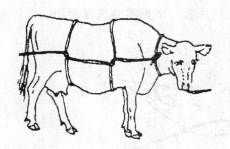

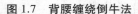

图 1.7　背腰缠绕倒牛法　　　　　　　图 1.8　勒压式倒牛法

③拉提前肢倒牛法。取长约 10 m 的圆绳,折成长、短两段,于折转处做一套结并套于左前肢系部,将短绳一端经胸下至右侧并绕过背部再返回左侧,由一人拉绳;另将长绳引至左髋结节前方并经腰部返回缠一周,打半结,再引向后方,由二人牵引。令牛向前走一步,当其抬举左前肢的瞬间,三人同时用力拉紧绳索,牛即先跪下而后倒卧;一人迅速固定牛头,一人固定牛的后躯,一人迅速将缠在其腰部的绳套向后拉并使其滑到两后肢的跗部而拉紧之,最后将两后肢与前肢捆扎在一起。

2) 马属动物的保定

马属动物的保定方法主要有鼻捻保定法、耳夹子保定法、前后肢提起保定法、柱栏保定法、倒卧保定法等。前两种保定方法主要用于一般检查和治疗。前后肢提起保定法用于一般外科处置及蹄病的诊疗。柱栏保定法有二柱栏、四柱栏、六柱栏、柱栏内前后肢转位保定法等,二柱栏保定法适用于临床检查、检蹄、装蹄等,四柱栏、六柱栏保定法适用于一般临床检查、治疗。直肠检查时,必须上好腹带及背带。倒卧保定法适用于去势及直肠手术等。

(1)鼻捻保定法

将鼻捻子的绳套套于左手上(食指在外,其余四指在内),右手抓住笼头,左手自鼻梁向下轻抚至上唇时,迅速有力地抓住上唇,同时将绳套套在其上,右手松开笼头,并迅速向一个方向捻转把柄,直至拧紧(图 1.9)。

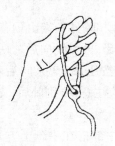
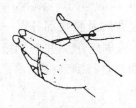

图 1.9　马鼻捻保定法

(2)耳夹子保定法

先将一手置于马的耳根后方,并迅速抓住耳朵,另一手将耳夹子放于耳根部用力夹紧。需注意的是,不论遇到什么情况,不能将耳夹子的两个把柄同时松开,以免在动物骚动、甩头时,将耳夹子甩出伤人(图1.10)。

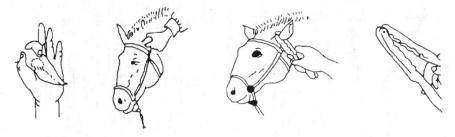

图1.10 马耳夹子保定法

(3)前后肢提起保定法

将前肢或后肢用手提起或用绳拴系在凹部提起,使动物仅三肢着地,无法再腾出一肢弹踢(图1.11)。

图1.11 马前后肢提起保定法

(4)柱栏保定法

柱栏保定法有二柱栏保定法、四柱栏保定法、六柱栏保定法、柱栏内前后肢转位保定法等(图1.12—图1.14)。

图 1.12　马二柱栏保定法　　　　图 1.13　马四柱栏保定法

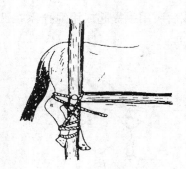

图 1.14　马柱栏内前后肢转位保定法

（5）倒卧保定法

双环倒马法是最常用的倒马方法之一。准备一条长约 10 m 的粗圆绳和固定棒一根。在绳一端结成一双活结，使其一长一短，并各套一铁环，绳套在马的颈基部，使两个套环在马倒卧的对侧颈部相套，并插入木棒；两游离绳端穿过两前肢及两后肢之间，分别再绕过同侧后肢系部，向前穿过同侧的铁环。此时，左右侧的保定者，同时用力向马体后方平行牵引同侧绳的游离端，使马倒卧。

侧卧后，使马两后肢蹄尖靠近前肢肘头，如果是左侧倒卧，则将右侧绳通过右侧颈部，缠于木棒上固定一周，再使该绳从右后肢系部缠绕一周，以活结固定于棒上；左侧绳的游离端从左侧绕过鬐甲至右侧，在木棒缠绕一周，再于左侧系部绕一周，以活结固定于棒上（图 1.15）。

3）猪的保定

猪的保定方法主要有绳套保定法、提举保定法、徒手提尾保定法、网架保定法、横卧保定法、板凳倒置保定法以及保定架（夹板）保定法。绳套保定法用于一般的临床检查、灌药、肌注、静注等。提举保定法分为抓住两耳提举保定法和两后肢提举保定法。抓住两耳提举保定法主要适用于灌药、肌注等；两后肢提举保定法适用于子宫脱出的整复、腹腔注射等。徒手提尾保定法用于短时间的诊疗。网架保定法对中小猪适宜，必要时也可用于大猪。横卧保定法适用于大公猪去势，母猪的阉割、腹腔手术、静注、腹腔注射等。其他保定方法较少使用。

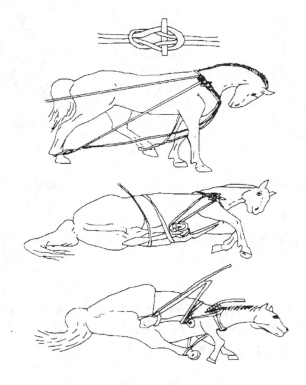

图 1.15　马倒卧保定法

（1）绳套保定法

在绳的一端打一活结套，放在猪的鼻端使其下滑，待猪张口或咬绳时，趁机将绳套套在上颌，并立即勒紧，由一人始终拉紧保定绳的另一端，或将其拴在木桩上。至此，猪多呈用力后退姿势，但是可很快安静站立（图 1.16）。

图 1.16　猪绳套保定法

（2）提举保定法

抓住两耳或两后肢并用力提起（若是小猪，可使其整体离地），同时用两腿夹住胸、腹及背部（图 1.17）。

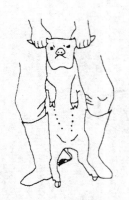
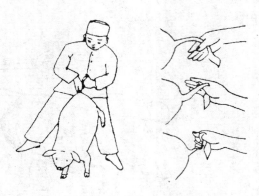

图 1.17　猪提举保定法　　　　图 1.18　猪徒手提尾保定法

（3）徒手提尾保定法

由猪后方接近猪，趁其不备，迅速用双手抓住其尾并用力上提，使猪两后肢离开地面（图 1.18）。

（4）网架保定法

在两根粗细适当、较为结实、长约 120 cm 的木棍、竹竿或钢管上，用绳编织成网床，即保定网。用时将其平放在地上，将猪赶上网架，随即将网架抬起，即可保定；也可将网架的两端放在凳子或专用的支架上（图 1.19）。

（5）横卧保定法

在母猪的阉割、手术及繁杂的外科处理时，多需横卧保定，即抓住猪耳、尾或后肢，将其横倒；也可同时用脚踩住猪蹄，用膝部压住猪背腰部，使猪几乎动弹不得。必要时将其四肢用绳拴住，则更为牢固。

（6）板凳倒置保定法

将一板凳倒放于地，将猪放置在凳腿的横挡上，可仰可伏，助手脚踩住凳面，双手扶住小猪即可做临时性保定（图 1.20）。

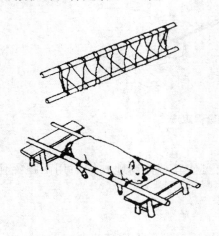
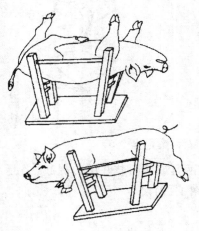

图 1.19　猪网架保定法　　　　图 1.20　猪板凳倒置保定法

（7）保定架（夹板）保定法

特制的保定架，其上方由两块长方形板材围成三角槽床，根据需要可将猪背位或仰卧放于槽内，必要时另加四肢的辅助保定（图1.21）。

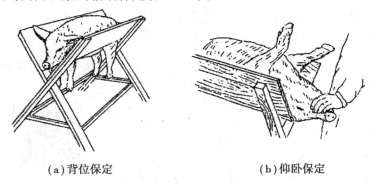

（a）背位保定 （b）仰卧保定

图1.21 猪保定架（夹板）保定法

4）羊的保定

羊的保定方法主要有站立保定法和倒卧保定法，站立保定法适用于一般检查或治疗；倒卧保定法适用于治疗或简单手术。

（1）站立保定法

用手握羊的两角或两耳固定，用两腿夹住羊的两侧胸壁（图1.22）；也可用两臂分别在羊的胸前和股后围抱固定。

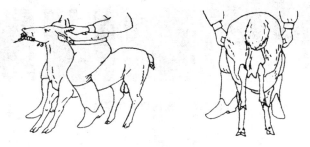

图1.22 羊站立保定法

（2）倒卧保定法

必要时，可使羊横卧，用绳捆住四肢进行固定（图1.23）。

视频1.1
犬的保定

图1.23 羊倒卧保定法

11

5)犬的保定

犬的保定方法主要有扎口保定法、颈钳保定法、脖圈保定法、侧卧保定法,前两种保定方法适用于一般检查或治疗,脖圈保定法适用于限制犬回头的临床检查,也多用于术后防止犬自我损伤。侧卧保定适用于手术及其他外科处置。

(1)扎口保定法

用绷带在犬的上下颌缠绕两圈收紧,交叉绕于颈部打结,以固定其嘴不得张开(图1.24);或给犬戴口笼,避免咬伤人、畜(图1.25)。

视频1.2 扎口保定　　视频1.3 犬的脖圈保定

图1.24　犬扎口保定法

视频1.4 犬的尼龙布口罩保定

图1.25　犬的口笼保定法

(2)颈钳保定法

颈钳用金属制成,术者手持颈钳,张开钳嘴并套入犬的颈部,合拢钳嘴后,手持钳柄即可将犬保定(图1.26)。

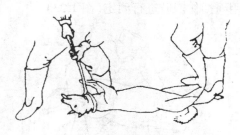

图1.26　犬颈钳保定法

(3)脖圈保定法

将脖圈套在犬颈部后扣好扣,形成前大后小的漏斗状。

（4）侧卧保定法

根据需要，先将犬作颌部保定，然后两手分别握住犬两前肢腕部和两后肢跗部，将提起横卧在平台上，以右手的臂部压住犬颈部，即可保定（图1.27）。

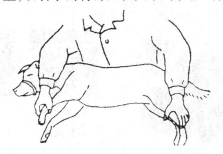

视频1.5　视频1.6
大型犬的　小型犬的
侧卧保定　侧卧保定

图1.27　犬侧卧保定法

（5）站立保定法

站立保定法在桌子上更容易进行。一只手抱住犬的颈部，另一只手抱住犬的腹部即可（图1.28）。

图1.28　犬站立保定法

6）猫的保定

猫的保定方法主要有徒手保定法、猫袋保定法等。

（1）徒手保定法

轻摸猫的脑门或抚摸背部以消除敌意，然后一手抓起猫颈部或背部皮肤，迅速用左手或左小臂抱猫或托起臀部（图1.29），这样既方便又安全；如果捕捉小猫，只需用一只手轻抓颈部或腹背部即可。

视频1.7　视频1.8
猫的移动　猫的保定

图1.29　猫徒手保定法

（2）猫袋保定法

猫袋可用人造革或粗帆布缝制而成。袋的一侧或两侧缝上拉锁,将猫装进去后,拉上拉锁,便成筒状;袋的前端装一根能抽紧及放松的带子,把猫装入猫袋后先拉上拉锁,再抽紧袋口的颈部,此时拉住露出的猫的后肢(图1.30)。

视频1.9 　视频1.10
猫包保定 　猫包辅助检查

图1.30 　猫袋保定法

此外,猫还可用毛巾保定法。猫毛巾保定法可用大而厚的毛巾将猫四肢及躯干包裹,毛巾需要足够大,能够完全包裹住猫。该方法可用于给猫头部进行治疗,如喂药、清洁耳朵、检查牙齿等(图1.31)。

视频1.11
犬耳道清洗

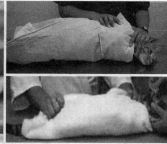

图1.31 　猫毛巾保定法

附:常用的绳结法

（1）单活结

一只手持绳并将绳在另一只手上绕一周,然后用被绳绕的手握住绳的另一端,将其经绳环处拉出即成(图1.32)。

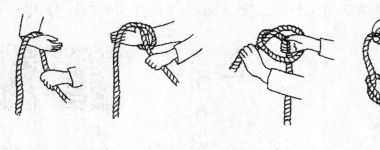

图1.32 　单活结的打法

（2）双活结

两手握绳右转至两手相对，此时绳子形成两个圈，再使两圈并拢，左手圈通过右手圈，右手圈通过左手圈，然后两手分别向相反的方向拉绳，就形成两个套圈（图1.33）。

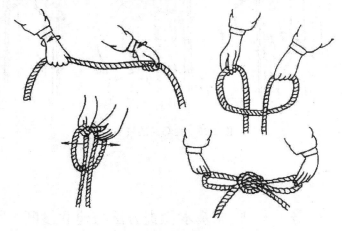

图1.33　双活结的打法

（3）猪蹄结

一种方法是将绳端绕于柱上后，再绕一圈，两绳端压于里边，一端向左，一端向右[图1.34(a)]；另一种方法是两手交叉握绳，然后两手转动形成两个圈即成[图1.34(b)]。

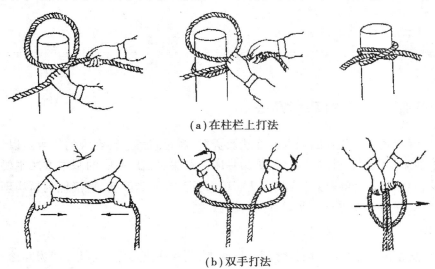

（a）在柱栏上打法

（b）双手打法

图1.34　猪蹄结的打法

（4）拴马结

左手握持缰绳的游离端，右手握持缰绳在左手上绕成一个小圈套；将左手小圈套从大圈套内向上向后拉出，同时换右手拉缰绳的游离端，把游离端做成小套穿入左手所拉的小圈内，然后抽出左手，拉紧缰绳的近端即成（图1.35）。

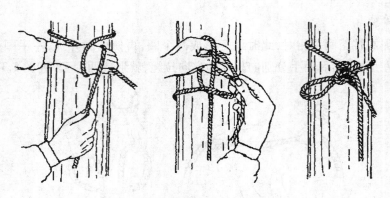

图 1.35　拴马结的打法

任务 1.2　临床基本检查方法与建立诊断

➤ **学习目标**

- 会临床基本检查方法。
- 会临床检查的基本程序。
- 会建立诊断并书写病历。

1.2.1　临床检查的基本方法

为了发现和收集作为诊断根据的症状及资料,需对病畜进行客观的检查。以诊断为目的,应用于临床实际的各种检查方法,称为临床检查法。临床检查的基本方法主要有问诊、视诊、触诊、叩诊、听诊和嗅诊。这些方法简单、易行,能较为准确、直接地判断病理变化,可在任何场所对任何动物进行。所以,应用较为广泛。

1) 问诊

在检查病畜前,向畜主或饲养管理人员调查,获取病史资料的过程,即为问诊。通过问诊可了解病畜或畜群发病现状和历史。

(1) 问诊的方法

问诊一般在着手检查病畜之前进行,也可以边检查边进行,以便尽可能全面地了解发病情况及经过。问诊采用交谈和启发式询问等方法进行(图 1.36)。

(2) 问诊的主要内容

问诊的主要内容包括现病史、既往病史、饲养管理和使役情况等。

①现病史。了解病畜发病时间、主要临床表现、发病数及死亡情况、发病的经过及治疗情况、可能的病因和畜群情况等。重点询问发病后主要症状出现的部位、性质、持续时间和程度，缓解或加剧的因素；近期是否引入种畜，引入地点及其疾病流行情况；畜群中同种家畜有无类似疾病发生；附近畜牧场有无疾病流行；是否经过治疗，用过什么药物，疗效如何。这些资料对提示疾病的性质和部位、推断疾病的发展和演变情况具有重要意义，同时也为诊断疾病和以后用药提供参考。

②既往病史。了解病畜过去的健康情况，包括曾患过的疾病、药物过敏史、预防接种情况，特别是有无与现病有密切关系的疾病。同时应了解病畜所在畜群、畜牧场过去的患病情况，是否发生过类似疾病，其经过及转归如何；本地区及邻近畜牧场、农户有无常发性疾病及地方性疾病。这些资料，对分析现病与以往疾病的关系，以及判定是否存在常发性传染病和地方病有重要意义。

③饲养管理和使役情况。应该详细询问饲养管理、生产性能和使役情况。主要了解日粮组成及饲料品质、饲养制度、饲料调制、使役情况、畜舍卫生和防疫制度、繁殖方式和配种制度、环境条件等因素。这些资料对消化系统疾病、营养代谢病、中毒病、生殖系统疾病、遗传病等的诊断及传染病的流行病学调查分析具有重要的诊断意义。

（3）问诊的技巧与注意事项

①语言要通俗，态度要和蔼。问诊时语言应通俗易懂，尽量避免使用有特定意义的兽医专业术语，如铁锈色鼻液、里急后重、潜血等，并尽可能用当地语言提问，以便取得畜主的较好配合。

②在问诊内容上既要有重点，又要全面。问诊的内容十分广泛，不可能对畜主询问上面所述的全部内容，应根据病畜的具体情况进行必要的选择和增减，抓住重点，切合实际。在问诊的顺序上应根据实际情况灵活掌握，可以先问诊后检查，也可以边检查边问诊，还可在检查结束后补充。注意提问的系统性和目的性，从而获得全面、准确可信的病史资料。

③对问诊所得资料不要简单地肯定或否定，应结合现症检查结果，进行综合分析，找出诊断的线索。如果病史资料与临床检查结果不符，则应重新检查，也可有针对性地向畜主再次询问。

问诊是一门艺术，兽医人员想要较好地掌握问诊的方法与技巧，除了要有牢固的兽医知识，还必须结合实际反复训练。

2）视诊

用肉眼或借助器械通过观察病畜的异常表现来诊断疾病的方法，即为视诊。用肉眼直接观察的称为直接视诊；借用器械的称为间接视诊，指用各种内窥镜（腹腔镜、膀胱镜、胃镜、鼻喉镜等）进行的检查。视诊时，一般先不要靠近病畜，也不宜进行保定，以免惊扰，应尽量使动物取自然的姿势（图1.37）。

图1.36　问诊

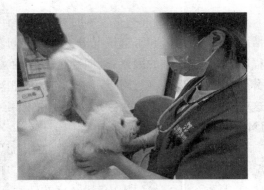

图1.37　视诊

（1）应用范围

①外貌（体格、发育、营养及躯体结构等）的观察。

②精神状态、姿势、运动与行为的观察。

③被毛、皮肤及体表病变的观察。

④可视黏膜及与外界直通的体腔的观察。

⑤某些生理活动情况，如呼吸动作，采食、咀嚼、吞咽、反刍与嗳气活动，排尿与排粪动作等的观察。

⑥病畜排泄物、分泌物及其他病理产物的数量、性状与混有物等的观察。

（2）视诊的程序和方法

一般来说是先群体后个体，先整体后局部，逐渐缩小诊断范围。意思就是，对群居家畜来说，要先观察整个群体，发现其中的患病个体；对于单个病畜进行视诊时，首先要整体观察，然后再对发病部位认真、仔细地检查。具体的方法是：检查者先站在距病畜一定距离（一般为1.5～2.0 m）的地方，观察其整体状况，然后从前到后、从左到右地边走边看，观察病畜的头、颈、胸、腹、脊椎、四肢。当行至病畜的正后方时，应注意尾、肛门及会阴部；并对照观察两侧胸、腹部是否有异常。若发现异常，再走近病畜，仔细检查。站立视诊过后，还要进行运步视诊。

（3）注意事项

①对初来的门诊病畜，应让其稍事休息、呼吸平稳，并先适应一下新的环境后再进行检查。

②最好在自然光照的场所进行。

③收集症状要客观全面，不要单纯根据视诊所见症状就确立诊断，要结合其他方法检查的结果，进行综合分析与判断。

④视诊方法虽然简单，但对初学者来说，要想具有一定的发现症状和分析问题的能力就必须加强实践锻炼。

3）触诊

用手（手指、手掌、手背或拳）或简单器械，对组织器官进行触压、感觉，以判定病变部位的大小、形状、硬度、温度、敏感性、移动性等,称为触诊。

(1)应用范围

①动物的体表状态检查。如判断皮肤表面的温度、湿度,皮肤与皮下组织的质地、弹性及硬度,浅在淋巴结及局部病变(肿物)的位置、大小、形态及其内容性状、硬度、可动性及疼痛反应等。

②感知某些器官、组织生理性或病理性的冲动。如心搏动强度、频率及节律;瘤胃蠕动次数及力量强度;检查浅在动脉的脉搏,判定其频率、性质及节律等变化。

③感知腹壁的紧张度及敏感性,还可通过软腹壁进行深部触诊,感知腹腔状态,胃、肠的内容物与性状;反刍兽的瘤胃、瓣胃与真胃的状态和内容物性状;肝、脾的边缘及硬度;肾脏与膀胱以及母畜的子宫与妊娠情况等。

④对动物机体某一部位所给予的机械刺激,并根据其对此刺激所表现的反应,判断其感受力与敏感性。如检查胸壁、网胃或肾区的疼痛反应,腰背与脊髓的反射,神经系统的感觉、反射功能,体表局部病变的敏感性等。

(2)触诊的方法

①按压触诊法:以手掌平放于被检部位(检查中、小动物时,可用另一手放于对侧面作衬托),轻轻按压,以感知其内容物的性状与敏感性。按压触诊法适用于检查胸、腹壁的敏感性及中、小动物的腹腔器官与内容物性状。检查体表的温度、湿度,应以手背为主(手背对温度的感觉较为灵敏)。注意躯干与末梢的对比及左右两侧、健区与病区的对照检查(图1.38)。

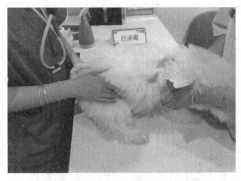

图1.38　按压触诊法

②冲击触诊法:以拳或手掌在被检部位连续进行2~3次用力的冲击,以感知腹腔深部器官的性状与腹膜腔的状态,如揭示腹腔积液或靠近腹壁的胃囊,较大肠管中存有多量液状内容物;而对反刍动物可感知瓣胃或真胃的内容物性状。

③切入触诊法:用一个或几个并拢的手指,沿一定部位进行深入的切入或压入,以感知内部器官的性状,适用于肝、脾的边缘等深部组织检查。

(3)触感

①捏粉样感。触压时柔软,如生面团样,指压时留有痕迹,除去压迫后慢慢复平,为组织中发生浆液性浸润,多见于皮下水肿,常发生于眼睑、胸前、四肢、腹下等部位。临床上常

见于心脏疾病、肾脏疾病、血液疾病及营养不良等。

②波动感。病变部位触压时柔软有弹性，指压不留痕，进行间歇性压迫时有波动感，表明存在含有液体的囊腔。常见于血肿、淋巴外渗、脓肿等。

③气肿感。触压病变部位有气体向邻近部位窜动，同时可听到捻发音，柔软稍有弹性。常见于皮下气肿、气肿疽、恶性水肿等。

④坚实感。触压病区如触压肝脏一样，感觉致密坚实。常见于蜂窝织炎（组织发生细胞浸润）、组织增生及肿瘤等。

⑤坚硬感。触压病变部位时，如触压骨、石一样坚硬。常见于骨瘤、尿道结石等。

⑥疼痛感。触压到疼痛部位或压痛点时，出现躲闪或抗拒，病畜表现出回头顾腹、后肢踢腹、皮肌抖动等疼痛症状。

⑦疝。触压柔软，有回纳性，内容物不定，可摸到疝孔和疝轮，常见于腹侧、腹下、脐孔或阴囊等处。

（4）注意事项

①注意安全。应了解待检动物的习性及有无恶癖，并在必要时进行保定。当需触诊马、牛的四肢及腹下等部位时，要一只手放在畜体的适宜部位作支点，用另一只手进行检查；并应从前往后，自上而下地边摸边接近欲检部位，切忌直接突然接触。

②检查某部位的敏感性时，宜先健区后病部，先远后近，先轻后重，并注意与对应部位或健区进行对比；注意不要使用引起病畜疼痛或妨碍病畜表现反应的动作。

触诊虽然是一种简便的方法，但若要取得判断上的准确，也必须经过长时间的实践锻炼。显然，触诊也不只是单纯地用手去摸，而必须手、脑并用，做到边触诊边思索。

4）叩诊

叩诊是对动物体表的某一部位进行叩击，借以引起其振动并产生音响，根据所产生音响的性质特点，推断被叩组织和深在器官有无病理改变的一种检查方法（图1.39）。叩诊包括直接叩诊和间接叩诊。

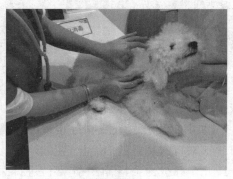

图1.39 叩诊

（1）应用范围

①直接叩诊主要用于检查脊柱、副鼻窦、喉囊、心脏等，检查马属动物的盲肠和反刍动物的瘤胃，以判断其内容物性状、含气量及紧张度。

②间接叩诊主要用于检查肺脏、心脏及胸腔的病变;也可以检查肝、脾的大小和位置以及靠近腹壁的较大肠管的内容物性状。

叩诊可作为一种刺激,判断被叩击部位的敏感性;叩诊时除注意叩诊音的变化外,还应注意槌下抵抗。

(2)叩诊的方法

①用弯曲的手指或叩诊槌直接叩击动物的体表。

②间接叩诊。按是否用器械分为指指叩诊和槌板叩诊两种。

指指叩诊:将一只手的中指平贴于动物体表,用另一只手弯曲第二指节的中指或食指指尖叩击其上。由于此法叩击力量较小,振动范围也不广,所以,主要用于中、小动物的检查。

槌板叩诊:用特制的叩诊器械(叩诊槌和叩诊板)进行叩击。其方法是,一手拿叩诊板紧贴于动物体表,另一手握叩诊槌叩在叩诊板上。此法叩击力量可大可小,因此,对大、中、小动物都可用。

(3)叩诊音

叩诊音是由被叩击的组织或器官发出的。叩诊音的强弱、高低和长短是由发音体振动幅度、振动频率以及振动持续的时间所决定的。由于肺组织含气多、弹性好、振幅大,所以音响强,持续时间也长,但因频率低,音调也就低,这样的声音听起来清晰,故称之为清音(满音)。肌肉、肝脏等部位,不含气体且密度较大,弹性差、振幅小、音弱、持续时间也短,但频率高,音调也高,听起来钝浊,故称之浊音(实音)。在盲肠基部、瘤胃的上部,由于含有少量气体,音响较强,持续时间较长,音如鼓响,称之为鼓音。在肺的边缘部位,由于含气较少,清音不那么典型,再向周边叩击则呈浊音,因为它是介于清、浊音之间的过渡音,一般称之为半浊音。动物体表叩诊音的特点如表1.1所示。

表 1.1　动物体表叩诊音的特点

叩诊音	清音(满音)	浊音(实音)	鼓音
强　度	强	弱	强
持续时间	长	短	长
音　调	低	高	低或高
正常分布区	肺区	肌肉、肝区、心脏绝对浊音区	盲肠基部、瘤胃上部

(4)注意事项

①叩诊板(或作叩诊板用的手指)须紧贴动物体表,其间不得留有空隙。

②叩诊时,叩诊的手应以腕关节作轴,垂直、轻松地向叩诊板上叩击。不应过于用力,除作叩诊板用的手指外,其余手指不应接触动物的体壁,以免妨碍振动。叩击应短促、断续、快速而富有弹性。每一叩诊部位连续进行2~3次,时间间隔均等。

③叩诊时,用力的大小应根据检查的目的和被检查器官的解剖特点而不同。对深在的器官、部位及较大的病灶宜用强叩诊;对浅在的器官与较小的病灶则宜用轻叩诊。较轻的叩诊经常能得到清晰而易辨别的声音;用力过强常是初学者应注意防止的倾向。

④叩诊时,注意解剖上相同的对称部位的变化。

⑤叩诊必须在安静的环境中进行,最好在室内进行。

叩诊要经常练习,以掌握其技巧:一方面要熟练叩诊方法,另一方面还要判断其声音,故叩诊比其他检查法需要更多时间在实践中练习。图 1.40 所示为指指叩诊的正确和错误姿势。

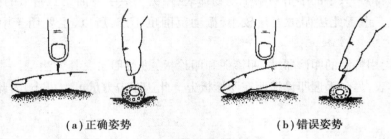

（a）正确姿势　　　　　　　　　（b）错误姿势

图 1.40　指指叩诊的正确与错误姿势

5)听诊

听诊是借助听诊器(也可直接用耳)听取机体发出的自然或病理性音响,根据音响的性质特点判断疾病的方法(图 1.41)。

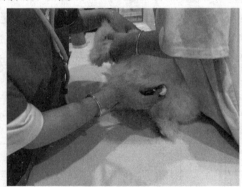

图 1.41　听诊

（1）应用范围

①听取心脏血管系统,如心脏及大血管的声音,特别是心音。

②听取呼吸系统,如喉、气管、肺及胸膜的病理性音响。

③听取消化系统,如胃肠的蠕动音,以及腹腔的振荡音(当腹水、瘤胃或真胃积液时)。

（2）听诊的方法

听诊可分为直接听诊与间接听诊。

①直接听诊时不用器械,一般先于动物体表上放一听诊布做垫,然后将耳直接贴于动物体表的相应部位进行听诊。直接听诊具有方法简单、声音真实的优点,但因检查者的姿

势不便,多不习惯应用。

②间接听诊即器械听诊,应用听诊器。但在兽医临诊上应注意听诊器的微音装置与动物体表被毛接触时,会产生很明显的杂音,从而干扰声音的听取与判断。

(3)注意事项

①为排除外界音响的干扰,一般应选择在安静的室内进行。

②听诊器的接耳端,要适宜地插入检查者的外耳道;听头要紧密地放在动物体表的检查部位,防止滑动,但也不应过于用力压迫。

③检查者要将注意力集中在听取的声音上,并且同时注意观察动物的动作,如听呼吸音时应同时观察其呼吸活动。

④防止一切可能发生的杂音,如听诊器胶管与手臂、衣服、动物被毛等的摩擦杂音等。

⑤听诊胆小易惊或性情暴烈的动物时,要由远而近地逐渐将听诊器集音头移至听诊区,以免引起动物反抗。听诊过程中仍须注意防止动物踢咬。

6)嗅诊

嗅诊是检查者嗅闻动物排泄物、分泌物、呼出气味及口腔气味,从而判断病变性质与疾病之间关系的一种检查方法(图 1.42)。

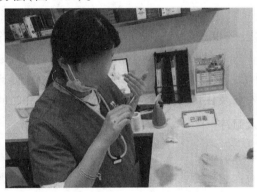

图 1.42　嗅诊

诊断的意义:肺坏疽时,鼻液带有腐败性恶臭。粪便腥臭或恶臭,口腔气味腐臭难闻,提示胃肠炎、细菌性痢疾。呼出气味和胃内容物散发出刺激性蒜味,见于有机磷中毒。牛羊酮血病时,呼出气体有酮体气味。厌气菌感染时,可闻尸臭气味。

1.2.2　检查程序

系统地按照一定的程序和步骤进行临床检查,会使工作更有秩序,并能获得有关的全面症状、资料,这在综合判断上是十分重要的。临床检查病畜,一般按下述程序进行。

1)病畜登记

病畜登记就是系统地记录就诊动物的标志和特征。登记的目的在于明确患病动物的个体特征,便于识别,同时也可为诊疗工作提供参考。主要的登记事项及其意义如下。

（1）动物种类

动物种类不同，因而所患疾病的类别、病程、预后，以及对毒物、药物的敏感性亦不同。

（2）品种

品种与动物个体的抵抗力及其体质类型有一定关系，如高产乳牛易患某些代谢紊乱性疾病，本地品种猪较耐粗饲等。

（3）性别

不同性别动物的解剖、生理特性，在临诊过程中应给予注意。如因结石而引起的尿道阻塞较常见于公牛与公羊；至于母畜的生殖器官疾病及乳腺病，则应给以更大的注意；而在妊娠期间及分娩前后的特定生理阶段，常有特定的多发病（如乳牛的产后瘫痪、乳腺炎、马的骨软症等）及治疗中的特别注意事项，在登记时对妊娠动物应该加以说明。

（4）年龄

动物的不同年龄阶段，常有固有的常发病，如幼畜的消化与呼吸道感染（如仔猪白痢、雏鸡白痢、幼畜肺炎等，猪则表现得更为明显）。此外，不同年龄的发育状态，在确定药量以及判断预后上也具有参考意义。

（5）毛色

毛色既是个体特征之一，也关系到疾病的趋向。如白色皮毛的猪，可患感光过敏性皮肤病（如当荞麦中毒时）。一般认为，深色动物较浅色动物对某些皮肤病的抵抗力更强。

此外，作为个体的标志，应注明畜名、号码、烙印等事项；为便于联系，更应登记动物的所属单位或管理人员的姓名及住址。通常应注明就诊的日期和时间。

2）临床检查的项目及顺序

（1）临床检查的项目

①一般检查。一般检查包括全身状态观察，被毛和皮肤、可视黏膜、淋巴结的检查，以及体温、脉搏、呼吸次数的测定。

②系统器官检查。系统器官检查包括心血管系统检查，呼吸、消化、泌尿生殖系统检查，神经系统检查。

③实验室检查及特殊检查。实验室检查及特殊检查主要是指必要的实验室检验，X射线、心电图和超声检查等。

在临床实际工作中，并非对每个病例全部实施上述临床检查项目，应根据不同疾病的特点决定需要检查的内容和次序。但有一条原则必须遵守，就是在临床上主要的系统和器官都必须详细和全面地进行检查，甚至在病因已被查明、病变部位已被确定的情况下，也应重视其他器官的检查，这样才不至于遗漏各种伴随症状或并发病。

（2）临床检查的顺序

临床检查是应用基本诊断法，融会贯通各器官、系统的检查，面对具体

视频 1.12
猫的临床检查

的病例井然有序地进行全身体格检查,即一般检查和系统检查的综合应用。进行临床病畜全面检查时,应先将就诊病畜拴系于诊疗栏或保定柱上,也可由畜主徒手保定,让其恢复至自然平静状态,然后再按以下顺序分步检查。

①视诊与体温测定。先围绕病畜进行观察,注意动物的眼神、被毛和皮肤,精神状态,站立与运动姿势,腹围的大小和形状,呼吸及体表的色泽等;然后直肠测温。

②头颈部检查。观察眼、口腔可视黏膜及鼻镜(鼻盘);触诊颌下淋巴结;视诊和触诊咽喉、嗉囊与气管,观察人工诱咳反应,注意颈静脉沟和食道、颈椎状况。

③胸腹部检查。观察胸廓和脊柱的外形及呼吸运动;心区、肺部听诊,记录心音、呼吸频率、呼吸音的变化;腹部触诊和听诊检查胃肠内容物及蠕动音,必要时进行叩诊检查。

④会阴部检查。主要是肛门与会阴、外生殖器以及乳房的检查。

⑤四肢检查。观察动物的运动、步态、姿势,并进行各种反射检查。

⑥实验室检查和特殊检查。在临床检查的基础上,根据疾病诊断的实际需要,选择针对性和特异性较强的项目进行实验室检查和特殊检查,为疾病的鉴别诊断提供依据。

3) 畜群的检查

畜群的检查,不仅在于早期诊断疾病,防止疾病蔓延;更重要的是通过检查,对疾病进行预测预报,防患于未然。畜群检查的程序包括以下5个方面。

(1) 群体观察

群体观察的目的是客观地掌握疾病的发生状况,了解饲料配方、管理、环境卫生、畜舍通风、免疫接种、药物使用、生产性能等情况。养殖场一般应有计划地、经常或定期进行检查。

(2) 个体检查

个体检查是指对单个的病畜进行详细的临床检查,确定疾病的主要症状和主要侵害器官。

(3) 流行病学调查

流行病学调查主要确定发病年龄、发病季节、发病率、死亡率、繁殖性能、疫苗接种情况、应激反应等。

(4) 病理学检查

畜群发病后应尽可能进行尸体剖检和组织学检查,了解机体组织、器官和细胞形态的改变。根据特征性的病变,结合流行病学特点和临床症状,一般能做出初步诊断。

(5) 实验室检查

对于一些群发性疾病,靠临床检查和病理学检查很难确诊,必须进行实验室检查。传染病应通过微生物学、血清学和变态反应等确定诊断;寄生虫病应进行虫卵和虫体检查确诊;中毒性疾病应对饲草料、饮水、胃内容物及相关的组织器官进行毒物分析。因此,实验室检查是疾病诊断的重要方法。

4）病历记录

病历记录是记载有关牲畜在病程经过中的临床检查所见以及诊断、治疗等方面的全面记录，是兽医师根据问诊、体格检查、实验室检查和特殊检查获得的资料经过归纳、分析、整理而写成的。病历能反映疾病的发生、发展、转归和诊疗情况，有时病历也是涉及医疗纠纷及饲料、兽药和生物制品质量或人为中毒事件认定的重要依据。认真、详细地填写记录，可以训练兽医师深入细致的观察能力以及养成随时记录资料的良好习惯。因此对临床检查的所有结果，都应详细地记录于病历中。

（1）填写时一般应遵循的原则

①内容全面详细。问诊、临床检查及某些辅助（特殊）检查的所见与结果，都应详尽地记录，某些实验室检查的阴性结果也应记录，因为可以作为排除诊断的依据。

②词句通俗易懂。词句应通顺，描绘应简要明了，便于理解。

③记载系统、科学。所见的各种症状应以通用的名词和术语按内容有序地记载，具有系统性，便于归纳、整理。

④内容肯定和具体。各种征候、表现，应尽可能具体和肯定，避免用否定或不确切的词句（如果不能确切肯定症状，可在后面加以问号，以便通过进一步的观察和检查确定）。

（2）病历记录的一般内容、程序

病历内容，一般可依如下顺序记录。

第一部分：病畜登记。关于动物种属、名称、性别、年龄、特征等。

第二部分：主诉及问诊资料。包括病史经过；饲养管理与环境条件的内容；就诊前的经过及处理方式等。

第三部分：临床检查所见。这是病历组成的主要内容，特别是初诊更应详尽。

第四部分：补助或特殊检查的结果，一般以附表的形式记入。如：血、尿、粪的实验室检验结果；X线透视或摄影报告；心电图、超声波记录等。

第五部分：病历日志。逐日记载体温、脉搏、呼吸次数（或以曲线表表示之）；各器官系统的症状、变化；各种辅助、特殊检查的结果；治疗原则、方法、处方、护理及改善饲养、管理方面的措施；会诊的意见及决定。

第六部分：总结。治疗结束时，以总结的方式，对诊断、治疗的结果加以评定，尚应指出今后在饲养、管理上应注意的事项；如以死亡为转归时，应进行剖检并附病理剖检报告。

最后应整理、归纳诊疗过程中的经验、教训，或附病例讨论。

附：病历记录格式如表1.2所示。

表 1.2　病历记录格式

　年　　月　　日　　　　　　　　　　　　门诊编号

畜主姓名			住　址	
畜　别	性　别	年　龄	毛　色	
品　种	用　途	体　重	特　征	
初诊日期	年　月　日		转　归	
初步诊断			最后诊断	
疾病史				
现症概要及治疗 体温(T)____℃;脉搏(P)：____次/分;呼吸(R)：____次/分				
			兽医师签名：	

1.2.3　建立诊断

1）建立诊断的步骤

疾病诊断的步骤主要包括收集资料;分析综合,形成假设;临床实践,验证或修正诊断3个基本步骤。

（1）收集资料

症状是疾病过程中患病动物所表现的病理性异常现象,是在病理生理和病理形态改变的基础上产生的。因此,应透过症状这个主观感觉异常的现象,结合基础兽医学的知识去认识疾病的本质。疾病资料的收集主要从病史、体格检查、实验室及特殊检查等完整、真实和准确地收集症状和有关发病经过的资料。

（2）分析综合,形成假设

将上述所获得的资料进行归纳、分析、比较,总结病畜的主要问题,结合兽医基本理论和兽医师的临床经验,形成假设,也就是初步诊断。初步诊断只能作为进一步诊断的前提

或试验性治疗的方向。

（3）验证或修正诊断

初步诊断必须经过临床实践的验证。只有客观、细致地观察病情变化，随时提出问题，查阅文献资料或展开讨论，才能不断解决疑难杂症。在临床实践中，对病情复杂的病畜，在提出初步诊断后，要通过必要的实验室检查和特殊检查，确定、补充和修正诊断或排除诊断。

2）建立诊断方法

（1）综合的临床诊断

综合的临床诊断是制订治疗方案的重要依据，临床上根据性质和内容主要将其分为以下几种。

①症状诊断。症状诊断是在临床上利用短暂的时间将发现的症状经过客观的分析作出的诊断。这种诊断不能确定疾病的性质，因为同一种症状可见于多种疾病，每一种疾病可表现出多种症状，而各个症状在诊断中的地位各不相同，需进一步对症状进行分析与评价。某一疾病的特异性（或称示病性）症状、可反映某种病理过程特点的特征性症状、某个疾病必然出现的固有症状等常有重要的诊断意义。

②病因诊断。病因诊断是根据引起疾病的原因，作出的诊断，对疾病的发展、转归、治疗和预防具有指导意义。此种诊断已广泛应用于传染病、寄生虫病、中毒病和营养代谢病的诊断。

③机能诊断。机能诊断是对各个器官的机能进行检查，对结果进行推测、分析所作出的诊断。这种诊断结果不仅可判断机体和脏器的功能，而且对判断疾病的预后和机体的生产性能均具有重要意义。

④病理解剖诊断。病理解剖诊断是将死亡的动物或病畜体内的各种组织器官，进行肉眼和组织学检查，确定疾病的部位和形态变化的诊断。

⑤试验性治疗。某些疾病在难以确诊的情况下，可按预想的疾病进行试验性治疗，再进一步观察，得出结论。

（2）建立诊断路径

诊断路径主要包括论证诊断和鉴别诊断两种。

①论证诊断。论证诊断是依据某疾病本质的特有症状提出该病的假定诊断，与实际所具有的症状、资料进行比较、分析，主要症状和条件大部分相符合，所有现象和变化均可用该病予以解释，建立初步诊断。动物的种类、品种、年龄、性别及个体的营养条件和反应能力不同，而呈现出不同的症状，要找出各个变化之间的关系。因此，论证诊断应着眼于整个疾病，具体情况具体分析，同时对并发症与继发症、主要疾病与次要疾病、原发病与继发病要有明确的认识，以求深入认识疾病本质和规律，制订合理的综合防治措施。

②鉴别诊断。鉴别诊断根据某主要症状来考虑可能的、相近似的而有待区别的疾病，将已收集到的资料综合分析，将最可能的诊断从多种相似的病群中辨别出来，留下可能性

最大的疾病,作为初步诊断结果,并根据治疗实践经验,最后作出确切诊断。

论证诊断和鉴别诊断在疾病诊断中相辅相成,互相补充。诊断一种疾病时,可通过论证诊断与近似疾病加以区别,做出肯定或否定的判断。但同时有几种疾病时,则首先应进行比较、鉴别,经逐个排除,对最后留有的可能性疾病加以论证。

在作出诊断时,必须明确机体是一个整体,机体在解剖结构、机能活动方面都是相互联系、相互制约、相互影响的,绝不能将某一器官孤立对待。同时还应考虑除检查者所具有的临床经验和一定的专业理论水平外的具体病例的个体条件和生存的各种外界条件,如饲养管理、使役、地理环境、气候条件以及其他与机体生存环境密切相关的各种因素对动物的影响。因此,在临床诊断中,要具体问题具体分析。

由此可见,只有通过系统的资料搜集和综合分析,才能正确认识疾病。只有反复地临床实践,才能提高诊断疾病的能力及水平。

3) 疾病预后

疾病预后是对动物所患疾病发展趋势及结局的估计与推断。临床上一般将预后分为3种。

(1) 预后良好

病情较轻,经合理治疗,估计能完全治愈,而且保持原有的生产能力和经济价值。

(2) 预后不良

病情严重,估计死亡或丧失其生产能力和经济价值。

(3) 预后可疑

材料不全或病情正在发展变化之中,结局尚难推断,有可能治愈,有可能转为死亡或丧失其生产能力和经济价值,一时不能做出肯定的预后。

任务 1.3　动物基本体征检查

> **学习目标**

- 会动物整体状态的检查。
- 会动物被毛皮肤的检查。
- 会动物可视黏膜的检查。
- 会测定动物的体温、脉搏、呼吸。

动物基本体征检查是对病畜进行临床检查的初步阶段。通过检查可以了解病畜全身基本状况,并可发现疾病的某些重要症状,为系统器官检查提供依据。动物基本体征检查主要以视诊、触诊、听诊等方法检查。检查的内容包括:整体状况;被毛和皮肤;可视黏膜;浅表淋巴结;体温、脉搏及呼吸数。

1.3.1 整体状况的检查

1)精神状态

(1)正常状态

健康动物表现为头耳灵活,两眼有神,反应迅速,动作灵活,毛、羽平顺而有光泽。

(2)病理状态

精神异常可表现为兴奋和抑制两个方面。

①抑制状态。一般表现为沉郁,如头低耳耷、眼睛半闭、多卧少立、呼唤不应、对刺激反应淡漠,甚至完全消失。重者可见昏睡甚至昏迷。常见于热性疾病、重症、病畜、某些脑病和中毒。

②兴奋状态。轻则左顾右盼,惊恐不安,竖耳刨地;重则不顾障碍前冲后退,狂躁不驯或挣扎脱缰。牛可哞叫或摇头乱跑;猪则有时伴有痉挛与癫痫样动作,严重时可见攀登饲槽,跳越障碍,甚至攻击人畜。常见于脑病或中毒。

(3)检查方法

通过视诊观察动物精神状态。

2)营养与体格发育

(1)营养

①正常状态。健康动物表现为营养良好,肌肉丰满,皮下脂肪充盈,被毛光泽,躯体圆满而骨骼棱角不显露。

②病理状态。营养不良的动物表现为消瘦,被毛蓬乱无光泽,骨骼表露明显,皮肤缺乏弹性,多同时伴有精神不振与躯体乏力。常见于消化不良、长期腹泻、代谢障碍和某些慢性传染病、寄生虫病。

检查方法:通常根据肌肉的丰满度、皮下脂肪的蓄积量、被毛的状态和光泽来判定。仔猪可与同窝猪相比较进行判定;大尾羊应根据其尾巴的丰满程度进行判定;鸡除根据羽毛状态外,还应触诊胸肌进行判定。

(2)发育

①正常状态。发育良好的动物,体躯发育与年龄相称,肌肉结实,体格强壮。强壮的体格,不仅生产性能良好,而且对疾病的抵抗力也强。

②病理状态。发育不良的动物,多表现为躯体瘦小,发育程度与年龄不相称;在幼畜阶段,常呈现出发育迟缓甚者发育停滞。一般可提示营养不良或慢性消耗性疾病(慢性传染病、寄生虫病或长期消化紊乱)。

检查方法:根据骨骼与肌肉的发育程度及躯体的大小判定。为了确切地判定,可应用测量器械测定其体高、体长、体重等。

3）姿势与步态

（1）正常姿态

健康的动物,姿势自然,动作灵活而协调。各有其独特的站立和运步姿势。如:马多站立,轮流歇其后蹄,偶尔卧下;牛站立时常低头,食后喜四肢集于腹下而卧,起立时先起后肢,动作缓慢;羊、猪于食后好躺卧,生人接近时迅即起立、逃避。

（2）异常姿态

异常姿态包括异常站立姿态和异常躺卧姿态。

①异常站立姿态。

a.动物头颈平伸、肢体僵硬、四肢关节不能屈曲、尾根挺起、牙关紧闭等,呈木马样姿态。此乃破伤风的特征(图 1.43)。

图 1.43　马破伤风的姿势

b.动物四肢发生病痛时,站立姿势不自然,如单肢疼痛则患肢呈免重或提起;将四肢集于腹下而站常见于多肢的蹄部剧痛,如蹄叶炎;两后肢极力前伸见于两前肢疼痛,两前肢极力后送以减轻病肢的负重可提示两后肢疼痛;四肢常频频交替负重,站立困难,见于肢体的骨骼、关节或肌肉的带痛性疾病,如骨软症、风湿症等;若出现前肢刨地、后肢缠腹、回顾腹部或起卧翻滚,多是腹痛病的象征。

c.动物站立不稳,躯体失去平衡,如躯体歪斜、四肢叉开或依墙靠壁而立的特有姿态,常见于中枢神经系统疾病,特别当病程侵害小脑之际表现尤为明显(图 1.44)。

d.畜禽异常站立姿势,如牛在站立时若经常保持前躯高位、后躯低位的姿势,则提示前胃及心包的创伤性病变。当中枢有偏位的局灶性或占位性病变时,可呈头颈歪斜的姿态,如牛的脑包虫病,仔猪伪狂犬病等。鸡呈两腿前后叉开站立姿态,见于马立克氏病(图 1.45)。

②异常躺卧姿态。

a.强迫卧下姿势。见于四肢的骨骼、关节、肌肉的带痛性疾病,如骨软症、风湿症等。此时,经驱赶或由人抬助可勉强起立,但站立后可见因肢体疼痛而站立困难或全身肌肉震颤。母牛于产前、产后发生多提示骨软症。

b.机体高度瘦弱、衰竭时长期躺卧。见于长期慢性消耗性疾病,重度衰竭症等;有长期病史,一般不难识别。

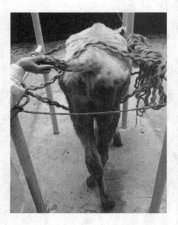
图 1.44　牛站立姿势异常

图 1.45　鸡两腿前后叉开站立姿势

c.强迫躺卧,伴有昏迷特点。常见于脑、脑膜的重度疾病、中毒的后期、某些营养代谢紊乱性疾病。乳牛呈曲颈侧卧的同时伴有嗜睡或半昏迷状,常为生产瘫痪的表现(图1.46)。

（a）重型　　　　　　　　　（b）轻型
图 1.46　牛生产瘫痪的姿势

d.犬坐样姿势,伴有后躯的感觉、反射功能障碍及粪、尿失禁,常提示脊髓横断性疾病。猪两后肢瘫痪而呈犬坐样姿势,可见于慢性仔猪白肌病、风湿症及骨软症;后肢瘫痪的同时,伴有后躯感觉、反射功能的失常及排粪、排尿机能紊乱,则为截瘫,可见腰扭伤造成的脊髓横断性病变。

（3）步态异常

病畜运动时呈现跛行,是四肢病的表现;步态不稳、四肢运步不协调或呈蹒跚、跟跄、摇摆似醉酒样,多为中枢神经系统疾病或中毒、重病后期的垂危病畜。

检查方法:通过视诊,主要观察病畜行为表现的姿态特征。

1.3.2 被毛和皮肤的检查

1) 被毛的检查

（1）正常状态

健康动物的被毛整洁、有光泽,禽类的羽毛平顺而光滑。

（2）病理变化

①被毛蓬乱而无光泽,或羽毛逆立,换毛(羽)迟缓,为营养不良之表现,可见于慢性消耗性疾病,长期的消化紊乱;营养物质不足、过劳及某些代谢紊乱性疾病。鸡的羽毛无光泽、蓬乱、逆立,可见于营养不良及消耗性疾病;肛门周围羽毛脱落并伴有出血,是鸡群中有啄肛恶癖的病鸡互相啄羽的结果。

②局限性脱毛。多为外寄生虫病或皮肤病。伴有剧烈痒感,动物经常在周围物体上摩擦或啃咬,甚至病变部皮肤出血、结痂或形成龟裂,可提示螨病。马尾根部脱毛并经常在周围物体上摩擦,宜考虑蛲虫症;猪见有大片的结痂、落屑,提示慢性猪丹毒,还应注意外寄生虫等。

③被毛被污染。病畜尾部及后肢被毛被粪便污染,是下痢的标志,见于各种类型的肠炎。被尿液及其分泌物污染,见于尿失禁及子宫疾病。

（3）检查方法

被毛的检查:通过视诊观察动物毛羽的清洁程度、光泽及脱落情况。

2) 皮肤的检查

通过视诊和触诊,了解动物皮肤颜色、温度、湿度、弹性及疹疱等病变。

（1）皮肤的颜色

皮肤的颜色检查主要针对白色皮肤的动物,其他颜色的皮肤因有色素而不易观察。其皮色的改变可表现为苍白、黄染、发绀、潮红与出血斑点。

①皮肤苍白。可见于各型贫血,包括仔猪贫血以及营养不良、下痢、维生素缺乏症、某些寄生虫病等继发性贫血。

②皮肤黄染。可见于各种肝胆疾病;肝片吸虫、胆道蛔虫等寄生虫引起的胆道阻塞;新生仔畜溶血病、钩端螺旋体病、血液原虫病等溶血性疾病。

③发绀。皮肤呈蓝紫色,轻则以耳尖、鼻盘及四肢末端为明显,重则可遍及全身。可见于猪肺疫、气喘病、流行性感冒等严重的呼吸器官疾病;重度的心力衰竭;多种中毒病,尤以亚硝酸盐中毒最为明显。各种疾病的后期均可见全身皮肤明显发绀,以致全身皮肤的重度发绀,常为预后不良。

④红色斑点及疹块。斑点由皮肤出血引起,出血点指压不褪色。皮肤小点状出血,好发于腹侧、股内、颈侧等部位,常为猪瘟、猪肺疫、急性副伤寒等败血症。皮肤有较大的充血性红色疹块或隆起呈丘疹块状,指压可褪色,见于猪丹毒。鸡冠、髯及耳垂蓝紫色可见于乏

氧性缺氧、中毒及鸡新城疫与禽霍乱等。

（2）皮肤的温度

检查皮肤温度，可用手掌或手背触诊。全身性皮肤温度增高可见于热性疾病；局限性皮肤温度增高提示局部发炎。皮肤温度降低是体温过低的标志。可见于衰竭症及营养不良、大失血、重度贫血、严重的脑病及中毒。皮肤温度分布不均，表现为耳鼻发凉，肢梢冷感，乃重度循环障碍的结果，可见于心力衰竭及虚脱、休克之际。

（3）皮肤的湿度

皮肤湿度可通过观察及触诊检查。皮肤湿度受汗腺分泌状态的影响。外界温度过高或于使役、运动之后，偶见于惊恐、紧张之际，生理性汗分泌增加，否则，见于高热性病、热射病、日射病、剧烈疼痛性的疾病等；某些中毒病及有高度呼吸困难时，也可见汗腺分泌的增加。局限性的多汗，主要跟局部病变或神经机能失调有关。皮肤温度降低、末梢冷厥，伴有冷汗淋漓，为预后不良，可见于虚脱、休克或重度心力衰竭。

（4）皮肤的弹性

检查皮肤的弹性，用手将皮肤捏成皱褶并轻轻拉起，然后放开，根据皱褶恢复的速度判定。通常检查颈侧、肩前等部位。健康动物拉起放开后，皱褶很快恢复、平展。如果皮肤弹性降低，放手后恢复很慢，可见于机体的严重脱水、营养不良以及慢性皮肤病（如疥癣、湿疹等）。老龄动物的皮肤弹性减退，是正常状态。

（5）皮肤疹疱

动物被毛稀疏部位出现粟粒大小的红色斑疹，为湿疹样病变，见于湿疹以及仔猪副伤寒、中毒或过敏反应等。动物喂饲过量有感光物质的饲料后，经日光照晒，颈、背部皮肤充血、潮红、出现水疱、有灼热及痛感，可提示饲料疹。猪的皮肤有大块红色充血性丘疹，是猪丹毒的特征。动物躯干部呈现多数指尖大的扁平丘疹，伴有剧烈痒感，为荨麻疹，可见于某些饲料中毒及慢性消化紊乱等。反刍兽及猪的皮肤出现水疱，提示口蹄疫或传染性水疱病。动物皮肤出现豆粒大小的疹疱，则为痘疹的特征，见于痘病。

（6）皮肤的创伤与溃疡

皮肤的完整性受到破坏，表现出各种创伤及溃疡。一般性的创伤与溃疡，可见于普通的外科病。猪的体表部位有较大的坏死与溃烂，提示坏死杆菌病。

（7）检查方法

通过视诊和触诊，了解动物皮肤颜色、温度、湿度、弹性及疹疱等病变。

3）皮下组织的检查

（1）检查方法

发现皮下或体表有肿胀时，应注意肿胀部位的大小、形态，并触诊判定其内容物性状、硬度、湿度、移动性及敏感性等。

（2）病理变化

①大面积的弥散性肿胀。伴有局部的热、痛及明显的全身反应，见于蜂窝织炎，多发于

四肢。

②皮下浮肿。触诊呈生面团样硬度且指压后留有指压痕,发于胸、腹下的大面积肿胀或阴囊与四肢末端的肿胀,一般局部无热、痛反应,多提示为皮下浮肿。见于重度贫血,高度的衰竭、肾炎或肾病等。

③皮下气肿。发生肿胀,边缘轮廓不清,触诊有捻发音,由气体窜入皮下引起,见于厌气性细菌感染病理过程中。

④脓肿、血肿、淋巴外渗。均呈现局限性(圆形)肿胀,触诊有明显的波动感。区别三者宜行穿刺并抽取内容物检查。

⑤疝。腹壁或脐部、阴囊部的触诊呈波动感的肿物,听诊时局部有肠蠕动音,考虑有疝症。

⑥肿瘤。腹壁或脐部、阴囊部的触诊呈香肠样质地,无游离性,考虑肿瘤(图1.47)。

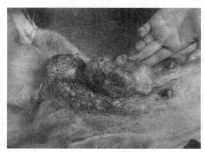

图1.47 犬乳腺肿瘤

1.3.3 可视黏膜的检查

可视黏膜是指肉眼能看到的或借助简单器械可观察到的黏膜,如眼结膜,口腔、阴道等部位的黏膜。检查可视黏膜时,主要观察颜色变化,尤其是眼结膜的颜色变化。同时注意温度、湿度、有无出血等。结膜的颜色变化,可反映局部的病变,并可推断全身的循环状态及血液某些成分的改变,在疾病诊断与预后的判定方面,有一定的临床意义。

1)正常状态

健康动物的可视黏膜湿润,有光泽,眼睑无肿胀、眼角无分泌物。随动物种类不同稍有差别,马呈淡红色;牛的颜色较马稍淡,呈淡粉红色,水牛颜色较深;猪、羊呈粉红色;犬呈淡红色。

2)病理变化

结膜颜色的改变,可表现为潮红、苍白、发绀或黄染。

(1)潮红

潮红是结合膜下毛细血管充血的征象。单眼的潮红,可能是局部的结膜炎、角膜炎所致。双侧性弥漫性潮红,多标志全身的循环状态,见于各种发热性疾病、胃肠炎、重症腹痛、中毒性疾病等;如小血管充盈特别明显而呈树枝状,则称树枝状充血,多为血液循环或心机能障碍的结果,可见于脑炎、日射病、热射病及伴有血液循环障碍的一些疾病。

（2）苍白

苍白是贫血的征象。结膜色淡,甚至呈灰白色。如迅速发生苍白,同时伴有急性失血的全身及系统的相应症状变化,可见于大失血及内出血。如逐渐发生苍白,并伴有全身营养衰竭的体征,可见于慢性失血、营养不良性、再生障碍性贫血等疾病过程中。溶血性贫血如梨形虫病、附红细胞体病,则在苍白的同时常带不同程度的黄染。

（3）黄染

结膜被黄染,是机体胆红素代谢障碍,导致血液中胆红素含量增加,沉着在皮肤及黏膜组织上,可见于肝病（如肝炎）、胆道阻塞或被其周围的肿物压迫及某些中毒等。

（4）发绀

发绀即可视黏膜呈蓝紫色,是血液中还原血红蛋白相对增多或形成大量变性血红蛋白的结果,可见于缺氧（如各型肺炎、胸膜炎）、循环障碍（如心脏衰弱与心力衰竭）及某些毒物中毒、饲料中毒（如亚硝酸盐中毒等）或药物中毒。

（5）出血

结膜上呈现出血点或出血斑,是出血性素质的特征,可见于马的血斑病及梨形虫病等。急性或亚急性马传染性贫血时,出血更为明显。

3）检查方法

（1）马属动物

检查马的眼结膜时,检查者立于马头一侧,一只手持缰绳,另一只手食指第一指节置于上眼睑中央的边缘处,拇指放于下眼睑,其余三指屈曲并放于眼眶上面作为支点,食指向眼窝略加压力,拇指则同时拨开下眼睑,即可使结膜露出而检视之。

（2）牛

检查牛的巩膜时,主要观察巩膜的颜色及其血管情况,检查时可一只手握牛角,另一只手握住其鼻中隔并用力扭转其头部,即可使巩膜露出;也可用两手握牛角并向一侧扭转,使牛头偏向侧方;欲检查牛的眼结膜时,可用大拇指将下眼睑拨开观察（图1.48）。

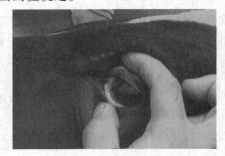

图1.48　牛的眼结膜检查

（3）小动物

检查羊、猪等小动物的眼结膜时,可用两手拇指分别打开其上、下眼睑。

4）注意事项

①在判定眼结合膜颜色变化时,应在自然光线下进行。
②要注意两眼对照,并注意区别是由眼的局限性疾病引起的,还是由全身性或其他疾病引起的。

③结膜受压迫或摩擦时易引起充血,因此不宜反复进行检查。

1.3.4　浅表淋巴结的检查

浅表淋巴结的检查,在诊断某些传染病上有很大的意义。临床检查中应予以注意的淋巴结主要有下颌淋巴结、耳下及咽喉周围的淋巴结、颈部淋巴结、肩前及膝壁淋巴结、腹股沟淋巴结、乳房淋巴结等。

1)正常状态

马常检查下颌淋巴结;牛常检查下颌、肩前、膝壁、乳房上淋巴结等,猪正常时不易摸到,一般可检查腹股沟淋巴结。

2)病理变化

淋巴结的病理变化主要表现为急性或慢性肿胀,有时可呈现化脓。

(1)急性肿胀

急性肿胀表现为淋巴结明显肿大,表面光滑,局部有明显的热、痛反应。可见于周围组织、器官的急性感染,或某些急性传染病。

(2)慢性肿胀

慢性肿胀表现为淋巴结肿胀、有硬结、表面不平,无热痛,多与周围组织粘连,难以活动。可见于各淋巴结的周围组织、器官的慢性感染及炎症,马主要提示鼻疽,牛主要见于结核病。

(3)淋巴结化脓

淋巴结化脓表现为在肿胀、热感、呈疼痛反应的同时,触诊有明显的波动。如配合进行穿刺,则可吸出脓性内容物。可提示伪结核病、链球菌病等。

3)检查方法

检查浅表淋巴结,可用视诊,主要是触诊(图 1.49)。必要时可配合应用穿刺检查法。视诊、触诊检查时,主要注意浅表淋巴结的位置、大小、形状、硬度及表面状态、敏感性及可动性(与周围组织的关系)。

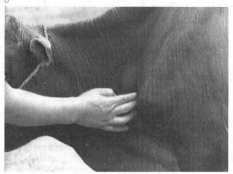

图 1.49　牛肩前淋巴结检查方法

1.3.5　体温、脉搏及呼吸数的测定

体温、脉搏及呼吸数,是动物生命活动的三大重要生理指标。健康动物,三大指标除受外界气候及运动、使役等环境条件暂时性影响外,变动常在一个恒定的范围内。动物患病,受病原因素的影响,常出现不同程度和形式的变化。因此,临床上测定这些指标,对诊断疾病和分析病程有重要的意义。

1)体温

(1)各种动物的正常体温值

各种动物正常体温值如表 1.3 所示。

表 1.3　各种动物的正常体温值

动物	正常体温值/℃	动物	正常体温值/℃
黄牛、乳牛	37.5~39.5	骆驼	36.0~38.5
水牛	36.5~38.5	鹿	38.0~39.0
马	37.5~38.5	兔	38.0~39.5
骡	38.0~39.0	犬	37.5~39.0
绵羊、山羊	38.0~40.0	猫	38.5~39.5
猪	38.0~39.5	禽类	40.0~42.0

(2)体温测定部位

各种家畜测直肠温度,禽在翼下测温。

(3)体温测定方法

将体温计的水银柱甩至 35 ℃ 以下,用酒精棉球擦拭消毒,并涂润滑剂。一手提起动物尾巴,另一手将体温计徐徐捻转插入直肠,然后放下尾巴,将体温计上的夹子夹于臀部毛发上。经 3~5 min 后,取出体温计,读数即可(图 1.50、图 1.51)。

(4)注意事项

①为了防止有过大的误差,测温前对体温计进行检查、验定,用前应甩下体温计的水银柱;对门诊病畜,应使其适当休息并安静后再测定。

②注意保护人、畜安全,对凶猛病畜进行必要的保定。

③体温计的插入深度要适宜(一般大动物约插入体温计长度的 2/3;小动物则不宜过深)。

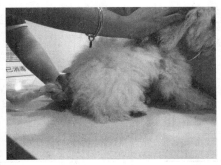

图 1.50　犬测体温（找肛门孔）　　　　图 1.51　犬测体温（无夹子）

④每日对病畜定时进行测温,并逐日记录,绘成体温曲线表。

⑤进行灌肠、直检的病畜应在处置前测温;直肠有多量宿粪的病畜,为防止把体温计插入粪球中,出现误差,应排出积粪后再测定。

⑥遇有直肠炎、频繁下痢或肛门松弛的患畜,对母畜可测阴道温度代替(测得值加上0.3 ℃)。

（5）病理变化

健康动物的体温一日内有变动,晨温较低,午后稍高,温差变动在 1 ℃以内。

①体温升高。不同的疾病体温升高的程度不一样,有的仅升高 0.5~1 ℃,如局部炎症、消化不良等;而有的则升高很多,达 2~3 ℃,甚至 3 ℃以上,如急性传染病、脓毒败血症等。从发热的特点上看,不同疾病也有很大差异。有的病畜高温持续不退,日温差很小,在0.5~1 ℃,称为稽留热,可见于大叶性肺炎、猪瘟、猪丹毒等;有的病畜呈弛张热,即体温升高后,日温差较大,在 1~2 ℃或 2 ℃以上,主要见于小叶性肺炎、化脓性疾病、败血症等。也有病畜在持续数天的发热后,出现无热期,如此以一定间隔期反复交替出现发热的现象,称为间歇热,典型的间歇热可见于血孢子虫病及马传染性贫血。

②体温降低。体温降低是指体温降至常温以下。低体温可见于老龄、重度营养不良、严重贫血的病畜(如衰竭症、仔猪低血糖症等),也可见于某些脑病及中毒、频繁下痢的病畜,大失血、内脏破裂(如肝破裂)以及多种疾病的濒死期。有明显的低体温,同时伴有发绀、末梢冷厥、高度沉郁或昏迷、心脏微弱与脉搏不感于手,多提示预后不良。

2)脉搏数测定

（1）各种动物脉搏正常值

健康动物的脉搏次数如表 1.4 所示。

表 1.4　健康动物的脉搏次数

动　　物	脉搏次数/(次·min⁻¹)	动　　物	脉搏次数/(次·min⁻¹)
黄牛、乳牛	50~80	鹿	36~78
水牛	30~50	骆驼	30~60

续表

动　物	脉搏次数/(次·min⁻¹)	动　物	脉搏次数/(次·min⁻¹)
马、骡	26~42	兔	80~140
驴	42~54	猫	110~130
绵羊、山羊	70~80	犬	70~120
猪	60~80	鸡(心跳)	120~200

（2）检查部位

马测颌外动脉；牛测尾动脉（距尾根 10 cm 左右处）；猪、羊、犬和猫测股内动脉。

（3）检查方法

用指腹轻触脉管仔细感觉并数搏动次数（图 1.52）。如牛脉搏测定时，检查者站在牛的正后方，左手抬起牛尾，右手拇指放于牛尾根部的背面，用食指、中指在距尾根 10 cm 左右处尾的腹面检查，记数并记录。

图 1.52　牛脉搏触诊

（4）检查脉搏时的注意事项

①测定时，动物应处于安静状态。

②一般应检测 1 min；必要时可测半分钟再用半分钟的脉搏乘以 2；如动物不安静，操作时误差大，宜测 2~3 min 再平均。

③当动脉脉搏过于微弱不感于手时，可测心跳次数代替。

（5）脉搏数的病理变化

①脉搏数增多。引起脉搏数增多的病理因素，主要有所有的发热性疾病、心脏病、呼吸器官疾病、各型贫血或失血性疾病（包括因频繁下痢而引起严重失水，致血液浓缩时）、伴有剧烈疼痛的疾病、某些毒物中毒或药物的影响等。

②脉搏数减少。可见于颅内压升高的疾病、胆血症、某些植物中毒等。脉搏次数的显著减少，亦可提示预后不良。

3) 呼吸数测定

（1）各种动物呼吸数正常值

健康动物的呼吸数如表 1.5 所示。

表 1.5 健康动物的呼吸数

动　物	呼吸数/（次·min^{-1}）	动　物	呼吸数/（次·min^{-1}）
黄牛、乳牛	10～30	鹿	15～25
水牛	10～50	兔	50～60
马、骡	8～16	猫	10～30
绵羊、山羊	12～30	犬	10～30
猪	18～30	鸡	15～30
骆驼	6～15		

注:呼吸数的生理变动,一般幼畜比成年畜多;母畜妊娠期可增多。

（2）测定方法

检查者站于离家畜一定的距离处,观察家畜腹部的起伏运动、鼻翼的煽动、肛门的收凸运动;检查者也可通过将手放于家畜的鼻孔上感知呼吸气流或放于腹部感知起伏运动来测定每分钟的呼吸次数,记录。

（3）呼吸数测定时的注意事项

①宜在动物休息、安静时测定。一般应计测 2 min 的次数来求平均值。

②观察动物鼻翼的活动或以手放于其鼻前感知气流的测定方法不够准确,应注意。必要时可以听诊肺部呼吸音的次数代替。

（4）病理变化

①呼吸数增多。呼吸数增多常见于发热性疾病、心脏疾病、贫血、呼吸气管疾病及剧烈疼痛性疾病、某些中毒,如亚硝酸盐中毒引起的血红蛋白变性等。

②呼吸数减少。临床上比较少见,可见于某些脑病、尿毒症等。呼吸次数的显著减少并伴有呼吸类型与节律的改变,常提示预后不良。

体温、脉搏、呼吸数等生理指标的测定,是临床诊疗工作的重要常规内容,对任何病例,都应认真地实施。而且要随病程的经过,每天定时测定,并仔细记录,可能的话,应绘制体温、脉搏和呼吸数的曲线表。一般说来,体温、脉搏、呼吸数的相关变化,常是并行一致的,如体温升高,脉搏、呼吸数也随之增加;而体温下降,则脉搏、呼吸数多随之减少。在病程经过中,见体温及脉搏、呼吸数曲线逐渐上升,一般可反映病情的加剧;而三者的曲线逐渐平行地下降以至达到或接近正常,则说明病势的逐渐好转与恢复。体温与脉搏曲线的相互逆行变化(曲线表上的交叉),多为预后不良的征兆。

任务 1.4　动物各系统器官检查技术

➤ **学习目标**

- 会各系统器官的检查。
- 会心血管系统的检查。
- 会呼吸系统的检查。
- 会消化系统的检查。
- 会泌尿生殖系统的检查。

1.4.1　心脏血管的临床检查

心脏和血管组成机体的循环系统,在动物的生命活动中具有重要的作用。心脏是血液循环的动力装置,主要功能是将消化系统吸收的营养物质和肺吸入的氧气运至全身各组织、细胞,供其新陈代谢,还运送激素至相应器官,以调节其生理功能。循环系统是机体的营养代谢器官,它的机能状况与各器官组织的生命活动有极其密切的关系。对病畜的心脏、脉管进行检查,对疾病发生的判断和预后具有指导意义。

1)心脏的检查

(1)心搏动的检查

心搏动一般用视诊与触诊检查法。

①正常状态。正常情况下,心搏动的强弱不易观察到,当心跳明显增强时,胸壁震动才明显可见。营养过肥的动物因胸壁厚,心搏动较弱,相反,消瘦的个体因胸壁薄而心搏动较强。此外,动物在运动过后、兴奋或恐慌时,亦可见生理性的搏动增强。

②检查方法。检查者位于动物左侧,用视诊方法主要观察肘后心区被毛及胸壁的震动情况。但是用视诊的方法一般情况下看不清楚,因此,多用手掌放于左侧肘头稍后方(牛则在肘头内侧)心区部位进行触诊,以感知其搏动。检查心搏动时,宜注意位置、频率、强度的变化。

③病理变化。

a.心搏动增强。可见于一切引起心机能亢进的疾病,如发热病的初期,轻度的贫血,急性心包炎,心内膜炎及病理性的心肥大等。当心搏动过度增强,可随心搏动而引起病畜全身的震动称为心悸。

b.心搏动减弱。病畜表现为心区的震动微弱,严重的甚至难以感知。见于心脏衰弱、胸腔积水及胸壁浮肿等。

（2）心区的叩诊

①正常状态。马的心脏叩诊区,在左侧呈近似的不等边三角形,其顶点相当于第3肋间距肩关节水平线向下3~4 cm处;由该点斜向第6肋间下端引一弧线,即为心脏绝对浊音区的后界。牛的心脏叩诊,在左侧,仅限相对浊音区,位于左侧第3~4肋间。叩诊时,沿肩胛后角向下的垂线进行叩诊,直至心区,确定由清音转变为浊音的一点;再沿与前一垂线约成45°的斜线,由心区向后方上叩诊。

②检查方法。动物取站立姿势,使其左前肢略向前举起或拉向前,使心区完全暴露,然后持叩诊器由肩胛后角垂直地向下叩击(相当于第3肋间),由上向下,从前向后,依次叩击。由肺清音渐次变为半浊音处,作一标记点,连接各点的弓形线,即为相对浊音区的后界。由相对浊音区向下前方叩击,刚出现浊音部位,即为绝对浊音区。大动物应用槌板叩诊法;中、小动物可用指指叩诊法。

③病理变化。

a.心浊音区扩大。可见于心容积增大,如渗出性心包炎、心包积水、心肥大、心扩张;绝对浊音区扩大,见于肺脏覆盖心脏的面积缩小,如肺萎陷等。

b.心浊音区缩小。主要是由于掩盖心脏的肺边缘部分的肺气肿、肺水肿引起心脏绝对浊音区缩小。叩诊时,动物表现回视、躲闪、反抗等行为,是心区胸壁的敏感、疼痛,提示心包炎及胸膜炎。

（3）心音的听诊

①正常状态。正常情况下,能够听到的是第一心音和第二心音。第一心音产生于心室收缩期,故称为收缩音,音响低而钝浊,持续时间长,尾音也长,类似"咚"的音响;第二心音产生于心室舒张期,又称心室舒张音,其音响高朗,持续时间短,尾音突然终止,发出类似"嗒"的音响。

马:第一心音的音调较低,持续时间较长且音尾拖长;第二心音响亮、短促、清脆。

牛:黄牛及乳牛的心音较为清晰,水牛及骆驼的心音甚微弱。

猪:心音较钝浊,两个心音的间隔大致相同。

犬:心音清晰,且两心音的音调、强度、间隔及持续时间均大致相同。

②检查方法。采用听诊器听诊,被检动物取站立姿势,使其左前肢向前拉伸半步,以充分暴露出心区。听取时,当心音过于微弱而听不清时,可使动物做短暂的运动后(心音加强而便于辨认)立即听诊。同时注意心音的频率、强度、性质、杂音和节律不齐等。

当需要辨认各瓣口心音的变化时,可按表1.6所示的部位确定最佳听取点。

表 1.6　各种动物心音最佳听取点

分区	第一心音区		第二心音区	
	二尖瓣口	三尖瓣口	主动脉瓣口	肺动脉瓣口
马	左侧第 5 肋间,胸廓下 1/3 的中央水平线上	右侧第 4 肋骨上,胸廓下 1/3 的中央水平线上	左侧第 4 肋间,肩关节水平线下方 2～3 cm 处	左侧第 3 肋间,胸廓下 1/3 的中央水平线下方
牛、羊	左侧第 4 肋间,主动脉瓣口听取点的下方	右侧第 4 肋间,胸廓下 1/3 的中央水平线上	左侧第 4 肋间,肩关节水平线下方 2～3 cm 处	左侧第 3 肋间,胸廓下 1/3 的中央水平线下方
猪	左侧第 4 肋间,胸廓下 1/3 的中央水平线上	右侧第 4 肋间,肋骨和肋软骨结合部稍下方	左侧第 4 肋间,肩关节水平线下方 2～3 cm 处	左侧第 3 肋间,接近胸骨处
犬	左侧第 4 肋间,胸壁下 1/3 的中央水平线上	右侧第 3 肋间,肋骨与肋软骨结合部一横指上方	左侧第 3 肋间,肩端线下方	左侧第 3 肋间,接近胸骨处

③病理变化。病理情况下主要检查频率、强度、性质、节律及心脏的杂音等变化。

a.心率高于正常值时,称为心率过速;低于正常值时,称为心率徐缓。见一般检查中脉搏数变化。

b.心音的强度。影响心音强度的主要因素包括心脏机能状态、循环血量及心音传导介质等。心音强度的变化可分为增强和减弱两种。

● 心音增强。两心音同时增强,见于热性病初期、心肌肥大、疼痛性疾病等;第一心音增强,见于心收缩力代偿性增强、瓣膜高度紧张、心室充盈不良、血容量不足等;第二心音增强,可见于急性肾炎及左心室肥大、肺充血、肺水肿、肺气肿及二尖瓣闭锁不全等。

● 心音减弱。两个心音同时减弱,见于危重病例及胸壁浮肿、胸腔积气积液、肺气肿、渗出性心包炎等;单纯的第一心音减弱并不多见,只在心肌梗死、心肌炎末期及瓣膜钙化失去弹性时表现出来;第二心音减弱,可见于血容量减少的各种疾病,如大失血、剧烈呕吐、腹泻引起的脱水等。

c.心音性质变化:常表现为心音浑浊,音调低而钝浊,主要见于心肌变性、瓣膜病变以及高热性疾病、严重贫血和猪瘟、猪丹毒等传染性疾病。

d.心音的分裂或重复:如果某一个心音分成两个音色相同的音响,就称为心音的分裂或重复。两个音响之间间隔短者(好像没有完全分开,只是首尾高,中间低)称为分裂;间隔长者(明显一分为二),谓之重复。分裂和重复在临床诊断上意义相同,仅程度不同而已。

第一心音的分裂或重复:两个心室收缩不同时,两房室瓣膜关闭有先有后造成的。见于心肌变性、收缩力减弱以及神经传导阻滞性疾病。

第二心音的分裂或重复：是主、肺动脉瓣根部的压力不同，两心室驱血时间长短不一，两动脉瓣关闭有早有晚的结果。见于某一动脉瓣孔或房室瓣孔狭窄、急性肾炎、肺水肿、肺气肿等。

e.心律不齐：表现为心脏活动的快慢不均及心音的间隔不等或强弱不一。主要提示心脏的兴奋性与传导机能的障碍或心肌损害。

f.心杂音：伴随心脏的收缩、舒张活动而产生的正常心音以外的附加音，是因心血管活动产生的。

心杂音依来源不同，分为心内杂音和心外杂音。源于心内膜、心瓣膜病变所致血液稀薄、流速加快的，称为心内杂音（由）；源于心外膜、心包膜病变引起的，称为心外杂音。

● 心内性杂音，按心内膜有无器质性病变，分为器质性心内杂音和非器质性心内杂音等。器质性心内杂音是心脏瓣膜心内瓣孔炎症、增生、肥厚或有新生物等，引起心脏形态结构变化，致使闭锁不全或狭窄而出现的杂音。器质性心内杂音尖锐粗糙，如锯木、箭鸣，位置较固定（与瓣膜、瓣孔的位置有关），持续时间长达数月至数年，随动物运动或使用强心剂而增强，是慢性心内膜炎的特征。在猪常继发于猪丹毒。非器质性心内杂音的出现有两种情况：一种是没有瓣膜、瓣孔形态结构变化，而是由于心机能不全，收缩无力，松弛扩张，瓣膜相对闭锁不全而产生杂音；另一种是贫血（血液稀薄）、血液流速加快所引起，前者称为机能性杂音，后者称为贫血性杂音。此杂音性质较柔和，如吹风样，可不限于心区听到，持续时间较短，多出现于心缩期，且随治疗、病情好转、恢复或使用强心剂可减轻或消失。在马常表现为贫血性杂音，尤其当马患慢性传染性贫血时更为明显。

● 心外性杂音。心外性杂音主要是心包杂音，其特点是：听之距耳较近；用听诊器的集音头压迫心区则杂音可增强。心外性杂音包括心包摩擦音、心包击水音和心包-胸膜摩擦音等。心包摩擦音类似皮革摩擦的音响，主要见于纤维素性心包炎症；心包击水音类似水击河岸的音响，主要见于渗出性心包炎症。当牛患染性胸膜肺炎、胸膜炎症时，出现明显的心包-胸膜摩擦音。

2）血管检查

（1）动脉脉搏的检查

①正常状态。健康动物的脉搏性质表现脉管有一定的弹性，搏动的强度中等，脉管内的血量充盈适度，脉搏节律、强弱一致，间隔均等，即中兽医所称之平脉，"不虚不实，不快不慢，节律均匀，连绵不断，来似莲珠，去似流水"。

②检查方法。检查方法见一般检查。检查时，除注意计算脉搏的频率外，还应判定脉搏的性质（主要是搏动的大小、强度、软硬及充盈状态等）及有无节律的变化，脉搏的频率及改变。

③病理变化。

a.脉管高度充盈者为实脉，属实病，如热性病的早期、肠便秘等；充盈不良者为虚脉，多属虚病，见于大失血、脱水及久病患畜等；脉搏力量强者为强脉，见于热性病早期、心室肥大等;脉搏力量弱者为弱脉,见于心衰、热性病及中毒病后期;脉搏振幅大者为大脉,说明心收缩力强,射血量也多,主要见于代偿性心肥大、热性病初期;反之为小脉,表明心收缩力较弱,射血量也少,见于代偿性心功能衰竭;脉管紧张度高者为硬脉,可见于破伤风、急性肾炎或伴有剧痛的疾病;迟缓者为软脉,在心衰、失血及脱水时多见。

b.脉律不齐是心律不齐的直接表现。脉律不齐应与心律不齐的特点综合分析。

（2）静脉检查

①检查方法。观察动物表在静脉的充盈状态及颈静脉波动。营养良好的动物,表在静脉管不明显;较瘦或皮薄毛稀的动物则较为明显。

②病理变化。

a.表在静脉的过度充盈,乃体循环淤滞之症。当牛患创伤性心包炎时,可见颈静脉的高度充盈、隆起并呈绳索状。局部静脉淤血,多是该部组织受压的结果,同时也出现其周围组织的水肿。

b.颈静脉周围出现肿胀、硬结,并伴有热、痛反应,是颈静脉及其周围炎症的特征。多有静脉注射时消毒不严或静脉注射刺激性药物（如氯化钙等）漏于脉管外的病史。

c.静脉的波动高度超过颈下部的1/3处,多为病态。

其中,静脉的波动依其临床特征,可分为阴性、阳性和假性三种。

• 阴性静脉波动又称心房性颈静脉波动。波动出现于心房收缩、心室舒张的过程中;并于颈中部的静脉上用手指加压之后,近心端和远心端的搏动均自行消失。见于右心衰竭或淤滞。

• 阳性静脉波动又称心室性颈静脉波动。其特点是:如波动出现于心室收缩过程中（与心搏动及动脉脉搏同时出现）,并以手指于颈中部的静脉处加压后,其近心端的波动仍存在。见于三尖瓣闭锁不全。

• 假性静脉波动又称伪性颈静脉波动。由于颈动脉的过强搏动可引发颈静脉处发生类似的搏动现象,以手指于颈中部的静脉处加压后,远心与近心端的搏动均不消失,并可感知颈动脉的过强搏动。这是在主动脉瓣闭锁不全时,脉搏骤来急去,搏动力量强大所致。

1.4.2 呼吸器官的临床检查

呼吸器官包括鼻、咽、喉、气管、支气管和肺等。呼吸过程包括三个环节:外呼吸、气体运输和内呼吸。呼吸器官的主要功能是进行体内外的气体交换。由于呼吸器官与外界相通,其发病率仅次于消化器官。检查方法已有较为广泛和深入的研究。在临床检查中通常应用问诊、视诊、触诊、叩诊和听诊法。

1）呼吸运动的检查

呼吸运动是指家畜在呼吸时,呼吸器官及辅助呼吸器官所表现的一种有节律而协调的运动。检查呼吸运动时,应注意呼吸频率、方式（类型）、节律、呼吸困难、呼吸的匀称性（对称性）和呃逆等。

（1）呼吸频率

见呼吸数测定。

（2）呼吸类型

①正常状态。健康动物通常呈胸腹式呼吸，而且每次呼吸的深度均匀、间隔时间均等。但犬多以胸式呼吸为主。

②检查方法。通过视诊，注意观察呼吸过程中胸腹壁起伏活动情况，判定呼吸类型；根据每次呼吸的深度及间隔时间的均匀性，判断呼吸节律。

③病理变化。

a.胸式呼吸。胸式呼吸是指胸壁的起伏动作特别明显，而腹壁运动微弱，提示病多在腹部，是腹壁活动受到限制的结果。常见于急性胃扩张、肠臌胀、创伤性网胃炎、瘤胃臌气、腹膜炎、腹腔积液、膈疝等腹腔脏器疾病。另外，在妊娠后期的家畜也可出现此种呼吸方式，应加以区别。

b.腹式呼吸。腹式呼吸是指呼吸时腹壁的起伏动作特别明显，而胸壁活动微弱，提示病多在胸部。见于心包炎、肺泡气肿、胸膜炎、胸腔积液、肋骨骨折等引起胸壁运动障碍和胸腔内脏器疾病。

（3）呼吸节律

根据每次呼吸的深度及间隔时间的均匀性，判定呼吸节律。呼吸节律改变时，呼吸的深度与呼吸频率成反比。

①检查方法。检查者站在病畜的侧方，观察每次呼吸动作的强度，间隔时间是否相等。健畜在吸气后紧随呼气，经短时间休止后，再行下次呼吸，每次呼吸的间隔时间和强度大致相等，即呼吸节律正常。

②病理变化。

a.吸气延长。吸气延长是空气进入肺脏发生障碍，使得吸气时间明显延长。见于上呼吸道狭窄（如鼻炎、喉和气管的炎症及有异物）、膈肌收缩运动受阻等。

b.呼气延长。呼气延长是肺泡内气体排出受阻的结果。正常的呼气动作，不能将气体顺利排出。主要见于细支气管炎、慢性肺泡气肿和膈肌舒张不全等。

c.断续性呼吸。其特征是在吸气和呼气的过程中，出现多次短暂间歇的动作。这是由于家畜先抑制呼吸后，又出现短时间的代偿性呼气或吸气。可见于细支气管炎、慢性肺泡气肿、胸膜炎和胸腹痛性疾病。另外，在脑炎、中毒时，由于呼吸中枢的兴奋性降低，也可出现断续性呼吸。

d.陈—施二氏呼吸。其呼吸特点是由弱、慢、浅逐渐加强、加快、加深，达到顶峰后又逐渐变得弱、慢、浅，经过较长的时间间隔（15～30 s），又出现上述特点的呼吸（图1.53）。因此，这种呼吸像潮水一般，故又称为潮式呼吸。主要见于脑炎、中毒及各种濒危病畜。

图 1.53　陈一施二氏呼吸

e.毕欧特氏呼吸。这种呼吸的特点是深度基本正常或稍加深,呼吸过程中出现有规律的间歇(暂停)。也就是说,稍深长的呼吸与呼吸暂停交替出现,有人称之为间歇性呼吸(图1.54)。这是呼吸中枢兴奋性显著降低的结果,表明病情危重。

f.库斯摩尔氏呼吸。其特点是呼吸不中断但是明显深长,频率减慢,而且带有明显的呼吸杂音,通常又称此呼吸为深长呼吸或大呼吸(图1.55)。这种呼吸的出现,说明呼吸中枢极度衰竭,多提示预后不良。

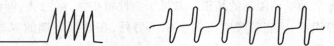

图 1.54　毕欧特氏呼吸　　　　　图 1.55　库斯摩尔氏呼吸

(4)呼吸困难

呼吸困难是指当呼吸费力,呼吸频率、方式、节律发生改变,辅助呼吸肌也参与活动。检查时,注意观察动物的姿态及呼吸活动。

①吸气性呼吸困难。其特征为吸气用力,时间延长,出现鼻孔扩张、头颈伸直、肘头外展、肋骨上举、肛门内陷,同时听到类似吹口哨的狭窄音等症状。这主要是上呼吸道狭窄造成的,常见于鼻腔、喉和气管的炎症,如猪的传染性萎缩性鼻炎、鸡的传染性喉气管炎等。

②呼气性呼吸困难。其表现为呼气用力、时间延长、腹肌收缩、腹部容积变小、肛门突出。出现明显的二段呼气(二重呼气),并在肋骨和肋软骨的交汇处形成一条沟或线,称为喘沟(喘线、息劳沟)。主要见于细支气管炎、慢性肺泡气肿等细支气管狭窄和肺泡弹性降低的疾病。

③混合性呼吸困难。其表现为吸气与呼气同等程度的困难,是临床上最常见的一种表现形式。实际上,单纯的吸气性或呼气性呼吸困难是不多见的,往往是以某一种形式为主的混合性呼吸困难。可见于肺炎、胸膜炎、胸腔积液、急性胃扩张、瘤胃臌气和肠臌胀等(图1.56)。

图 1.56　呼吸困难

(5)呼吸对称性

呼吸对称性也称匀称性,是指呼吸时两侧胸壁起伏强度一致。当一侧胸部有病时,该侧胸壁起伏运动受到限制减弱或消失,而健侧则出现代偿性增强,见于一侧性胸膜炎、肋骨骨折、胸腔积液、积气等。若两侧同时患病,病重一侧减弱明显。

(6)呃逆

呃逆是病畜所发生的短促的急跳性吸气,是膈神经受到刺激后,膈肌发生有节律地痉挛性收缩所引起的,故又称之为膈肌痉挛。临床表现为腹部或肷部节律性跳动,所以,也称为跳肷。常见于某些中毒病(棉籽饼中毒等)、胃扩张、肠便秘、消化不良等。

2) 呼出气、鼻液、咳嗽的检查

(1) 正常状态

健康动物呼出气左右气流一致,无异常气味;健康牛无鼻液,其他家畜均有少量鼻液,健康家畜一般不发生咳嗽,或仅发一两声咳嗽。

(2) 检查方法

检查者一手固定动物头部,一手以手背贴近鼻孔感觉气流大小,左右对比,一手以扇风的方式,将呼出气流扇向检查者,闻其气味。

(3) 咳嗽的检查

听取自发的咳嗽或人工诱导咳嗽。人工诱导咳嗽(简称"人工诱咳")的方法为:马属动物取站立姿势,检查者位于动物胸前的侧方,一手握住笼头或放在鬐甲部,另一手拇指、食指、中指分别握住动物的喉头及第一、二气管软骨环,轻轻加压的同时向上提举,同时观察动物的反应。牛可用双手捂住鼻孔片刻,也可反复牵拉舌体,不过正常情况下,不易引起牛咳嗽。健康动物在人工诱咳时可引起一两声咳嗽或不咳嗽。

(4) 病理变化

①当呼出气出现腐败臭味时,提示上呼吸道或肺脏化脓或腐败性炎症,在肺坏疽时更为典型,也可见于霉菌性肺炎及副鼻窦炎;丙酮味,见于牛的醋酮血症;尿臭味,见于尿毒症;酸臭味,见于消化不良、急性胃扩张;大蒜臭味,多为有机磷农药中毒。

②鼻液常是呼吸道及肺脏的病理产物。

鼻液量可反映炎症、渗出的范围、程度及病期。量多,可见于急性鼻炎症,如急性支气管炎。量少,可见于慢性炎症,如慢性支气管炎等。

鼻液颜色及混有物是判断炎症性质的重要根据。灰白色、浆性、黏液性鼻液是卡他性炎症的产物;黄色、黏稠甚至呈干酪样鼻液是化脓性炎症的特征,特多则见于马鼻疽、牛结核。

铁锈色鼻液是大叶性肺炎的特征;混有血液,多为呼吸器官的出血性病变,可见于鼻出血、肺出血、猪的传染性萎缩性鼻炎等。

鼻液混有多量小气泡,反映病理产物来源于细支气管或肺泡,见于肺气肿、肺水肿、肺出血、支气管肺炎、支气管炎等;混有唾液及食物残渣提示伴有吞咽机能障碍、食道阻塞、麻痹等疾病;当小肠发生阻塞、变位时,鼻腔可能流出粪水或黄绿色(胆汁)胃肠内容物;混有寄生虫体,见于羊鼻蝇蛆病和肺丝虫病等;鼻液中弹力纤维的出现,表明肺组织溶解破坏,或出现空洞,见于肺坏疽、结核、脓肿。

③喷鼻或喷嚏,提示鼻炎或鼻腔内异物,在羊应注意鼻蝇蛆,猪则应注意传染性萎缩性鼻炎。

④咳嗽是呼吸道及胸膜受刺激的表现。检查时应注意咳嗽的性质、频度、强弱及有无

疼痛等特点。

a.干咳。咳嗽声清脆,洪亮,干而短,有痛苦表现,表明呼吸道内没有或仅有少量黏稠分泌物,可见于喉及气管内有异物,呼吸器官的慢性炎症及急性炎症的早期。

b.湿咳。咳嗽声音钝浊而湿长。表明呼吸道内有大量稀薄分泌物。见于喉炎、气管炎及肺炎。

c.痛咳。咳嗽的声音短弱低沉,并有呻吟、摇头、头颈伸直等痛苦表现。可见于急性喉炎、胸膜炎、肋骨骨折等。

d.痉挛性咳嗽。表现为咳嗽剧烈,连续发作,并有痛苦,常是呼吸道内有异物强烈刺激所致。见于幼畜肺炎、猪巴氏杆菌病。

3)上呼吸道的检查

（1）鼻腔检查

①正常状态。健康动物的鼻黏膜为蔷薇红色或淡青红色,常湿润,有光泽。

②检查方法。将病畜的头抬起,使鼻孔对着阳光或人工光源,即可观察鼻黏膜的病理变化。马属动物检查时可用单指或双指进行检查。单指检查时一手托住下颌并适当高举马头,另一手的食指挑起鼻翼观察。双指检查是指用一手托住下颌并适当高举马头,另一手的拇指和中指捏住鼻翼软骨并向上拉起,同时用食指挑起外侧鼻翼,即可观察。通过视诊观察有无鼻液、鼻液的量、鼻液的性质,一侧性或两侧性及鼻液中有无混杂物。

③病理变化。鼻黏膜潮红、肿胀主要见于鼻卡他及流行性感冒;若有水泡,可见于水泡病、口蹄疫。马鼻黏膜出现的结节、溃疡或瘢痕(冰花样或星芒状),常提示鼻腔鼻疽。

（2）喉、喉囊和气管的检查

①检查方法。检查者可站于动物的头颈部侧方,分别以两手自喉部两侧同时轻轻加压并向周围滑动,以感知局部的湿度、硬度和敏感度,注意有无肿胀(图1.57)。当发现喉囊肿胀、隆起时,可配合进行叩诊和穿刺检查。

图1.57 咽喉部触诊法

马、羊的喉部外部触诊法与牛相同。

猪和禽类、肉食兽,可开口直接对喉腔及其黏膜进行视诊。

②病理变化。

a.喉炎、咽喉炎、马腺疫、急性猪肺疫或猪、牛的炭疽等疾病时,喉部周围组织和附近淋巴结有热感、肿胀;局部触诊敏感,叩诊呈浊音或浊鼓音,提示喉囊卡他。

b.禽类喉腔出现有黄、白色伪膜,同时黏膜肿胀、潮红,是各种喉炎的特征。

4)胸廓及胸壁的视诊和触诊

(1)检查方法

胸部视诊主要观察胸廓外形变化,两侧胸廓是否对称等。触诊胸部主要感触胸壁的温度、敏感性及有无震颤,并注意肋骨有无变形或骨折等。

(2)病理变化

①桶状胸表现为两侧胸廓明显膨隆,左右横径显著增加,状如圆桶。常见于严重的肺气肿;扁平胸表现为两侧胸廓狭窄而扁平,左右横径显著狭小。可见于骨软症、营养不良、慢性消耗性疾病;单侧气胸时,可见胸廓左右不对称。

②当胸壁触诊时,动物表现回视、不安、呻吟、躲闪等疼痛反应,提示胸壁敏感,见于胸膜炎、肋骨骨折;感知胸壁震颤,提示纤维素性胸膜炎。

③出现鸡胸,幼畜表现为像鸡一样,胸骨柄明显向前突出,并伴有四肢弯曲,全身发育障碍,见于佝偻病;鸡的胸骨脊弯曲、变形,提示钙缺乏。肋骨变形、有折断痕迹时或有骨折、骨瘤,可提示骨软症及氟骨病。

5)胸、肺部的叩诊

(1)叩诊的目的

叩诊主要在于发现叩诊音的改变,并明确叩诊区域的变化,同时注意对叩诊的敏感反应。

(2)肺部叩诊区划分

叩诊健康动物的肺区,叩诊呈清音。正常的肺部叩诊清音区多呈近似的直角三角形。

①马:假定3条水平线,第1条线是髋结节水平线,第2条线是坐骨结节水平线,第3条线是肩关节水平线。以马为例,肺叩诊界的下后界与第1线交于第16肋间,与第2条线交于第14肋间,与第3线交于第10肋间,下端终于第5肋间;叩诊界的上界,是自肩胛骨后角至髋结节内角的直线,它与下后界在第16肋骨部交叉,形成锐角。叩诊界的前界,是由肩胛骨后角引向地面的垂直线,与上界在肩胛骨后角处交叉,形成直角,与下后界交接处为心脏浊音区(图1.58)。

②牛:胸部叩诊区的前界是从肩胛骨后角,沿肘肌向下的反"S"状曲线,止于第4肋间。上界同马。后界是连接第12肋骨与上界的交点,第11肋骨与髋结节水平线交点,第8肋骨与肩关节水平线交点,向前向下止于第4肋间与前界相交,围成一个似三角形范围。此外在其肩前尚有一狭小的肩前叩诊区(图1.59)。

猪:其前界和下界与马略同,其后下界约于第7肋骨处与肩关节水平线相交。

羊:与牛略同,但无肩前叩诊区。

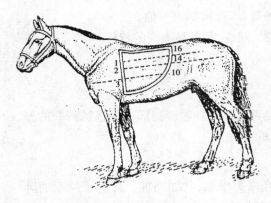

图 1.58 马肺部叩诊区
1—髋结节水平线；2—坐骨结节水平线；
3—肩关节水平线；10、14、16—示肋骨数

图 1.59 牛肺部叩诊区
1—胸侧肺脏叩诊区；2—肩前肺脏叩诊区；
5、7、9、11、13—示肋骨数

（3）叩诊方法

大动物宜用槌板叩诊法，一般每点叩击 2~3 次。叩诊应有一定顺序，注意要将整个肺区都检查到，不能遗漏某个区域。叩诊力量的轻重或强弱，要按叩诊目的灵活掌握。当胸壁厚，病变深在时，宜用重叩诊。当胸壁薄而病变浅在，要确定肺叩诊区和病变的界限时宜进行轻叩诊。当发现病理性叩诊音时，应与正常的音响仔细地进行对比，同时还应和对侧相应部位对照，如此才可以较为准确地判断病理变化。中、小动物可用指指叩诊法。

（4）病理变化

①叩诊时胸壁敏感，动物表现回视、躲闪、反抗等疼痛反应，提示胸膜炎。肺脏叩诊清音区扩大，提示肺气肿。

②叩诊音的变化。

a.大片状浊音区。见于大叶性肺炎，也可见于马传染性胸膜肺炎、牛肺疫、牛出血性败血病和猪肺疫等。

b.局灶性浊音或半浊音。见于小叶性肺炎、肺坏疽、肺结核、肺脓肿和肺肿瘤等。

c.水平浊音。水平浊音是指能叩出上界呈水平状态的浊音区。出现水平浊音说明胸腔内有一定量的液体存在。可见于渗出性胸膜炎、胸腔积液等。

d.鼓音。在大叶性肺炎的充血水肿期和溶解消散期及小叶性肺炎时，肺泡内含有气体和液体，弹性降低，传音增强；或病健肺组织掺杂存在，其周围健康组织叩之呈鼓音；气胸时，胸腔内有大量气体，叩诊呈鼓音；胸腔积液时，在水平浊音界之上叩诊呈鼓音（肺组织膨胀不全所致）。

e.过清音。过清音为清音和鼓音之间的一种过渡性声音，类似敲打空盒的声音，故亦称空盒音，是肺泡内含气量大增所致，主要见于肺气肿。

f.金属音。金属音如叩打金属容器之响声。当肺脏有大的含气空洞，且位置浅在，洞壁光滑时，能叩出此声。

g.破壶音。破壶音类似敲打破瓷壶发出的响声。此乃肺脏有与支气管相通的大空洞，当叩诊时,洞内气体通过狭窄的支气管向外排时发出的声音。肺脏空洞可见于肺脓肿、肺结核、肺坏疽等病理过程。

6)肺部的听诊

（1）正常状态

健康动物可听到微弱的肺泡呼吸音,于吸气阶段较清楚,状如吹风样或类似"呼、呼"的声音。整个肺区均可听到肺泡呼吸音,但以肺区的中部最为明显。各种动物中,马属动物肺泡呼吸音最弱,牛、羊较马明显,肉食兽最强。

支气管呼吸音类似"赫、赫"的音响。马的肺区听不到支气管呼吸音,其他动物仅在肩后,靠近肩关节水平线附近区域能听到。

（2）听诊方法

①听诊区。听诊区同叩诊区或稍大。

②听诊方法。在听诊区内,应普遍进行听诊;每一听诊点的距离为3~4 cm,每处听3~4次呼吸周期,先听中1/3部,再听上、下1/3部,从前向后听完肺区。听诊时,宜注意排除呼吸音以外的其他杂音。如发现异常呼吸音,为了确定其性质,应将该处与邻近部位进行比较,必要时还要与对侧相应部位对照听取。当呼吸音不清楚时,宜以人工方法增强呼吸,如加强运动,或闭塞其鼻孔片刻,然后松开,立即听诊,往往可以获得良好的效果。

（3）病理变化

①肺泡呼吸音变化。可分为肺泡呼吸音增强和肺泡呼吸音减弱。

a.肺泡呼吸音增强。肺泡呼吸音普遍增强在整个肺区均能听到重重的"呼"声,见于热性病、代谢亢进及其他伴有一般性呼吸困难的疾病;肺泡呼吸音局限性增强,见于大叶性肺炎、小叶性肺炎渗出性胸膜炎等。这是病区肺小叶功能低下或丧失,其周围健康肺小叶代偿性呼吸增强的结果。

b.肺泡呼吸音减弱。肺泡呼吸音减弱或消失,可见于肺组织含气量减少（支气管炎、各型肺炎等）,肺泡壁的弹性降低（如慢性肺泡气肿等）,肺与胸壁间距离加大（如渗出性胸膜炎、胸壁浮肿、胸腔积气积液等）。

②支气管呼吸音或混合呼吸音。肺区可听到明显的支气管呼吸音,见于肺炎肝变期。若吸气时有肺泡音,呼气时有支气管音,则称混合呼吸音或支气管肺泡音,可见于大叶性肺炎或胸膜肺炎的初期。

③病理性呼吸音。

a.啰音。啰音是伴随呼吸出现的病理性附加音,可分为干啰音和湿啰音两种。

干啰音,音调强、长而高朗,如笛声、飞箭声,主要是支气管黏膜肿胀、管腔狭窄、气流不畅或其内有少量黏稠分泌物、气流通过时发生振动的结果,可见于支气管炎、支气管肺炎。

湿啰音,音响如水泡破裂音、沸腾音或含漱音,是支气管、细支气管及肺泡内有大量稀薄液体,气流通过时,水泡生成或破裂所致,根据湿啰音发生部位支气管口径不同,可分为大、中、小湿啰音,见于支气管炎症、细支气管炎症、肺水肿、异物性肺炎等。

b.捻发音。当肺泡内有少量液体时,肺泡壁发生黏合,气体进入肺泡时,黏合的肺泡壁被冲开而发出类似捻转头发的音响。见于肺水肿、小叶性肺炎、大叶性肺炎等。

c.空瓮性呼吸音。类似吹狭口瓶发出的声音。当肺脏出现了与支气管相通的大空洞,气体由支气管进入肺空洞时,即发出此声音。

d.胸膜摩擦音。当胸膜发生纤维素性渗出性炎症,渗出液较少,胸膜脏、壁层又不粘连时,随着呼吸运动,两层粗糙的膜相互摩擦就发出类似皮革摩擦的音响,即胸膜摩擦音。注意与细湿啰音及其他杂音区别(表1.7)。

表1.7 胸膜摩擦音、细湿啰音及其他杂音的区别

区　分	胸膜摩擦音	细湿啰音	其他杂音
声音的特性	断续性,较尖锐,粗糙,类似两膜面的擦过声	类似水泡破裂声	被毛、衣物的摩擦声或其他杂音
出现的时期	吸气末期与呼气初期	仅见于吸气阶段	不定,常与呼气活动无关联
声音的强度及用听诊器集音头压迫胸壁后的变化	声音明显,听之如在耳边,加压后声音增强	较胸膜摩擦音弱,加压后无变化	不定,无规律
移动性固定	不移动	咳嗽后或经呼吸冲动而转移或消失	不定,无规律
伴随的其他症状	胸壁敏感、胸膜炎的其他相应症状	有鼻液及支气管炎或肺炎的其他应有症状	无

e.拍水音。当胸腔内有一定量的液体和气体时,随着呼吸运动,发出类似水击河岸的音响,即胸腔击水音(拍水音)。主要见于腐败性胸膜炎。

1.4.3 消化器官的临床检查

消化器官包括口腔、咽、食道、胃、肠及肝脏等。直接影响动物的营养、代谢和生长、发育、其功能紊乱,会导致临床上发病率高。消化器官的临床检查主要采用视诊、触诊、叩诊、听诊以及导管探诊、腹腔穿刺等方法,还可以根据需要进行 X 射线检查、超声波探查和实验室检验。

1)饮食状态的观察

(1)食欲和饮欲

①正常状态。各种家畜动物采食的方式有所不同,马用唇和切齿摄取饲料;牛用舌卷食饲草;羊大致与马相同;猪主要靠上、下腭动作而采食。

②检查方法。当家畜采食、饮水、咀嚼和吞咽时,通过视诊仔细观察其活动和表现,临诊时,也可通过问诊进行了解,必要时,进行试验性饲喂或饮水观察。根据采食数量、采食

持续时间、咀嚼力量和速度、吞咽活动及腹围大小等综合条件判定动物的食欲和饮欲状态。

③病理变化。

a.饮食改变。影响采食的因素很多,包括饲料的品质、饲喂方法、更换饲养员、独居、母子分离、怀孕、泌乳等。

食欲减退或废绝:表现为采食无力、食量显著减少甚至完全拒食。主要见于消化器官的各种疾病以及热性疾病、全身衰竭、消化及代谢紊乱等。

食欲亢进:肠道寄生虫病,发热病之后及长期饥饿均可导致暂时性的食欲亢进。

食欲不定:表现为食欲时好时坏,见于慢性消化不良等病。

饮欲增加:表现为贪饮或狂饮,见于发热性疾病、呕吐、腹泻、大量出汗、大失血、食盐中毒及炎性疾病渗初期。

饮欲减少:可见于伴有意识昏迷的脑病及某些胃肠病。如马、骡剧烈腹痛时,常拒绝饮水。

异嗜:食欲紊乱的另一种异常表现,指病畜喜食正常饲料成分以外的物质,是体内某些营养物质(必需氨基酸、维生素、矿物质、微量元素等)的不足或缺乏所致。如采食破布、塑料纸、煤渣、粪尿、污染的垫草;母猪食仔、食胎衣;鸡啄肛、啄羽、食卵等。

b.咀嚼障碍。咀嚼障碍表现为咀嚼费力、缓慢、无力,并因疼痛而中断,有时将口中食物吐出。多见于口腔黏膜、舌、牙齿的疾病,骨软症、慢性氟中毒等。空嚼和磨牙,可见于狂犬病、某些脑病及胃肠道阻塞和高度疼痛性疾病。

c.吞咽障碍。吞咽障碍见于咽与食管疾病,如咽炎、食管阻塞等,动物表现为吞咽时伸颈、摇头,屡次企图试咽而终止或吞咽同时引起咳嗽,常可见到饲料、饮水经鼻返流。

（2）反刍、嗳气及呕吐

①正常状态。正常状态反刍动物采食后经0.5～1 h即开始反刍;每昼夜反刍4～10次,每次反刍持续时间0.3～1 h,每个返回口腔的食团进行40～60次再咀嚼。高产乳牛的反刍次数较多,且每次的持续时间长。嗳气有15～30次/h。

②检查方法。主要通过视诊检查。检查时,注意观察动物反刍开始出现的时间、每次持续的时间、昼夜间反刍的次数、每次食团的再咀嚼情况和嗳气的情况等;尚应注意有无呕吐活动。

③病理变化。

a.反刍功能障碍。反刍功能障碍可表现为开始出现反刍时间过迟、每次反刍时间短、昼夜间反刍的次数稀少,每次食团的再咀嚼减少;严重时甚至反刍完全停止。可见于多种疾病。

b.嗳气改变。嗳气减少也是前胃机能扰乱的一种表现;由于嗳气显著减少而使瘤胃积气并可继发瘤胃臌气。马出现嗳气,提示胃扩张。

c.呕吐。胃内容物不自主地经口或鼻腔反排出来称为呕吐,是一种病理性反射活动。猪多发,其次为牛,马极少见。猪呕吐,常见于胃食滞、肠梗阻、中毒及中枢神经系统疾病;反刍动物呕吐,见于前胃及肠的疾病、中毒与中枢神经系统疾病;马呕吐见于急性胃扩张且常继发胃破裂而致死。

2)口腔、咽及食管的检查

（1）口腔检查

当发现消化功能障碍，流涎时，必须注意口腔的检查。口腔的检查首先要将口腔打开，用视诊和触诊方法检查。

①正常状态。健康动物口腔稍湿润，黏膜呈淡红色，牙齿排列整齐。

②检查方法。口腔的检查，首先将口腔打开，再用视诊和触诊方法检查。包括徒手开口法和器械开口法两种。

a.徒手开口法。

马：检查者站于马头的侧方，一手握住笼头，另一只手食指和中指从一侧口角伸入并横向对侧口角；手指下压并握住舌体；或将舌体拉出的同时用另一只手的拇指从它的侧口角伸入并顶住上腭，使口张开。

牛：检查者位于牛头侧方，一只手握住牛鼻并强捏鼻中隔的同时向上提起，另一只手从口角处伸入并握住舌体向侧方拉出，即可使口腔打开（图1.60）。

图1.60　牛徒手开口法

b.器械开口法。猪和犬必须用器械开口（也可用木棒撬开）。

猪：由助手握住猪的两耳进行保定；检查者手持猪开口器，将其平直伸入口内，达口角后，将把柄用力下压，即可打开口腔。

犬：将犬进行保定；检查者的左手大拇指和食指、中指分别用力卡住口角的两边，待口腔张开后用右手持木棒平直伸进口角的两边，将木棒轻轻地向下压即可。

③病理变化。

a.流涎。口腔分泌物增多并自口角流出大量黏液，可见于各型口炎；牛的大量牵缕流涎，应注意口蹄疫，或见于某些中毒以及伴有吞咽障碍的疾病。

b.口腔温度。口腔温度增高、热感，可见于口炎和热性疾病。口腔温度降低见于虚脱、衰竭及某些中毒病。

c.口腔黏膜颜色。口腔黏膜潮红、肿胀，是口炎的特征；马的口唇，特别是舌下的出血点，可见于各种出血性素质的疾病；口腔黏膜苍白，见于各型贫血；黄疸色则提示各型黄疸。

d.口腔黏膜破损。口腔黏膜的破损,可表现为疹疱、结节、溃疡;马的溃疡性口炎,其病变常在舌下,应注意;反刍兽及猪的口腔黏膜疹疱、溃疡性疾病,特别应注意口蹄疫。

e.舌外伤。舌外伤常是受异物刺伤或受磨不整的牙齿损伤所引起;舌面的溃疡多并发于口炎。

f.牙齿不整。牙齿不整常发生于骨软病或慢性氟中毒,后者在门齿表面多见有特征性的氟斑。另外,还要注意牙齿有无松动、损坏和脱落等。

（2）咽的检查

当动物表现有吞咽障碍并随之有饲料或饮水从鼻孔返流时,应做咽部的检查。

①检查方法。采用外部视诊、触诊。触诊时,可用两手同时自咽喉部左右两侧加压并向周围滑动,以感知其湿度、敏感反应及肿胀的硬度和特点。同时注意观察动物头颈的姿势及咽喉部周围是否有肿胀。

②病理变化。病畜头颈伸直,咽喉部周围组织的肿胀,触诊有热痛反应,提示咽炎或咽喉炎;幼驹的咽喉及附近的淋巴结肿胀、发炎,见于马腺疫;牛的咽喉周围的硬性肿物,多为结核及放线菌病;猪可提示咽炭疽及急性猪肺疫。

（3）食管的检查

当有吞咽困难或食道有可疑阻塞时,应对食道进行检查,常用的方法为视诊、触诊和探诊。

①检查方法。视诊时,注意观察吞咽动作、食物沿食管通过的情况及局部有无肿胀;触诊时,检查者站于病畜左侧,用两手分别由两侧沿颈部食管沟自上而下加压滑动检查,注意感知有无肿胀、异物,内容物硬度,有无波动感及敏感反应。食管有阻塞症状或有胃扩张、过食、胀气等时,可采用食道探诊。食道探诊具有对疾病诊断和治疗的双重作用。它不仅可以确定食道病变的部位,缓解胃扩张,对轻微的食道阻塞还可进行治疗。另外,还可洗胃、采集胃液化验等。

②病理变化。

a.食道阻塞。食道阻塞可见动物吞咽困难,表现为颈部食道局部膨隆,触之有硬块。投入胃管时受到阻挡,调整方向仍不能前进。通过度量投入胃管的长度可以大致判定阻塞部位。若为轻度的阻塞,可通过适当用力推进,或送水送气,以排除阻塞物。

b.食道扩张。食道扩张可见食道局部膨隆,但触诊没有硬块。

c.食道逆蠕动波。食道逆蠕动波见于马的急性胃扩张（尤其是气滞性胃扩张）以及其他动物消化不良等造成嗳气时。

d.食道炎及其周围炎。食道炎及其周围炎表现为吞咽困难,局部肿胀,触诊敏感。胃管插入食道,家畜疼痛剧烈,极度不安,并不断做吞咽动作。

e.食道憩室。在动物采食过程中,颈部食道出现界限明显的局限性膨隆。胃管前端可能顶住憩室壁而导致前进受阻,但经调整方向即可继续前进。

f.食道狭窄。食道因慢性炎症或周围组织的压迫,管腔变得狭小,此时,正常时可以投进的胃管则不能投进。

g.急性胃扩张。若属气滞性胃扩张,可从胃管排出大量酸臭气体;液滞性、食滞性者,可从胃管内排出大量液体或食糜。

(4)腹部的检查

①检查方法。

a.腹围视诊。检查者立于动物(牛、马)的后方适当位置,观察腹部的轮廓,腹围大小、形状及肷窝部的充满程度,左右侧对比进行观察。

b.腹壁触诊。检查者位于腹侧,面向动物后方。一手放于动物背部,另一手以手掌平放于腹侧下方,用腕力作间断性冲击动作触诊;猪及小动物腹部触诊时,站于动物后方,双手平置于腹壁,触诊腹腔内脏器的状态。

②病理变化。

a.马属动物腹部检查病理变化。

● 腹围增大,除可见于妊娠外,主要见于肠膨胀、积气的肠管破裂所致的腹腔积气、肠便秘、腹膜炎、腹水、胃肠破裂、膀胱破裂、局部炎症、血肿、淋巴外渗、腹壁疝、脐疝等。

● 腹围缩小,见于高热性疾病及剧烈的呕吐、腹泻、长期的低热、营养不良、慢性消耗性疾病等。

● 腹壁敏感,触诊、叩诊时,家畜有明显的疼痛反应,如回顾腹部、躲闪、踢咬等。

b.反刍兽腹部检查病理变化。

● 腹围增大,尤其左肷部膨隆明显,提示瘤胃膨胀。

● 腹壁敏感,提示腹膜炎。

● 腹下浮肿,触诊留有压痕,可见于腹膜炎、肝片吸虫病、肝硬化以及创伤性心包炎和心脏衰弱。

c.猪的腹部检查病理变化。

● 腹围增大,主要见于肠臌气、肠便秘、肠变位和腹膜炎等。

● 腹围缩小,可见于发热性疾病、各种脱水性疾病、长期消化不良以及慢性消耗性疾病。

(5)胃肠的检查

马属动物的胃肠检查如下:

①正常状态。正常情况下,对胃实施听诊时,由于胃位置深在,蠕动音不易听到。当急性胃扩张时,能听到类似"沙沙"声、流水声或金属音,3~5 次/min。对肠实施听诊时,由于大肠和小肠的管径悬殊,其内容物的性状不同,所以,蠕动音响和频率也不一样。小肠音似流水声、含漱声,8~12 次/min;大肠音如雷鸣声,4~6 次/min。

马属动物叩诊一般多用槌板叩诊。对靠近腹壁的肠管进行叩诊时,依内容物性状转移而音响不同,正常时,盲肠基部(右肷部)呈鼓音;盲肠体、大结肠则可呈浊音或鼓音。

②检查方法。主要进行听诊,必要时可配合进行叩诊或直肠检查。

a.胃的听诊。听诊胃蠕动音宜在左侧第 14~17 肋间,髋结节水平线上下区域内。

b.肠的听诊。一般有以下几种情况:在左髂部上 1/3 处听小结肠音,中 1/3 处听小肠音,左腹部下 1/3 处听左侧大结肠音;在右肷部听盲肠音,右腹股沟部听小肠音,剑状软骨部听右侧大结肠音。

③病理变化。

a.肠音增强。肠音增强表现为肠鸣如雷,连绵不断,不用听诊器甚至远离家畜体也可听到音响,主要见于各型肠炎的初期或胃肠炎,如伴有剧烈腹痛现象主要提示为痉挛疝。

b.肠音减弱。肠音减弱表现为音响微弱、稀少并持续时间短促。主要见于热性病,不完全性便秘,以及重剧性胃肠炎的末期(肠管麻痹的结果)。

c.肠音消失。肠音消失见于肠变位及肠便秘的后期、高度的肠臌气及急性胃扩张时。消失后的肠音又重新出现时,为病情好转之征象。

d.肠音不整。肠音不整表现为肠音强弱不定,次数不等,每次蠕动波也不完整。总之,肠蠕动失去规律。主要见于慢性消化不良及大肠便秘的初期。

e.金属性肠音。金属性肠音是由于肠壁过于紧张或肠内充满气体,蠕动的肠管间相互撞击发出的清脆的振动音。如水滴在金属板上之响声,见于肠痉挛、肠臌气的初期。另外,患破伤风时,腹壁紧张,也能听到类似的声音。

f.成片性音区。叩诊的成片性鼓音区提示肠膨气;与靠近腹壁的大结肠、盲肠的位置相一致的成片性浊音区,可提示相应肠段的积粪及便秘。

反刍兽的胃肠检查如下:

①瘤胃检查。

a.检查方法。主要采用视诊、触诊、叩诊及听诊。

视诊。主要是看左腹壁的瘤胃是否肿大。

触诊。了解瘤胃蠕动的次数和强弱。检查者位于动物的左腹侧,左手放于动物背部,右手可握拳、屈曲手指或以手掌放于左肷部,先用力反复触压瘤胃,以感知内容物性状,静置以感知其蠕动力量并计算蠕动次数。

叩诊。判定内容物的性状。在健康牛、羊左腹上 1/3 区域的瘤胃部叩诊时,呈鼓音。

听诊。牛左腹壁的任何部分都可听到连续不继的瘤胃蠕动音,如吹风声或远处雷声,渐渐加大,后又渐渐消失,有一定的规律性。健康牛 2~3 次/2 min。

b.病理变化。

蠕动次数减少。瘤胃蠕动次数减少,同时力量也弱,持续时间也短。可见于各种发热性疾病、前胃弛缓、瘤胃积食、轻度瘤胃臌气、创伤性网胃炎及瓣胃阻塞等。

蠕动停止。完全听不到瘤胃蠕动音。见于急性、重度的瘤胃臌气、瘤胃积食的末期,以及一些危症病例。临床上若出现长期的、顽固性的蠕动减弱,则应考虑网胃的创伤性炎症。

蠕动亢进。瘤胃蠕动次数增多,声音增强,持续时间也长。见于急性瘤胃臌气的初期,不过很快又会减弱甚至消失。

听到流水声。瘤胃长期弛缓时,其上部液体增加,随着瘤胃蠕动,可听到类似流水的声音。如果在腹部左侧前下方(第 11 肋骨下方)听到与瘤胃蠕动不一致的流水声,应考虑是否有真胃的左方变位。

②网胃检查。

a.检查方法。主要用叩诊、冲击式触诊和压迫。

叩诊可于左侧心区后方的网胃区内,进行强叩诊或用拳轻击,以观察动物反应。

冲击式触诊。检查者蹲在牛左侧肘头稍后方,并面向牛尾方向。左手扶在某部位作支点,右手握拳,肘抵于右膝部,然后右膝频频抬起,使拳对网胃区进行有节奏地冲击。

压迫。由两人分站牛体胸部两侧,各伸一只手于剑突下相互握紧,各将另一只手放于动物的鬐甲部,二人同时用力上抬紧握的手,并用放于鬐甲部的手紧捏牛背部皮肤,以观察牛的反应;或用双手捏提鬐甲部皮肤,使腹壁紧张,压迫网胃;或用一木棒横放于牛的剑突下,由二人分别自两侧同时用力上抬,迅速下放并逐渐后移压迫网胃区,以观察牛的反应。此外也可让牛走上、下坡路或急转弯等,观察其反应。

b.病理变化。通过视诊、触诊检查,如果牛表现痛苦、呻吟、不安或企图卧下,可怀疑牛有网胃的创伤性炎症。

③瓣胃检查。

a.检查方法。主要用触诊和听诊。

触诊。在牛右侧第 7~10 肋间沿肩关节水平线上、下 3 cm 的范围内,用并拢的四指尖部进行触压或用拳冲击,观察动物是否有疼痛反应。

听诊。在上述部位听诊时,正常情况下,能听到"沙沙"声,且出现在瘤胃蠕动音之后。

b.病理变化。触诊时如果有明显的坚硬或敏感反应,主要提示瓣胃创伤性炎症,亦可见于瓣胃的阻塞或炎症。听诊时如果瓣胃蠕动音明显减弱或消失,可见于瓣胃阻塞。

④真胃及肠的检查。

a.检查方法。主要包括视诊、触诊和听诊。

真胃的视诊与触诊。牛于右侧第 9~11 肋间,沿肋弓下进行视诊或用并拢的四指尖端用力触压;对羊、犊牛则使其呈左侧卧位,检查者手插入右肋下行深触诊。

真胃的听诊。在真胃区可听到蠕动音,类似肠音,呈流水声音或含漱音。

肠蠕动音的听诊。于右腹侧可听诊到肠蠕动音,短而稀少,较马弱。

b.病理变化。真胃视诊如发现肋弓下向侧方隆起,可提示真胃阻塞或扩张。真胃触诊若有明显的敏感反应,提示有真胃溃疡或炎症。真胃蠕动音增强时,可见于胃炎、消化不良;减弱或消失时,可见于积食、胃机能减退等。

当腹泻、消化不良时,肠音可听到频频的流水声;在热性病以及肠道阻塞时,肠音可明显减弱甚至消失。

猪的胃肠检查如下:

①检查方法。主要采用触诊和听诊检查。

a.触诊。使动物取站立姿势,检查者位于后方,两手同时自两侧肋弓后开始,加压触摸的同时逐渐向上后方滑动进行检查;也可使动物侧卧,然后用手掌或拼拢、屈曲的手指,进行深部触诊。利用触诊可感知动物腹腔内容物的情况。

b.听诊。用听诊器进行胃肠蠕动音的检查。利用听诊可听取胃肠蠕动音的情况。

②病理变化。

a.触诊剑状软骨左后方的腹部底部,有疼痛反应,可见于真胃炎、胃食滞;深触诊可感知较硬的粪块,见于肠便秘。

b.若肠音增强,连绵不断,可见于肠痉挛、胃肠炎、消化不良等;若肠音减弱或消失,见于热性病、肠便秘等。

(6)直肠检查

直肠检查是指将手伸入直肠内,隔着肠管对盆腔及腹腔器官进行检查,主要应用于马、骡、牛等大家畜。中、小动物在必要时可用手指检查。通过直肠检查,可以判定马属动物腹痛病的病变部位、性质和程度,可以治疗轻微病症。对大型母畜的发情鉴定、妊娠诊断有重要意义。另外,对肝、脾、泌尿器官、腹膜炎、骨盆骨折及腰椎骨折等也有重要的诊断价值。应注意,直肠检查结果必须与临床检查的结果加以综合分析,才能提出合理的诊断意见。

①正常状态。正常情况下,膀胱位于盆腔底部,无尿时呈拳头状,尿液充满时呈囊状,触之有波动。小结肠在骨盆口前方,大部分在体中线左侧,小部分在右侧,粪球如鸡蛋大,呈串珠状排列。左肾在第2~3腰椎左侧横突下方。脾脏在左肾前下方,紧贴左腹壁,后缘不超过最后肋骨弓。左侧大结肠位于腹腔左下方,常发生便秘的是左下大结肠。骨盆曲为左下大结肠转为左上大结肠的弯曲部,正常时较细。胃状膨大部位于腹腔右侧上1/3处,正常时不易摸到。

②检查方法。

a.检前准备。

● 被检动物要保定结实,最好是在柱栏内站立保定,根据情况也可横卧保定。

● 检查者做到"一穿二戴三要",即穿胶靴;戴围裙,戴胶皮手套;指甲要剪短磨光,手臂要消毒,要涂润滑油。

● 为便于检查,不出意外,对动物要做必要的处理。因积气腹围膨隆明显时,要穿刺放气;心衰者要给予强心;腹痛剧烈时,进行镇静(可静脉注射5%水合氯醛酒精溶液100~300 mL);必要时还可进行温肥皂水灌肠,而后再行直肠检查。

b.操作方法。

● 检查者将拇指放于手心,其余四指并拢呈圆锥形。先用手指触压肛门,给动物一个信号,待其安定时,手徐缓旋转插入肛门进入直肠,遇粪球则取出,膀胱膨隆则按摩、压迫排尿。

● 检查时将手套入直肠狭窄部(因此部壁厚、结实、活动范围也大)。应遵循的原则是"努则退、缩则停、缓则行",即动物用力努责时,手要随之后退,不能强行前进;当肠管强烈收缩时,手要停止前进;在肠管收缩过后变得迟缓时,趁机向前推进。这样可避免将肠管撕裂。若被检马努责过甚,可用1%普鲁卡因10~30 mL进行尾骶穴封闭,使直肠及肛门括约肌弛缓而便于直肠检查。

● 检查者的手应始终不变锥形姿势，更不能五指分开出现粗鲁动作，以免造成肠管破裂。检查完毕退手时，要谨慎缓慢（图 1.61）。

图 1.61　奶牛直肠检查

c.检查顺序。马直肠检查顺序是：肛门→直肠→膀胱→小结肠→左侧大结肠→腹主动脉→左肾→脾脏→前肠系膜根→十二指肠→胃→盲肠→胃状膨大部。

③病理变化。

a.触诊大结肠及盲肠内充满大量的气体，腹内压过高，检手移动困难，主要提示肠臌气。

b.发生肠系膜动脉栓塞时，检查者可触及肠系膜动脉根部有明显的动脉瘤。

c.马的胃扩张，可出现脾位的后移及胃囊的膨大现象。

d.小结肠、大结肠的骨盆曲、胃状膨大部或左侧上、下大结肠、盲肠、十二指肠等部位发现较硬的积粪，可提示各部位的肠便秘。

（7）排粪动作及粪便的感观检查

①排粪动作。

a.检查方法。观察动物排粪时的动作和姿势。正常情况下，家畜均采取固有的排粪姿势，日排粪次数和量也各不相同，并受到饲料、饲草及饮水量等的影响。一般来说，日排粪次数，马为 8~10 次，牛 12~20 次，猪较少，犬、猫则仅有 1~2 次。

b.病理变化。

● 便秘。便秘表现为排粪费力，次数减少或屡呈排粪姿势而排出量少，排出色深、干结粪便。见于热性病、慢性胃肠卡他、胃肠弛缓、肠变位或肠完全阻塞等。反刍兽见于瘤胃积食、积食和瓣胃阻塞等。

● 腹泻或下痢。腹泻或下痢表现为频繁排粪，甚至排粪失禁，排出稀如粥，甚至水样粪便。这是各种类型肠炎的特征，包括原发性、继发性或某些侵害胃肠道并引起其发炎的传染病、腹膜炎，某些肠道寄生虫病及中毒病。仔猪缺硒病时也见腹泻现象。

在慢性消化不良时,常出现便秘和腹泻的交替现象,这主要是肠黏膜的兴奋性降低,导致排粪中枢的控制失灵。此时,排粪调节由肠道内粪便的多少及对肠黏膜刺激的强弱来完成。

● 排粪带痛。排粪带痛表现为排粪时动物痛苦不安、拱背努责、惊惧、呻吟等,可见于直肠炎、腹膜炎、创伤性网胃炎、胃肠炎及直肠嵌入异物等(图1.62、图1.63)。

图1.62 犬脱肛   图1.63 犬直肠瘘

● 排粪失禁。排粪失禁表现为不做排粪动作,不自主地排出粪便,多是肛门括约肌松弛或麻痹所致。可见于腰间脊髓的损伤和炎症、脑部疾病。引起顽固性腹泻的各种疾病,也常伴有排粪失禁的现象(图1.64)。

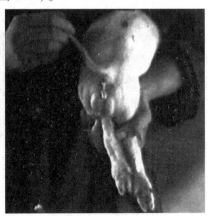

图1.64 顽固性腹泻引起排粪失禁

● 里急后重。里急后重表现为屡呈排粪姿势并强度努责,但仅排出少量粪便或黏液,这是直肠炎症、顽固性下痢的特征。

②粪便感观检查。

a.检查方法。检查粪便时,注意粪便的形状、硬度、颜色、气味和混杂物性质等。

b.正常状态。一般情况下,正常的马粪为球形,落地后部分能碎裂;牛粪较稀薄,落地后形成轮层状粪堆;羊的粪便干如球样;猪粪黏稠,有时干硬,有时呈液状,因饲料种类不同而有变化,例如,喂青草或多汁饲料时,粪便较为稀薄;犬和猫的粪便也呈柱状但较软。

c.病理变化。

● 粪便呈现腐败臭味或酸臭味,多见于消化不良、各型肠炎。若粪便变得稀软,可见于消化不良、胃肠炎症和肝脏疾病等。若变得干硬,可见于热性病及便秘时(图1.65)。

● 如果粪便上附有鲜红的血液或凝血块,表明后段肠管有出血性病变;若粪便呈一致黑紫色,则为前部消化道的出血(血红蛋白已经变性),见于出血性胃肠炎,猪瘟、仔猪副伤寒,犬细小病毒病等(图1.66);粪便颜色变淡甚至呈灰白色、乳白或黄白色,提示为犊牛或仔猪白痢以及鸡白痢。

图1.65　奶牛稀软粪便

图1.66　犬血便

● 粪便坚硬、色深,见于肠弛缓、便秘、热性病;牛在稀粪中混有片状硬粪块,提示瓣胃阻塞;粪便稀软、水样,常是下痢之症;水牛粪便呈柏油样,可见于胃肠阻塞。

● 粪便混有大量的粗纤维及完整谷物,提示消化不良;粪便混有或附着大量黏液,见于肠炎和肠便秘;混有灰白色、成片状脱落的肠黏膜,提示伪膜性与坏死性炎症,亦可见于猪瘟;混有脓液,说明肠道有化脓性炎症,或有脓肿的破溃;混有寄生虫体或虫卵,说明消化道有寄生虫的寄生,如蛔虫、绦虫等(图1.67)。

图1.67　犬绦虫

(8)肝脏的检查

①检查方法。

a.触诊。不同动物的肝脏触诊部位分别为:马、牛在右侧肋弓下行深部触诊;猪取左侧卧位,检查者用手掌或拉拢屈曲的手指沿右季肋下部进行深触诊;犬从右侧最后肋骨后方向前触压。触诊肝区时,注意观察动物的敏感性,或有时可感知肿大的肝脏边缘。

b.叩诊。大动物用槌板叩诊法。小动物可用指指叩诊法,于右侧肝区行强叩诊,以确定肝浊音区。

②病理变化。触、叩诊肝区时,动物敏感,出现疼痛反应,见于急性肝炎;在肋弓下深触诊感知肝脏的边缘,叩诊肝浊音区扩大,提示肝肿大。

1.4.4 泌尿、生殖器官的临床检查

从动物整体而言,泌尿器官与全身机能活动有着密切关系,肾脏是机体最重要的排泄器官。其主要功能是排出机体新陈代谢中所产生的尿素、无机盐等一些对自身无用或有害的物质,调节水平衡和酸碱平衡,以维持机体内环境的相对稳定,保证机体正常的生命活动。因此,泌尿的器官检查对泌尿器官及其他器官、系统疾病的诊断和防治有重要意义。泌尿、生殖器官检查的方法主要有问诊、视诊、触诊、导管探诊及实验室诊断等。

1)排尿动作及尿液的感观检查

(1)排尿状态检查

①生理状态。正常情况下,各种动物依性别的不同而采取固有的排尿姿势。排尿次数及尿量受饮水量、饲料含水量、气温、使役、运动等因素的影响。一般来说,马昼夜排尿 5~8 次,3~10 L;牛 5~10 次,6~25 L;猪 2~3 次,2~5 L;羊 2~5 次,0.2~2 L。公犬在嗅闻物体时可产生尿意,短时间内可排尿数 10 次。

②检查方法。排尿状态检查:观察动物在排尿过程中的行为、姿势、次数及尿量。

③病理状态。

a.频尿和多尿。频尿是指排尿次数增多,且每次尿量不多甚至减少或呈点滴状排出,多见于膀胱炎、尿道炎。动物发情时也常见频尿。多尿表现为排尿次数增多,每次均有较多尿液排出,见于慢性肾炎(肾小管的重吸收机能障碍)、内分泌代谢障碍性疾病,如糖尿病,以及渗出性炎症的液体吸收期等。

b.少尿和无尿。动物排尿总量减少或甚至接近没有尿液排出,称为少尿或无尿。根据形成原因又分为 3 种情况,即肾前性少尿或无尿(见于严重脱水、心血管衰竭、肾动脉栓塞等)、肾原性少尿或无尿(由急性肾小球性肾炎及肾病等引起)和肾后性少尿或无尿(梗阻性肾衰竭)。肾后性少尿或无尿,是尿路主要是输尿管梗阻所致,见于肾盂或输尿管结石或被血块、脓块、乳糜块等阻塞,输尿管炎性水肿、瘢痕、狭窄等梗阻,机械性尿路阻塞(尿道结石、狭窄),膀胱结石或肿瘤压迫两侧输尿管或梗阻膀胱颈,膀胱功能障碍所致的尿闭和膀胱破裂等(图 1.68)。

c.尿闭。肾脏的尿生成仍能进行,但尿液滞留在膀胱内而不能排出者称为尿闭,又称尿潴留。见于膀胱肌麻痹、膀胱括约肌痉挛及尿道疾病等。

d.尿失禁。动物未采取一定的准备动作和排尿姿势,而尿液不自主地经常自行流出者,称为尿失禁,主要见于腰间脊髓的损伤、膀胱括约肌麻痹等。某些脑病、昏迷、中毒等高级中枢不能控制低级中枢时,患畜也不自主地排尿。尿失禁

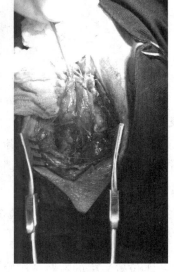

图 1.68 犬膀胱破裂

时两后肢、会阴部和尾部常被尿液污染、浸湿,久之则发生湿疹。直肠触诊时,膀胱空虚。

e.排尿困难和疼痛。排尿时表现出呻吟、努责、不安、回顾腹部等痛苦不安症状,而排尿后仍保持较长时间的排尿姿势。见于膀胱炎、膀胱结石、膀胱过度膨满、尿道炎、尿道阻塞、阴道炎、前列腺炎、包皮疾患、牛肾盂肾炎等。

（2）尿液的感观检查

①生理状态。正常情况下,犬、猫、猪尿为无色透明;牛尿清亮而微带黄色;马尿色深较为浑浊（盐类结晶较多）。正常动物尿中,因有挥发性有机酸,都具有一种特殊但不难闻的气味。

②检查方法。尿液的感观检查:动物排尿或导尿时收集尿液,注意检查尿液的颜色、透明度、黏稠度、气味及混有物等。

③病理状态

a.尿色。出现血尿或血红蛋白尿,血尿混浊而不透明,镜检尿中有红细胞,放置后有沉淀,见于泌尿器官的出血性病变,如为鲜血,多系尿道损伤（图1.69）;如混有大量凝血块,则多为膀胱出血,亦可见于肾或膀胱肿瘤;血红蛋白尿多透明,呈均匀、红色、无沉淀,尿中有大量血红蛋白,见于各种溶血性疾病,如牛、马、犬巴贝斯虫病,钩端螺旋体病,新生仔畜溶血病,牛和水牛血红蛋白尿病,犊牛水中毒等。马还应注意肌红蛋白尿病。尿呈棕黄色、黄绿色,振荡后产生黄色泡沫,可提示肝病及各型黄疸。蛋白尿可见于乳糜及饲喂钙质过多;脓尿见于肾、膀胱和尿道的化脓性炎症及肾虫病等。

图1.69 山羊尿血

b.透明度。若马尿变清澈透明,可见于纤维素性骨营养不良等病;其他动物尿变浑浊,表明肾脏及尿路有病变。

c.气味。尿液出现氨臭味,是细菌分解尿素放出氨的结果,见于尿潴留、膀胱炎;出现腐败臭味,见于膀胱、尿道的溃疡及化脓、坏死性炎症;有丙酮味者,见于牛的酮血病;猪尿有腐败臭味,可提示猪瘟。

2）肾脏、膀胱及尿道的检查

（1）肾脏的临床检查

①位置。牛的右肾位于第12肋间及第2~3腰椎横突的下面,左肾位于第3~5腰椎横突的下面;羊的右肾位于第4~6腰椎横突的下面,左肾位于第1~3腰椎横突的下面;马的

右肾位于最后2~3胸椎及第1腰椎横突的下面,左肾位于最后胸椎及第1~3腰椎横突的下面;猪的两肾几乎在相对位置,均位于第1~4腰椎横突的下面;犬的右肾位于第1~3腰椎横突的下面,左肾位于第2~4腰椎横突的下面。

②检查方法。主要采用视诊和触诊两种检查方法。

a.视诊。根据排尿的状态、尿液的性状及运步姿势的改变来判断肾脏病变。

b.触诊。外部触诊可在肾区用力按压或用拳锤击,检查时,检查者先将左手掌平放于肾区腰背部上,然后用右手握拳,轻轻在左手背上叩击,同时观察动物的反应;内部触诊是通过直肠检查,感知肾的形状、大小、硬度、敏感性等。

③病理变化。

a.视诊时表现排尿带痛、尿量减少、尿色加深、有异臭味、行步强拘、碎步前进、拱背小心或不愿走动,是急性肾炎的典型特征。

b.肾区的捶击试验或触诊时,动物呻吟、拱背、躲闪,提示有痛感,可疑有急性肾炎。内部触诊时,若体积增大,表面光滑,有压痛,可能为急性肾炎;若体积增大不明显,痛感不明显,但硬度增加,表面不光滑,可能为慢性肾炎。

（2）膀胱的检查

①检查方法。大动物直肠内触诊,感知膀胱的充盈度、有无压痛和异物;中、小动物则可于后腹部由下方或侧方进行触诊,以判定膀胱的内容物、充盈度及敏感性。正常情况下,膀胱空虚时,如拳大的梨状物,居盆腔底部;充满尿液时,居盆腔大部,轮廓明显,触诊紧张而有波动。

②病理变化。

a.膀胱增大。触诊时膀胱明显膨隆,居整个盆腔,见于膀胱肌麻痹、膀胱括约肌痉挛、膀胱结石、尿道结石、尿道阻塞等。若单纯的膀胱肌麻痹,按压则排尿,松手则尿停。

b.膀胱空虚。排尿减少或停止,触诊时又无尿,除肾源性无尿外,临床上常见于膀胱破裂。膀胱破裂多发生于牛、羊、驹和猪,腹部微隆起,渐发腹膜炎和尿毒症。

c.膀胱压痛。见于膀胱的急性炎症、尿潴留或膀胱结石。

d.膀胱结石。当膀胱结石时,在膀胱过度充盈的情况下触诊,可触摸到坚硬如石的硬块物或沉积于膀胱底部的砂石状结石。

（3）尿道检查

①检查方法。可采用外部触诊、内部触诊和探诊的方法检查。

a.母畜的尿道检查方法。母畜的尿道,开口于阴道前庭的下壁,特别是母牛的尿道,宽而短,检查最为方便。检查时可将手指伸入阴道,在其下壁可触摸到尿道外口。此外,可用金属制、橡皮制或塑料制导尿管进行探诊。

b.公畜的尿道检查方法。公畜的尿道因解剖位置的不同,位于骨盆腔内的部分,可由直肠触诊;位于骨盆及会阴以外的部分,可行外部触诊。公马多用尿道探诊检查。雄性反刍动物和公猪的尿道,因有"S"弯曲,用导尿管探诊较为困难。

②病理变化。

a.尿道触诊有痛感,探诊也明显不安,提示尿道炎症。

b.当尿道有结石时,触诊可感知有硬如石的物体,并有摩擦感;牛和猪发生尿道结石时,在其阴鞘周围的阴毛上有时可触摸到砂粒样硬固物。

c.尿道狭窄多因尿道损伤而形成瘢痕所致,也可能是不完全结石阻塞的结果。临床表现为排尿困难,尿流变细或呈滴沥状,严重狭窄可引起慢性尿潴留。应用导尿管探诊,如遇梗阻,即可确定。

3)外生殖器的检查

(1)公畜外生殖器的检查

①检查方法。检查方法主要为视诊和触诊。检查时应注意阴囊、睾丸、阴茎形状、大小,有无肿胀、溃疡、分泌物及新生物等。

②病理变化。

a.动物表现为阴囊呈椭圆形肿大,表面光滑,膨胀,有囊性感,局部无压痛,压之留有指痕,见于阴囊及阴鞘水肿;触诊空虚,见于隐睾(图1.70)。

b.公马阴囊显著增大,有明显的腹痛症状,有时持续而剧烈,触诊阴囊有软坠感,阴囊皮肤温度降低,有冰凉感,见于阴囊疝。阴囊疝也常见于仔猪。

c.猪有包皮炎,包皮的前端部形成充满包皮垢和浊尿的球形肿胀,可见于猪瘟。

d.犬包皮撕裂,常见于猎犬外伤病例(图1.71)。

图1.70　犬隐睾　　　　　　　图1.71　犬包皮撕裂

(2)母畜外生殖器的检查

①检查方法。主要为视诊和触诊。母畜外生殖主要指阴道和阴门。检查时应注意观察外阴部的分泌物及其外部有无病变;借助阴道扩张器扩张阴道,详细观察阴道黏膜的颜色、湿度、损伤、炎症、肿物及溃疡等病变;注意子宫颈的状态及阴道分泌物的变化。

②病理变化。

a.牛阴道炎,表现为拱背、努责、尾根翘起,阴门中流出浆液性或黏液、脓性污秽腥臭液。阴道检查时,阴道黏膜敏感性增高,疼痛、充血、出血、肿胀(图1.72)、干燥,有时可发生创伤、溃疡或糜烂。

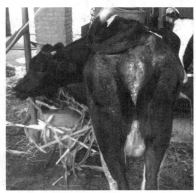

图1.72　牛阴门红肿

b.在马媾疫时,可见母马阴道和阴唇水肿,阴道黏膜肿胀,有小结节和溃疡。

c.阴道黏膜充血呈紫红色,阴道壁紧张,越向前越变狭窄,而且在其前端呈较大、有明显的螺旋状皱褶,有明显的腹痛症状,见于母畜子宫扭转。

d.母畜阴门外有脱垂物体,见于阴道和子宫脱出,在母牛产后胎衣不下时,阴门外常吊挂部分的胎衣。

4)乳房的检查

（1）检查方法

乳房检查主要采用视诊、触诊及乳汁检查。注意乳房大小、形状,乳房和乳头的皮肤颜色,有无脓肿及其硬结部位的大小和疼痛程度,排出乳汁的颜色、稠度和性状等。

（2）病理变化

①牛、绵羊和山羊乳房皮肤上出现疹疱、脓疱及结节,多为痘疹、口蹄疫等症状。

②乳腺炎时,炎症部位肿胀、发硬,皮肤呈紫红色,有热痛反应,有时乳房淋巴结也肿大,挤奶不畅。如脓性乳腺炎发生在脓肿时,乳房表面可出现丘状突起。

③如乳汁浓稠内含絮状物或纤维蛋白性凝块,或脓汁、带血,可为乳腺炎的重要指征。必要时进行乳汁的化学分析和显微镜检查。

1.4.5　神经系统的临床检查

1)头颅和脊柱的检查

（1）检查方法

检查头颅和脊柱常用视诊、触诊、叩诊等方法。应注意观察其形态和大小的改变,温度、硬度、敏感性及叩诊音等。

（2）病理变化

①头颅膨隆。头颅膨隆见于先天性脑室积水、脑炎、脑部肿瘤、牛羊脑包虫病、副鼻窦蓄脓等。若膨隆而软者，可见于佝偻病、骨软症等。

②头颅增温。头颅增温见于热性病、脑炎等。

③头颅叩诊浊音。头颅叩诊浊音见于脑部肿瘤、脑包虫等。

④脊柱肿胀疼痛。脊柱肿胀疼痛见于外伤、椎骨骨折等。

⑤脊柱弯（弓）曲。脊柱弯（弓）曲见于腹痛病、脊柱损伤等。

⑥脊柱僵硬。脊柱僵硬见于破伤风、肌肉风湿等。

2）运动机能检查

（1）检查方法

检查动物的运动机能常采用视诊和触诊。首先观察动物静止时肢体的位置、姿势；然后将动物的缰绳、鼻强松开，任其自由活动，观察有无不自主运动、共济失调等现象。此外，用触诊的方法，检查肌腱的能力及硬度；并且对肢体做其他运动，以感觉其抵抗力。

（2）病理变化

①强迫运动（强制运动）。强迫运动是指家畜在某些病理过程中，表现出被迫（不自主）的运动形式，包括盲目运动、圆圈运动等。

a.盲目运动。家畜做没有目的地徘徊，常在数小时内不停止，对周围事物不关心，对外界刺激没反应，且遇障碍不避。见于脑炎等病。

b.圆圈运动。其特点是按同一方向做圆周运动，圆周的直径可以不变或逐渐缩小。主要见于一侧性脑炎及脑部的占位性病变（如肿瘤、脓肿、脑包虫等）。圆圈运动的方向与病变部位、程度有一定的关系。一般在病初，多向患侧运动，这是因为病侧脑部受到刺激，兴奋性增高，其兴奋经锥体交叉传到对侧，使对侧肢体运动发生。随着病情的加重，患侧兴奋性逐渐降低，圆圈运动直径逐渐缩小，直到最后病情加重。患侧麻痹，而以对侧兴奋为主，就出现向健侧运动。但在临床上所看到的往往是向患侧运动。

②共济失调。共济失调是指肌肉的收缩力基本正常，但由于支配肌肉运动的神经指挥紊乱，肌肉运动不协调。见于小脑、大脑、前庭神经及脊髓的损伤。

③不随意运动。不随意运动包括痉挛和震颤两种情况。

a.痉挛。痉挛是指肌肉的剧烈性不随意收缩，又称为抽搐或惊厥。按其临床特征又分为阵发性痉挛和强直性痉挛两种。

阵发性痉挛是指一阵阵地肌肉收缩和弛缓交替出现。常常是突然发作又迅速停止。主要是大脑皮质受刺激后过度兴奋的结果。可见于脑部炎症、重剧性传染病、饲料中毒。另外，在代谢障碍，钙、镁缺乏时，由于肌肉的应激性增强，也常发生阵发性痉挛。

强直性痉挛是指肌肉长时间持续不断地收缩，好像凝结在某一状态，是由于大脑受到抑制，失去了对低级中枢的控制；或低级中枢受到强刺激而兴奋所致。可见于破伤风、马钱子酊中毒等。一般全身性痉挛者称为强直，局部肌肉痉挛者称为挛缩（图1.73）。咬肌痉挛时，出现牙关紧闭；眼肌痉挛时，出现瞬膜突出。马属动物结肠、盲肠便秘时，可出现上唇挛缩。

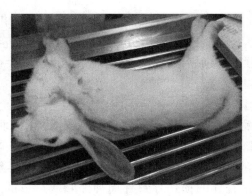

图 1.73　兔强直性痉挛

b.震颤。震颤是指肌肉快速、有节奏而强度不大的肌肉颤抖现象。其范围可为局部、大部分乃至全身肌肉,兴奋时多增强,安静时多减弱或消失。可见于脑部、脊髓疾病,过劳,中毒等。另外,在受惊吓、受寒冷刺激时也会发生此现象。

如果仅限于个别肌纤维的轻微抽搐,并不足以引起肢体和关节的活动者,则称为纤维性震颤。纤维性震颤是运动神经受刺激所致。见于牛创伤性网胃心包炎、酮血病、急性败血症等重剧性疾病。

④瘫痪(麻痹)。瘫痪与痉挛相反,是指动物骨骼肌的随意运动减弱或消失。临床上可将其分为以下几种。

a.全瘫和不全瘫。骨骼肌完全不能随意运动者,称为完全瘫痪(简称"全瘫");骨骼肌的随意运动仅减弱,仍可进行不完善的运动者,称为不完全瘫痪(简称"不全瘫或轻瘫")。

b.偏瘫。偏瘫是指一侧体躯的瘫痪,是一侧大脑半球或锥体传导径路障碍的结果,在临床上又称为半身不遂。

c.截瘫。截瘫是指机体的两前肢、两后肢或其他相对称的部位同时发生瘫痪。由于瘫痪的部位对称出现,故又称对瘫。在临床上常可见到的是两后肢的瘫痪,所以把截瘫就认为是两后肢的瘫痪。截瘫是脊髓的损伤所致。

此外,有人还把机体某部肌群的瘫痪称为单瘫,两侧不对称部位的瘫痪称为交叉瘫痪。

d.中枢性瘫痪和外周性瘫痪。中枢性瘫痪,又称痉挛性瘫、硬瘫,是上位运动神经元的损伤所致。外周性瘫痪,又称弛缓性瘫、软瘫,是下位运动神经元以及分布到肌肉的外周(末梢)神经损伤,致使脊髓反射弧的机能减退或消失所造成的。其临床表现为腱反射减弱或消失,肌张力降低,肌肉松弛变软,被动运动阻力小,且活动幅度大。

3)感觉机能检查

感觉机能检查包括一般感觉和特种感觉的检查。

(1)一般感觉检查

一般感觉检查包括浅感觉(触觉、痛觉、温觉和电感觉等)检查和深感觉(肌、腱、关节感觉等)检查。

①浅感觉检查。

a.正常状态。健康动物在触摸、针刺后立即做出反应。如肌肉收缩、被毛颤动或迅速回头、竖耳、躲闪或做踢咬动作。

b.检查方法。兽医临床上主要检查触觉和痛觉。检查前,应用手或其他物体遮住动物眼睛,以避免视觉的干扰。检查触觉时,用细的草棒、树枝或纸束等不太硬的物体或用手指迅速轻刺鬐甲部被毛或肷窝部、肘后的皮肤,同时观察其反应。检查痛觉时,用注射针或针灸针刺激动物皮肤,观察其反应。

c.病理状态。

● 感觉性增强。又称为感觉过敏,给予轻微的刺激或抚摸,即可引起强烈反应。可见于破伤风、脊髓膜炎、脊髓被根损伤、局部皮肤的炎症等。

● 感觉机能减退或消失。表现为给予一般的甚至较强的刺激才能引起轻微的反应,或不表现任何反应。多是脊髓的损伤导致外周神经麻痹造成的。也可见于意识障碍性疾病。

②深感觉检查。

a.正常状态。健康的家畜不愿意改变姿势,或在人为改变姿势后又迅速复原。

b.检查方法。人为地改变家畜所采取的自然姿势,如将其两前肢交叉,或将某一肢拉向稍远方。健康的家畜不愿意改变姿势,或在人为改变姿势后又迅速复原。

c.病理状态。若在较长的时间内保持人为的姿势不变,则视为深感觉障碍。可见于慢性脑积水、脑炎、脊髓损伤以及肝病和中毒等。

（2）特种感觉检查

特种感觉检查包括视觉检查、听觉检查和嗅觉检查。

①视觉检查。检查视觉时,先遮住动物一眼,用物体在动物眼前晃动,观察其反应,另一眼也用同样的方法。正常时,动物有明显的反应,尤其是犬、猫。观察动物的瞳孔是否随着光线的强弱而不断改变其大小。如果反应减弱或无任何反应,则说明视力障碍或失明。瞳孔扩大,可见于颅内压增高性疾病,如脑出血、脑肿瘤、脑室积水、阿托品中毒等。瞳孔缩小,对光反应也变得迟钝,见于脑内压中等程度的升高,交感神经受伤严重。也见于毛果芸香碱中毒、有机磷农药中毒等。

②听觉检查。听觉障碍和听觉过敏,见于延脑及大脑皮质受损、脑部疾病以及牛的酮血病等。在犬和猫有时可见遗传性听觉障碍。

③嗅觉检查。嗅觉检查常用于犬和猫。在大脑皮层受损、嗅神经功能障碍及鼻黏膜炎症时,嗅觉的灵敏度明显下降,可见于犬瘟热、猫瘟热（传染性胃肠炎）及感冒。

4）反射活动检查

反射是神经活动的最基本形式,它通过一个反射弧（感受器→传入神经→神经中枢→传出神经→效应器）来完成,其中任意一个环节发生故障,都会出现反射的障碍。

（1）检查方法

根据具体部位不同,灵活运用触诊、针刺、叩诊或以羽毛搔乱等的刺激看动物的反射活动。反射活动包括以下几种。

①浅反射,包括皮肤反射和黏膜反射。

a.皮肤反射。检查时避开动物的视线,用手指或小木棒进行感触。常检查的有耳反射、甲反射、腹壁反射、提睾反射、肷部反射、肛门反射、会阴反射、蹄爪反射等。

b.黏膜反射,主要检查咳嗽反射及角膜反射。

②深部反射,包括膝反射(叩击膝中直韧带)、跟腱反射、蹄冠反射等。

③眼部反射,包括睫毛反射,眼睑、角膜、结膜及瞳孔反射等。

④排泄反射,包括排尿和排粪反射。

(2)病理变化

①反射亢进(增强)。反射亢进(增强)是神经系统的兴奋性增强所造成的,当脊髓横断性损伤时,其后段脊神经由于失去了高级中枢的抑制作用,而出现腱反射增强,此乃神经反射的释放症状。可见于脊髓炎症、破伤风、有机磷中毒等。

②反射减弱(消失)。反射减弱(消失)是高级中枢的过度抑制,或是低级中枢的反射弧径路受损所致。见于颅内压升高、昏迷以及脊髓炎等。

任务1.5　临床常见症状的鉴别诊断技术

> **学习目标**

- 会临床常见症状的鉴别诊断技术。
- 熟悉临床常见的症状。
- 会对临床常见症状鉴别诊断。

由于疾病的症状很多,同一疾病可有不同的症状,不同的疾病又可有某些相同的症状。症状鉴别诊断,就是运用兽医的基本理论和辨证方法,对症状进行分析;分析同一症状在不同疾病中出现时的特点,以及同一症状可能在哪些疾病中出现。结合临床常见症状的鉴别诊断,有利于更准确地诊断出疾病。临床常见症状的鉴别诊断主要有以下内容。

1.5.1　以反刍、嗳气扰乱为主的反刍动物疾病鉴别诊断

1)以反刍、嗳气扰乱为主要症状的疾病

以反刍、嗳气扰乱为主要症状的疾病有前胃迟缓、瘤胃积食、瘤胃臌胀、瘤胃酸中毒、创伤性网胃炎、瓣胃阻塞、皱胃变位以及由于某些传染病和寄生虫病继发的前胃疾病。

2)致病因素

①饲料饲养失宜。长期饲喂粗硬、劣质、不易消失、易于发酵腐败、含碳水化合物过量及混有沙土及金属异物的饲料,喂后饮水不足等。

②管理不当。过度运动、使役或运动不足。

③继发于某些传染病(结核病)、寄生虫病(肝片吸虫等)及子宫、腹膜等炎症过程。

3) 综合征候群

食欲减少或废绝,反刍减少或停止,咀嚼缓慢或无力,嗳气减少或停止,鼻镜呈不同程度干燥或龟裂,瘤胃蠕动音减弱或消失,内容物粘硬或含多量气体,网胃及瓣胃蠕动音减弱或消失等。

4) 鉴别诊断

以反刍、嗳气扰乱为主要症状的胃病症状鉴别诊断如表 1.8 所示。

表 1.8　以反刍、嗳气扰乱为主要症状的胃病症状鉴别诊断表

胃病综合征候群	腹围基本正常	具有前胃弛缓症状	创伤性网胃、心包炎	(1)网胃、心区敏感,姿势异常 (2)静脉怒张,垂皮及胸下非炎性浮肿 (3)心包拍水音或心包摩擦音
			瓣胃阻塞	(1)鼻镜干燥甚至龟裂 (2)排便次数减少甚至停止,粪便呈算盘球样 (3)蠕动音消失
			真胃变位	左方变位	(1)多数于分娩前、后突然发病 (2)局限性膨大,具有典型的听、叩诊钢管音,冲击触诊有液体振荡音 (3)直检时,于瘤胃左侧可摸到膨满的皱胃
				右方变位	(1)急性型有明显腹痛及重度腹泻 (2)局部膨大,触、听、叩诊变化同左方变位 (3)亚急性型发病缓慢,无腹痛,触、听、叩诊变化同急性
		前胃弛缓	原发性	去除病因,对症治疗,很快恢复健康
			继发性	(1)酮病时,呼出气带酮味,尿酮体增多,有时出现神经症状 (2)肝片吸虫病时,粪便内可检出肝片吸卵 (3)泰勒焦虫病时,多在炎热季节发病,血检可发现虫体
	腹围膨大	瘤胃酸中毒	(1)采食谷物饲料后突然发病,病程短,死亡率高 (2)全身症状重剧,排稀软便或水便 (3)重症者有明显的神经症状 (4)血浆二氧化碳结合力下降
		瘤胃积食	(1)左侧肷窝平坦,腹下部轻度膨大 (2)胃内容物增多,有粘硬感,呈生面团样 (3)蠕动音初期增强,后期减弱乃至消失
		瘤胃鼓气	急性原发	(1)发病迅速 (2)有采食多量易发酵饲料的病史 (3)左侧肷窝明显凸出甚至高过脊柱
			慢性继发	反复发作,病程长,发病缓慢

1.5.2 以发热为主症的猪病鉴别诊断

1)发热为主症的主要疾病

以高热(41 ℃)为主症的疾病,可见于猪瘟、猪丹毒、急性猪肺疫、流感、急性仔猪副伤寒、口蹄疫、传染性水泡病、猪痘等急性传染病及中暑与中热。

2)致热因素

猪的热性病多数为细菌、病毒等引起的传染性疾病,少数为某些寄生虫及物理因素所致。

3)综合征候群

发热为多种猪病的共有现象。高热的同时,病猪表现精神沉郁、减食、整体状态衰竭及心跳、呼吸加快等。

4)鉴别诊断

中暑、中热,有特定的致病条件,多在炎热的夏季、闷热的环境中、强烈的日光直晒下,经急剧的驱赶、长途运输或过度骚扰、挣扎而发病。多见于肥育猪,有病程急、发展快的经过的特点,多提示为猪瘟、猪丹毒、急性猪肺疫、流感、急性副伤寒、口蹄疫、传染性水泡病、猪痘等急性传染病,其鉴别要点如下。

(1)注意发热的程度

猪丹毒可呈最高热,高达 42~43 ℃;其余通常在 40~42 ℃。

(2)依据伴随发热症状而出现其他症候群

猪各种高热性传染病的鉴别要点如表 1.9 所示。

表 1.9　猪各种高热性传染病的鉴别要点

病　名	发热程度	皮　肤	消化系统	呼吸系统	基本症候群
猪瘟	高热	小出血点,指压不褪色	便秘与下痢交替出现	伴有咳嗽	高热、出血性素质,伴有消化扰乱症状
猪丹毒	最高热	块状丘疹样红斑,指压褪色	无	呼吸加快	最高热,皮肤充血性疹块
急性猪肺疫	高热	颈部红肿,黏膜发绀或有小出血点	或伴有下痢	吸入性呼吸困难、咳嗽	高热,呼吸系统症候群
流感	高热	或有发绀	多呈便秘	流泪、流鼻液、咳嗽及气喘	高热,呼吸系统症候群

续表

病　名	发热程度	皮　肤	消化系统	呼吸系统	基本症候群
急性副伤寒	高热	或有小出血点,耳尖、鼻端发绀	下痢	无	高热,消化系统症状或有出血性素质
口蹄疫	高热	蹄趾部、口周围有水疱、溃烂	无	无	高热,皮肤损害伴有跛行症状
传染性水疱病	高热	蹄趾部有水疱,溃烂	无	无	高热,皮肤损害伴有跛行症状
猪痘	高热	呈红斑疹、水疱、结痂的分期性	或伴有下痢	无	高热,皮肤呈分明性疹疱症候群

（3）流行病学特点

上述各种急性传染病,均可迅速传播,并造成大批流行,其中口蹄疫的流行更为迅速和剧烈,且在综合牧场中除猪外,牛、羊等反刍兽可同时发病;猪丹毒与传染性水疱病在一定地区,可表现为地区的常在性。

另外,年龄条件及发病季节性,在鉴别诊断时也应注意（表 1.10、表 1.11）。

表 1.10　猪年龄与发病的关系

病　名	月龄/月													备　注
	1	2	3	4	5	6	7	8	9	10	11	12	成猪	
猪瘟、口蹄疫、传染性水疱病	←												→	各年龄均可发病,但传染性水疱病在哺乳仔猪很少发生且无死亡
流感		←									→			除哺乳仔猪及成猪外,均可感染
猪痘				←			→							仔猪较严重
猪丹毒		←						→						以 4～9 月龄为最多见
猪肺疫				←			→							无明显年龄差异,但以仔猪为多
急性副伤寒		←	→											以 2～4 月龄为多见

表 1.11 季节与发病的关系

病 名	季节/月				备 注
	春	夏	秋	冬	
	3 4 5	6 7 8	9 10 11	12 1 2	
猪丹毒		←————————→			以盛夏、初秋多发
流感			←————————→		多发于秋、初冬季
猪肺疫	←————→		←——————————→		多发于气候寒冷、多变季节
副伤寒		←——————————→			受环境条件影响,常发于夏、秋阴雨连绵时期
猪痘、猪瘟、水疱病、口蹄疫	←——————————————————————→				多无明显季节性

综合以上临床特点及流行病学条件,一般对有明显临床表现的口蹄疫、猪痘、传染性水疱病、流感、猪肺疫等,可作出初步诊断。但对急性败血型猪瘟、猪丹毒及急性副伤寒等,多因临床的主要症状不明显而不易诊断。为此,应配合进行某些辅助检查或特异性诊断以及观察治疗经过而综合断定。

(4)血常规检验结果

白细胞总数明显增多,并见有嗜中性白细胞百分比增多,常提示为猪丹毒;相反,白细胞总数减少,同时嗜中性白细胞比率降低,常提示为猪瘟。

(5)治疗经过观察

如用抗生素磺胺类制剂,特别是青霉素,收到明显疗效时,可作为猪丹毒的验证诊断。

(6)病死猪或典型病猪的剖检

依据剖检发现的特征变化而明确诊断,如表 1.12 所示。

表 1.12 典型病死猪病剖检鉴别诊断

病变部位	病 名		
	败血型猪丹毒	败血型猪瘟	急性仔猪副伤寒
皮肤变化	出血点、充血性红斑指压消失,充、出血限于真皮乳头层	出血点,指压不消失,出血达皮下组织、肌肉、脂肪	无明显变化
消化道变化	胃和十二指肠卡他性出血性炎,大肠无特殊变化	大肠黏膜充、出血,滤泡肿或滤泡溃疡	大肠滤泡肿

续表

病变部位	病 名		
	败血型猪丹毒	败血型猪瘟	急性仔猪副伤寒
出血性素质	淋巴结弥漫性出血,会厌、肾盂、膀胱黏膜出血少见	淋巴结周边出血,呈大理石状,常有会厌、肾盂、膀胱黏膜出血	泌尿统黏膜出血少见,出血性素质轻微
肝、脾变化	脾脏充血性肿大,无梗死	脾脏不肿,常见梗死灶	常见肝、脾副伤寒结节,硬,无梗死灶
非化脓性脑炎	无	常发生	无

1.5.3 以腹泻为主症的鸡病鉴别诊断

1) 以腹泻为主症的主要疾病

①传染病。传染病有鸡白痢、鸡伤寒、禽副伤寒、大肠杆菌病、禽霍乱、新城疫、法氏囊病及淋巴性白血病等。

②寄生虫病。寄生虫病有球虫病、蛔虫病、绦虫病及组织滴虫病等。

③中毒病。中毒病有霉败饲料中毒。

④代谢病。代谢病主要有维生素 B_1、维生素 B_2、维生素 D 缺乏,微量元素硒缺乏及泄殖腔炎。

2) 致病因素

①侵害胃肠道的微生物、病毒及某些寄生虫。

②某些矿物质、维生素及微量元素的缺乏。

③霉败饲料中毒。

3) 综合征候群

排便次数增多,粪便呈稀薄甚至水样,可为黄、黄绿、褐等不同颜色;有血液、脓汁等混合物。下痢的同时可引起失水、内中毒及导致营养消瘦及发育停滞。

4) 鉴别诊断

①以腹泻为主症的传染病,鉴别诊断如表 1.13 所示。

表1.13 以腹泻为主症的各类鸡传染病综合征鉴别诊断

病名	病因	易发年龄	流行特点	症状		病理变化	确诊依据
				腹泻特点	伴发症状		
鸡白痢	鸡白痢沙门氏菌	出生后至3周龄	可造成流行,死亡率高	粪便多呈白色并黏附于肛门	呼吸困难	肝肿大,淤血或条状出血;胆囊肿大并充满胆汁;心肌和肌胃有坏死结节;盲肠有白色硬粪块	临床症状及病理变化
鸡伤寒	鸡伤寒沙门氏菌	易发生于成鸡	散发	粪便呈黄绿色	突然死亡或消瘦,贫血	脾肿大;肝肿大呈青铜色,有坏死灶	分离病原
禽副伤寒	沙门氏菌	2月龄以内	呈地方性流行	同鸡白痢	无	出血性肠炎;盲肠有干酪样物	同上
大肠杆菌病	埃希氏大肠杆菌	各年龄	常继发感染	无	脐炎,关节炎及眼球炎,呼吸困难	肠炎,气囊炎,心包炎,肝周围炎,输卵管炎	分离出致病性血清型大肠杆菌
法氏囊病	病毒	1月龄以内	发病率高,死亡率低	白色、水样粪便	啄肛,共济失调	法氏囊早期肿大,浆膜水肿,后期萎缩;胸肌出血	临床症状,病理变化,琼扩试验
淋巴性白血病	同上	开产前后及当年母鸡多发	散发	黄绿色	冠萎缩	肝肿大;有灰白色结节	病理变化
禽霍乱	多杀性巴氏杆菌	成鸡多发	散发或呈地方性流行	灰白、黄色、绿色	严重的全身变化	心冠脂肪有出血点;肝脏有坏死灶;出血性肠炎	血液、肝脏涂片检菌
新城疫	病毒	各年龄	发病率和死亡率均高	绿色稀便	呼吸困难及神经症状	腺胃出血;肠道黏膜出血溃疡;盲肠扁桃体肿胀出血	流行病学,病理变化,非典型分离病原

②以腹泻为主症的寄生虫病,鉴别诊断如表 1.14 所示。

表 1.14　以腹泻为主症的各类鸡寄生虫病鉴别诊断

病　名	病　因	易发年龄	流行特点	症状		病理变化	确诊依据
				腹泻特点	伴发症状		
球虫病	艾美耳球虫	15 ~ 50 日龄发病率高	大批死亡	血便	迅速消瘦死亡	盲肠出血或小肠出血	涂片检查球虫卵囊
组织滴虫病	火鸡组织滴虫	2 ~ 3 月龄多发	呈地方性流行	灰黄色或血便	无	盲肠一侧或两侧肿大,肝有坏死灶	病理变化,检查虫体
蛔虫病	蛔虫	雏鸡危害大	平养发病率较高	无	进行性消瘦	肠道内有大量虫体	生前虫卵检查,死后剖检
绦虫病	绦虫	同上	同上	有时混血	同上	同上	同上

③以腹泻为主症的非传染性疾病,鉴别诊断如表 1.15 所示。

表 1.15　以腹泻为主症的鸡非传染性疾病鉴别诊断

病　名	病　因	易发年龄	流行特点	症状		病理变化	确诊依据
				腹泻特点	伴发症状		
中毒病	常见霉败饲料	各年龄,健壮鸡多发	逐渐全群大批发生	无	嗉囊膨大,有时出现神经症状	消化道黏膜出血	无
泄殖腔炎	维生素缺乏	产卵高峰母鸡	大批发生	白色水样	无	泄殖腔黏膜充血,水肿,外翻	无
硒缺乏症	饲喂微量元素硒不足或缺乏的饲料	主要发生在 3 ~ 6 周龄的雏鸡	呈绿、褐或乳白色稀便	呈绿、褐或乳白色稀便	运动障碍,神经症状,消瘦,脱水	全身典型渗出性素质点状或斑纹状皮下出血,心肌、骨骼肌色淡,胰腺萎缩	调查发病原因(饲喂低硒地区产饲料)临床症状及病理变化,血液及羽毛硒含量实验室分析测定

1.5.4　以腹痛为主症的马属动物疾病鉴别诊断

1)以腹痛为主症的常见疾病

腹痛病又叫疝痛病,是由胃肠机能障碍所引起的一类腹痛性疾病的总称。除由某些传染病(肠型炭疽、马出败等)、寄生虫病(原虫、蛔虫等)、泌尿系统疾病(膀胱括约肌痉挛、尿道结石)、产科疾病(输卵管疾病、腹腔内妊娠)等引起的所谓征候性或假性腹痛外,常见的有急性胃扩张、肠痉挛、肠臌气、肠便秘、肠变位、肠套叠、肠系膜动脉栓塞等。

2)致病因素

马属动物腹痛病的发生原因是多方面的,除饲养管理不当,草料品质不良,饮水、运动不足等诸多因素外,尚与动物的应激反应及马属动物的解剖生理特点有密切关系。

腹痛的产生,依据起因可分为痉挛性疼痛、膨胀性疼痛、牵引性疼痛和腹膜性疼痛4种。

(1)痉挛性疼痛

痉挛性疼痛是胃肠平滑肌强烈的痉挛性收缩所引起。其特点是短时间的腹痛发作和间歇交替出现。腹痛发作时,病畜急起急卧,或倒地滚转,呈中等程度或剧烈腹痛。间歇期,安静站立,似乎无病,有时可采食、饮水,肠音一般高朗,临床上多见于肠痉挛。

(2)膨胀性疼痛

膨胀性疼痛是胃肠内积聚过量的食物、气体或液体,胃肠壁紧张而引起。其特点是呈持续性疼痛,几乎没有间歇,或仅有短的间歇期。临床上常见于急性胃扩张、肠臌气、肠便秘等。

(3)牵引性疼痛

牵引性疼痛是肠管位置的改变,肠系膜受到强烈牵拉而引起。其特点是疼痛持续而剧烈。病畜为了缓解疼痛,有时表现为长时间拱背、仰卧抱胸、四肢集于腹下等姿势。直检时,当触到某肠段或被牵拉的肠系膜时,病畜表现疼痛加剧,临床上常见于肠变位。

(4)腹膜性疼痛

腹膜性疼痛是肠变位等腹痛病继发腹膜炎症,致使腹膜感受器受到刺激而引起。其特点是呈持续性、弥漫性疼痛,腹壁紧张,拱背,触诊腹壁疼痛加剧。

上述4种疼痛往往合并发生或相继出现,只是以某一种疼痛比较明显而已。如肠便秘初期,常为痉挛性疼痛,中、后期由于继发肠臌气以及结粪的压迫,可引起膨胀性疼痛。

各种胃肠性腹痛病,在发生发展过程中,均有其突出的特点。据此,可作为鉴别诊断腹痛的根据。

3)综合征候群

①因腹痛而表现各种反常姿势,如前肢刨地、后肢踢腹、回视腹部、伸腰、摆尾,碎步急

行、时起时卧,返转、打滚,卧地不起呈犬坐姿势,背卧屈腿或肢体朝天等。

②在采食、饮水废绝的同时,伴有排便停止或屡呈排粪姿势,频排少量粪球或个别有腹泻现象,或作呕吐样动作而胃内容物经鼻返流,个别还见有嗳气。

③肠管蠕动机能紊乱,肠音高朗连绵不断,肠音不整或肠音低弱,衰沉、稀少,或肠音完全停止,腹部叩诊音改变或腹围变形。

④因疼痛刺激与内中毒引起的全身状态有气喘,可视黏膜发绀,心跳加快,脉搏微弱,多汗、痉挛、发热与精神状态沉郁等。

4)鉴别诊断

①肠型炭疽。表现为腹痛症状,体温高达 40 ℃以上,粪便带血,多于 3~12 h 内死亡,死前 5~6 h 血液内可检出炭疽杆菌,死后常见口、鼻、肛门等流出凝固不良的血液。

②腹膜炎。腹痛表现隐微,体温升高到 40 ℃以上,呼吸浅表,呈胸式呼吸;腹壁紧张,触诊敏感;腹腔穿刺,往往流出多量的渗出液。

③蛔虫性阻塞。多见于 1~2 岁幼驹。其特点是伴有明显的黏膜黄疸,可继发液性胃扩张,腹痛剧烈,肠音高朗,粪便检查可发现大量蛔虫卵,应用敌百虫等驱虫剂治疗效果良好。

④膀胱括约肌痉挛(尿疝)。发病突然,腹痛剧烈,全身大汗,频作排尿姿势但排不出尿液。直检膀胱呈高度膨满,触压不排尿,导尿管插至膀胱口部受阻,应用解痉药物治疗有效。

⑤各类真性腹痛病,鉴别诊断,如表 1.16 所示。

1.5.5 以流涎为主症的疾病鉴别诊断

1)以流涎为主症的常见疾病

以流涎为主症的常见疾病包括口腔和唾液疾病,咽与食道疾病,胃肠疾病,以及某些传染性疾病和中毒性疾病。

2)致病因素

①由于异物、损伤和病原微生物等直接刺激唾液腺,使唾液分泌增加。

②某些传染病直接引起口腔炎症,或因肌肉痉挛或麻痹使吞咽障碍。

③因吞咽困难而使唾液从口腔中大量流出。

④胃肠疾病引起副交感神经反射性兴奋,导致消化腺体分泌旺盛。

⑤某些中毒性疾病使腺体分泌增加,引发流涎。

表 1.16 马属动物各类真性腹痛鉴别诊断

病名	症状								
	腹痛程度	腹围变化	排粪状态	肠音变化	口腔状态	全身症状	直肠检查	胃管探诊	腹腔穿刺
急性胃扩张	剧烈	变化不大	初期减少，后期停止	减弱或消失，可听到胃音	多粘	重度呼吸急促	脾脏后移，有时可摸到胃的边缘	排出气体或液状食物	无
肠痉挛	间歇性	无变化	次数增多，粪稀软	增强	湿润	不明显	无变化	无	无
肠鼓气	剧烈	显著膨大	初期排少量稀便及气体，后期停止	初期增强，后期逐渐消失	初湿后干燥	重度呼吸困难	肠管充满气体	继发胃扩张时可排出大量气体	无
便秘 小肠	多剧烈	无变化	迅速停止	很快消失	干燥	重剧	便秘部呈鸡卵或香肠状	继发胃扩张时可排出大量气体	无
便秘 大肠	中等程度或剧烈	继发肠鼓气时，腹围膨大	初期排干小粪球后停止	减弱或消失	干燥	较重剧	便秘部呈圆柱状，1~2拳大	无	无
肠积沙	轻度，中度或重度	无变化	轻度粪粗糙混有沙子，重症排粪停止	减弱	多干燥	轻微或重剧	可摸到粘便的沙包	无	无
肠变位	持续而剧烈	大肠变位时腹围膨大	排粪停止	消失	干燥	重剧及体温升高	肠系膜紧张，局部气肠、肠管位置改变	继发胃扩张时可排出大量液体	血样液体
肠系膜动脉栓塞	运动时反复发作，呈中等程度腹痛	变化不大	变化不大	变化不大	变化不大	变化不大	肠系膜动脉变粗或有动脉瘤	无	有血样体液

3）综合征候群

动物表现为采食和咀嚼障碍，吞咽障碍。如有口腔黏膜损伤，黏膜表面出现潮红。严重疾病出现体温升高和神经症状。

4）鉴别诊断

①根据病史、口腔黏膜的变化确定疾病的性质和部位。口腔黏膜的炎症性疾病使黏膜的完整性受损，表现出潮红、肿胀、水泡、糜烂、溃疡、假膜等变化。外伤、粗硬饲料、营养缺乏等引起的口炎无传染性。口蹄疫、传染性口炎均具有高度的传染性，体温升高，蹄部发生同样病变。

②吞咽障碍时，应重点检查咽部和食道，常见于咽炎、食道阻塞。

③农药及其化学药品引起的流涎，常表现出明显的中毒症状。有机磷农药中毒时，表现出流涎、腹泻和肌肉痉挛等。砷中毒时引起吸收部位的黏膜广泛性损伤及神经症状。食盐中毒则表现为血液浓缩、神经症状和消化紊乱。

④对怀疑为传染病的病畜，应尽快通过实验室病原学检查确诊，并及时采取相应措施。

1.5.6　以呼吸困难为主症的疾病鉴别诊断

1）以呼吸困难为主症的常见疾病

呼吸困难是复杂的呼吸障碍，不仅表现出呼吸频率的增加和深度与节律的变化，而且伴有呼吸肌以外的辅助呼吸肌有意识地参与活动，但气体的交换不完全。常见疾病主要有上呼吸道狭窄和阻塞，肺脏疾病，胸廓活动障碍性疾病，腹压增大性疾病，心血管系统疾病，中毒性疾病，血液性疾病，中枢神经系统疾病。

2）致病因素

①呼吸系统疾病引起肺通气和肺换气功能障碍，导致动脉血氧分压低于正常范围和 CO_2 在体内潴留。

②由于腹压增加，压迫膈肌向前移动，直接影响呼吸运动。

③各种原因引起机体发生代谢性酸中毒，血液中 CO_2 含量升高，pH 下降，直接刺激呼吸中枢，导致呼吸次数增加，引起呼吸困难。

④严重贫血、大出血导致红细胞和血红蛋白含量减少，血液氧含量降低，导致呼吸加速，心率加快。

3）综合征候群及诊断要点

（1）上部呼吸道疾病的综合征候群及其诊断要点

鼻腔、附鼻窦、喉、气管等上部呼吸道的疾病，通常表现有喷嚏或咳嗽、鼻液增多、以呼吸困难为主的呼吸紊乱；以及有关的局部病变；黏膜发绀与其他较为轻微的全身变化等症候群。

当有喷嚏、鼻液，轻微的吸气困难的同时，并见有鼻黏膜的潮红、肿胀等局部病变，可提示鼻炎的诊断。

呈单侧脓性鼻液,兼有鼻道狭窄、吸气困难的病例,应注意检查附鼻窦,如有颌面部肿胀、变形、局部敏感,可提示鼻窦炎或其蓄脓症。

频繁、剧烈的咳嗽,常是喉炎的特征,同时咽喉局部多伴有肿胀及热、痛反应。

(2)支气管及肺部疾病的综合征候群及其诊断要点

鼻液、咳嗽、发绀等一般性症状;肺部听、叩诊的明显的病理学检查所见;较为明显的整体状态的变化,共同组成肺部疾病的综合征候群。

以一定数量的浆液性鼻液与湿性咳嗽为基础;以肺部听诊的明显水泡音为特征;伴有中等的发热及精神沉郁、食欲减退等一般症状而组成的综合征候群,提示支气管炎的临床诊断。

肺部听诊有成片或局限性肺泡音减弱甚至消失区域,而其余部位却见肺泡音的代偿性增强;叩诊出现与前者相应的成片或局限性的浊音或半浊音区;X线的透视或摄影可见相应的阴影变化;则组成肺浸润、实变的特征性症候群。

在肺听诊的小水泡音及叩诊浊鼓音的基础上,伴有严重的呼吸困难及大量的混有小泡沫的浆性鼻液,同时具有心力衰竭的临床症状,可提示肺充血或肺水肿。

(3)胸膜疾病的综合征候群及其诊断要点

在呼吸困难、咳嗽、黏膜发绀等一般性症状的基础上,如有胸壁敏感、叩诊的水平浊音或听诊的胸膜摩擦音等典型症状,可作为提示胸膜炎诊断的一般依据。

1.5.7 以便血为主症的疾病鉴别诊断

1)以便血为主症的常见疾病

便血是指消化道出血,血液混在粪便中排出,便血颜色呈鲜红、暗红、黑红或柏油状。常见的疾病有胃肠炎、肠套叠、肠扭转等肠道疾病,血吸虫、球虫等寄生虫病,巴氏杆菌、猪瘟等传染病以及某些中毒性疾病和血液性疾病。

2)致病因素

①胃肠道炎症。胃肠道炎症和溃疡使黏膜及黏膜下层损伤,破坏了血管壁的完整性,使内皮细胞肿胀变性和毛细血管通透性增大,发生出血、水肿、坏死等一系列病理变化。

②肠道肿瘤。当出现胃肠道淋巴肉瘤、鳞状细胞瘤、间皮瘤、黑色素瘤时,由于毛细血管破裂而发生便血。

③肠道血液循环障碍。肠道血液循环障碍主要见于肠道在短时间内发生血液循环障碍,造成组织缺血、坏死、毛细血管通透性改变而发生出血。

④毒物。某些毒物进入胃肠道,造成毛细血管损伤或血液凝固障碍。

3)综合征候群

动物排出粪便中带有血液,便血颜色呈鲜红、暗红、黑红或柏油状;有些动物排便频繁,用力努责,里急后重;便血常伴有发热症状;某些病畜出现明显的腹痛表现。

4)鉴别诊断

①根据便血的颜色和便血量,可判断出血部位及程度。一般认为,后段肠道出血呈鲜

红色或暗红色；胃和小肠出血呈煤焦油状。少量的出血，肉眼无法检查；大量的出血，混在粪便中清晰可见。犬细小病毒表现的便血呈番茄酱样，带有明显的腥臭味。

②注意特征性的症状。动物突然出现呕吐、便血、腹泻，并有神经症状应考虑中毒性疾病；发热及全身反应明显的病畜，可能是传染病；少量便血，但腹痛严重者，应怀疑肠套叠和肠扭转；具有全身出血倾向的病畜，应考虑血液性疾病。

③实验室检查可为便血性疾病的诊断提供依据。潜血试验可确定粪便中是否存在血液；怀疑为传染病、寄生虫病和中毒性疾病，可通过实验室检查确定。

1.5.8 以呕吐为主症的动物疾病鉴别诊断

1) 以呕吐为主症的动物疾病

以呕吐为主症的动物疾病包括晕车、中耳炎、脑水肿、酮症酸中毒（DKA）、胰腺炎、腹膜炎、胃炎、肠炎、便秘、胃扭转、肠梗阻等。

2) 致病因素

（1）肠道外因素

①直接刺激呕吐中枢引起呕吐。大脑前庭受到刺激引起呕吐，可见于晕车、中耳炎等。颅内压升高引起呕吐，可见于脑水肿、脑肿瘤、脑积液、脑膜炎等。

②刺激化学感受器引起呕吐。常见的疾病有肾衰竭、肝衰竭、DKA、甲状腺功能亢进、细菌内毒素中毒等。

③内脏刺激引起呕吐。内脏器官炎症引起呕吐，可见于胰腺炎、胆管性肝炎、腹膜炎等。内脏器官伸张刺激引起呕吐，可见于脾扭转、睾丸扭转等。

（2）胃肠道因素

①炎症引起呕吐。常见的疾病有胃炎、肠炎、结肠炎等。

②刺激胃肠道黏膜引起呕吐。常见的疾病有过食、中毒等。

③增加胃肠道拉伸感受器引起呕吐。常见的疾病有胃扭转、肠梗阻、便秘、胃积食、胃肠道异物等。

3) 鉴别诊断

以呕吐为主症的动物疾病鉴别诊断如图 1.74 所示。

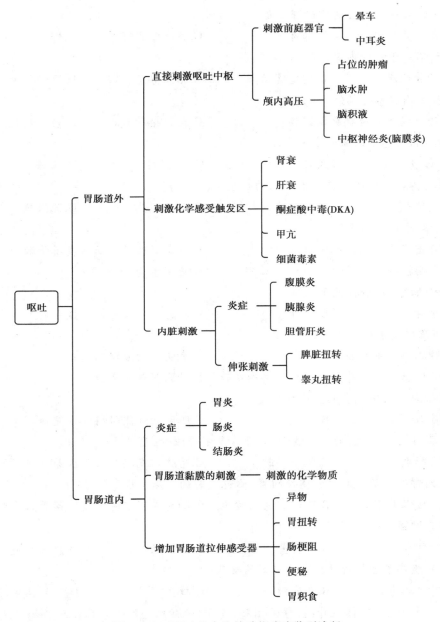

图 1.74 以呕吐为主症的动物疾病鉴别诊断

 小结测试

一、单项选择题

1.切入式触诊常用于检查(   )。

A. 心脏　　　　　　B. 肝脏　　　　　　C. 肺脏　　　　　　D. 浅表淋巴结

87

2.产生的音响为鼓音的叩诊部位是( )。

    A.瘤胃左肷部   B.肺部   C.整个瘤胃部   D.臀部

3.下列不属于视诊内容的是( )。

    A.营养状况   B.胸壁震动   C.站立势态   D.运动行为

4.既往史内容不包括( )。

    A.传染病及其他病史   B.家族史   C.预防接种史   D.当前症状

5.奶牛酮病,患牛的尿液常带有( )。

    A. 苦杏仁味   B.烂苹果味   C. 大蒜味   D. 腐臭味

6.持续高热,且昼夜温差小于1 ℃的热型是( )。

    A.稽留热   B.间歇热   C.不定型热   D.弛张热

7.关于触诊说法错误的是( )。

    A.可借助于器械进行间接触诊   B.浅表淋巴结按压检查属于触诊

    C.直肠检查属于触诊   D.应用重力检查

8.皮肤触诊呈捏粉状见于( )。

    A.水肿   B.血肿   C.脓肿   D.气肿

9.皮下气肿具有的特点是( )。

    A.肿胀界限不明显   B.有明显的波动感

    C.触压患处柔软易变形并可产生捻发音   D.肿胀呈现对成性

10.眼结膜发绀所代表的临床意义是( )。

    A.贫血   B.缺氧   C.胆色素代谢障碍   D.充血

11.下腹部显著增大,触诊有波动感,叩诊呈水平浊音,可见于( )。

    A.腹膜炎   B.腹下浮肿   C.膀胱内充满尿液   D.尿路结石

12.下列哪项不是牛发生创伤性网胃–心包炎时的临床表现?( )

    A.上坡容易下坡难   B.下坡容易上坡难   C.胸前皮下水肿   D.网胃触诊抗拒

13.肠音增强见于( )。

    A.肠便秘   B.肠套叠   C.热性病   D.急性肠炎

14.下列疾病不会导致动物表现流涎的症状的是( )。

    A.有机磷中毒   B.咽麻痹   C.口炎   D.阿托品中毒

15.一头水牛,6岁,体温升高,呼吸困难,有干、痛短咳,叩诊胸部疼痛,听诊无摩擦音,胸腔穿刺可抽出大量液体,该牛肺区最可能的叩诊音是( )。

    A.水平浊音   B.过清音   C.大片区域浊音   D.金属音

16.肺气肿时不会出现下列哪项改变?( )

    A.桶状胸   B.过清音

    C.肺部湿啰音   D.广泛的可逆性气道阻塞

17.铁锈色鼻液提示( )。

    A.小叶性肺炎   B.大叶性肺炎   C.肺坏疽   D.肺脓肿

18.可在右侧听取心音最强点的是( )。

A.二尖瓣口　　　　　B.三尖瓣口　　　　　C.主动脉瓣口　　　　　D.肺动脉瓣口

19.动物心脏检查的首选方法是(　　)。

　　A.视诊　　　　　　　B.听诊　　　　　　　C.触诊　　　　　　　D.叩诊

20.关于颈静脉波动下列说法错误的是(　　)。

　　A.阴性颈静脉波动见于右心衰竭　　　　　B.阳性颈静脉波动见于三尖瓣闭锁不全

　　C.假性颈静脉波动见于主动脉关闭不全　　D.阴性颈静脉波动与心搏动一致

21.下列不属于不随意运动的是(　　)。

　　A.强迫运动　　　　　B.瘫痪　　　　　　　C.震颤　　　　　　　D.痉挛

22.浅感觉不包括(　　)。

　　A.痛觉　　　　　　　B.触觉　　　　　　　C.温觉　　　　　　　D.嗅觉

23.一猫因腰荐部脊髓损伤致两后肢对称性瘫痪,属于(　　)。

　　A.单瘫　　　　　　　B.偏瘫　　　　　　　C.截瘫　　　　　　　D.全瘫

24.动物出现圆圈运动可见于(　　)。

　　A.脑膜脑炎　　　　　B.腹膜炎　　　　　　C.破伤风　　　　　　D.贫血

25.共济失调即患畜在运动时,由于(　　)导致动物体位和各种运动的异常表现。

　　A.肌肉不随意收缩　　　　　　　　　　B.不受意识支配

　　C.肌群动作相互不协调　　　　　　　　D.四肢疼痛

二、问答题

1.简述如何接近动物及其注意事项。

2.简述问诊内容及注意事项。

3.简述视诊的内容、应遵循的原则和注意事项。

4.简述触感的种类并举例说明。

5.简述叩诊基本音及叩诊注意事项。

6.一般检查的主要内容包括哪些?

7.动物整体状况检查包括哪些内容?

8.简述淋巴结急性肿胀、慢性肿胀和化脓性肿胀的特点。

9.简述前胃迟缓、瘤胃鼓气、瘤胃积食临床症状上的区别。

10.简述排粪异常表现。

11.简述肺部几种异常叩诊音临床意义。

12.简述肺部听诊几种常见的病理性呼吸音的临床意义。

13.心音检查中,非器质性杂音与器质性杂音区别?

14.简述肾脏检查方法及常见临床意义。

15.简述运动机能障碍的表现。

项目2
兽医临床生化检验

SHOUYI LINCHUANG SHENGHUA JIANYAN

►▷ **学习目标**

通过本项目的学习,全面掌握兽医临床化验的相关技术,主要包括血液样本的采集与抗凝方法,血液常规检验方法,血液常规检验结果的分析;掌握临床血液生化检验方法,常见指标的临床意义;熟练操作尿液分析仪进行尿液化学检验及临床意义分析,同时也能对尿液进行尿沉渣分析;理解常见血清学检测技术的原理,掌握常见血清学实验,能对实验结果进行分析;掌握体表寄生虫、血液原虫、消化系统寄生虫实验室诊断工作。

►▷ **培养工作能力**

1.会血液样本的采集、抗凝或血清分离。

2.会血液常规分析仪操作与维护。

3.会分析血液常规检验结果。

4.会使用生化分析仪操作与维护。

5.会分析血液生化常见指标的临床意义。

6.会尿液分析仪操作与维护。

7.能对尿液进行尿沉渣分析。

8.会常见的血清学实验操作。

9.会体表寄生虫、血液原虫、消化系统寄生虫检验的常规操作。

►▷ **工作任务**

1.血液常规检验技术。

2.临床生化检验技术。

3.尿液检验技术。

4.血清学检测技术。

5.动物寄生虫病检测技术。

任务 2.1 血液常规检验

> **学习目标**

- 学会血液样本的采集与抗凝处理。
- 掌握各种血液常规检验方法。
- 了解各种血液常规检验临床意义及应用。

血液检验是临床医学检验中应用最广、对辅助诊断最有价值的基本检验之一。血液中的细胞和可溶性成分的改变以及异常成分的出现,不仅反映血液系统本身的生理、病理变化,也反映有关脏器的病理改变。因此,在临床实践中,通常根据临床的启示及诊断的需要,有选择地进行某些项目的检查,对监测病畜的健康状况和采取预防措施有极其重要的意义。对于血液检验的结果,必须与病畜的全身症状联系起来进行综合分析,必要时还应伴随病程进行定期检验,以探讨其变化的动态规律。

2.1.1 血液样本的采集与抗凝

1) 血液标本类型

（1）全血

全血包括静脉全血、动脉全血和毛细管全血。

①静脉全血。来自静脉的全血血液标本应用最多,采血的部位依据动物种类而定,如表 2.1 所示。

表 2.1 各种动物的采血部位

动物种类	采血部位	动物种类	采血部位
牛、马、羊	颈静脉	犬、猫、羊	隐静脉
猪、犬、猫、羊	前腔静脉	家禽	翅内静脉
牛、猪、犬、猫、羊、实验动物	耳静脉	兔、禽、实验动物	心脏穿刺
马、牛	尾中静脉	猪、实验动物	剪尾

②动脉全血。主要用于血气分析,采血部位主要为股动脉。

③毛细血管全血。也称皮肤采血,适用于仅需微量血液的检验。

检验项目需要全血或血浆样品,采血时应在采血器皿中加抗凝剂,以防血液凝集。抗凝剂种类很多,临床检验常用的抗凝剂如下。

①乙二胺四乙酸盐。乙二胺四乙酸盐是一种钙配位剂,均与血液内钙离子结合形成配位化合物而起抗凝作用,适用于一般血液学检查,有效抗凝浓度为 1~2 mg/mL 血液,通常配成 10%溶液,取 2 滴于采血皿内,经 50~100 ℃烘干使用。

②草酸盐。草酸盐的抗凝原理是草酸根可与血液中的钙离子结合成不溶性草酸钙沉淀,从而阻止血液凝固。本品适用于血液细胞学检验等,但不适用于白细胞分类计数和血小板计数。通常 100 mL 抗凝剂中含草酸钾 0.8 g、草酸铵 1.2 g,取此液 0.5 mL,分装于小瓶中,在 80 ℃以下温度烘干,可使 2~5 mL 血液不凝固。温度过高会使草酸盐分解为碳酸盐而失效。

③枸橼酸三钠。枸橼酸三钠与血液中游离钙离子松散地结合成枸橼酸钙复合物,常用于血沉、凝血因子和血小板功能检查,但不适用于血液化学检验。枸橼酸三钠通常配成 3.8%水溶液,此液 0.5 mL 可使 5 mL 血液不凝固。

④肝素。肝素有抑制凝血酶原转化为凝血酶,使纤维蛋白原不能转化为纤维蛋白,从而达到抗凝的作用,可用于多数实验诊断检验,但不适用于白细胞和血小板计数,也不适用于血涂片检查,因其在瑞氏染色时会出现蓝色背景。肝素通常用肝素粉剂配成 1 g/L 水溶液,取 0.5 mL 置于小瓶内,经 37~50 ℃烘干后贮于冰箱内保存。此液能使 5 mL 血液不凝固。肝素抗凝剂应及时使用,放置过久易失效。

(2)血浆

全血抗凝离心后除去血细胞成分即为血浆,用于血浆化学成分的测定和凝血试验等。

(3)血清

血清是血液离体自然凝固分离出来的液体。血清与血浆相比较,主要缺乏纤维蛋白原。血清主要用于兽医临床化学和免疫学等检测。

2)血液标本采集方法

血液标本的采集方法按部位分为静脉采血法和动脉采血法,一般采用静脉采血法;按采血方式又可分为普通采血法和真空采血法。下面主要介绍普通采血法和真空采血法。

(1)普通采血法

普通采血法指的是传统的采血方法,即非真空系统对静脉穿刺的采血方法。

①准备器材:主要是试管、注射器、消毒器材等。

②动物保定:动物适当保定以后,暴露穿刺部位,触摸选择容易固定、明显可见的静脉(如牛颈静脉、犬前肢静脉)。

视频 2.1
猫采血保定

③采血操作:

首先在采血部位近心端扎压脉带(松紧适宜),使静脉充盈暴露;然后消毒静脉穿刺处;左手拇指绷紧皮肤并固定静脉穿刺部位,沿静脉走向呈 30°使针头刺入静脉腔,见有回血后,将针头沿血管方向探入少许,以免采血针头滑出,但不可用力深刺,以免造成血肿,同时松解压脉带;最后,用右手固定注射器,缓缓抽动注射器内芯至所需血量后,用消毒干棉球按压穿刺点,迅速拔出针头,继续按压穿刺点数分钟。

④注意事项:根据检查项目、所需采血量选择试管和抗凝剂;严格执行无菌操作,严禁在输液、输血的针头或皮管内抽取血液标本;抽血时切忌将针栓回推,以免注射器中的气泡进入血管形成气栓;抽血不宜过于用力,以免产生泡沫而溶血。

(2)真空采血法

真空采血法又称为负压采血法,具有计量准确、传送方便、封闭无菌、标识醒目、刻度清晰、容易保存等优点。主要原理是将有胶塞头盖的采血管抽成不同的真空度,利用针头、针筒和试管组合成全封闭的真空采血系统,实现自动定量采血。

真空采血系统由持针器、双向采血针、采血管构成,可进行一次进针,多管采血。

(3)注意事项

①避免空气。用于血气分析的标本,采集后立即封闭针头斜面,再混匀。

②立即送检。标本采集后立即送检,若不能立即送检,则应置于 2~6 ℃保存,但不应超过 2 h。

③防止血肿。采血完毕,拔出针头后,用消毒干棉球按压采血处止血 10~15 min,以防形成血肿。

2.1.2　常规血液检验

常规血液检验包括血液一般检验和红细胞的某些其他检验。血液一般检验以往称为血常规检验,检验指标包括红细胞沉降率、红细胞计数(RBC)、血红蛋白测定(Hb)、白细胞计数(WBC)及白细胞分类计数(DC)。

现在主要利用全自动血液分析仪进行上述指标检验,操作如下:

①开机。接通电源后按开机键,仪器会进入自检状态,等待开机完成。

②空白测试。点击屏幕红色"Measure",点击"Run"进行空白测试。如果空白测试结果在可接受范围内,请按"接受"按钮;如果空白测试结果不在可接受的范围内,则清洗管路后重新运转空白测试,直至测试结果在可接受范围内。

③录入信息。点击"New Sample",填写病畜各项信息。

④全血混匀。上下颠倒 EDTA 抗凝全血管 4~5 次,充分混匀。

⑤运行。取下管帽,将试管放入样品适配器,点击"Run",开始分析样本。

⑥当分析完成后,仪器将显示所有测量结果,点击"Print",报告单一式两份,一份送医生处,一份留在化验室保存。

2.1.3 血液常规检验分析

1)红细胞计数

（1）简介

红细胞起源于骨髓红系祖细胞，由祖细胞分化为原红细胞、早幼红细胞、中幼红细胞、晚幼红细胞、网织红细胞和成熟红细胞。红细胞的生成受红细胞生成素、雄激素、维生素B、叶酸、铁和垂体激素、甲状腺素、维生素C、铜和钴的影响，并受遗传基因的控制。正常红细胞寿命约 120 d，衰老红细胞主要在脾脏内被清除，并由骨髓不断制造新生红细胞以保持平衡。

（2）正常参考值

健康动物除羊红细胞较多外，其他动物大多为 $(6.0 \sim 8.0) \times 10^{12}/L$，具体如表 2.2 所示。

表 2.2 几种动物的血红蛋白和红细胞数

动 物	Hb/$(g \cdot L^{-1})$	RBC/$(\times 10^{12} \cdot L^{-1})$
马	100~180	6~12
黄牛	80~150	5~10
山羊	80~120	8~12
绵羊	90~150	9~15
猪	90~130	5~7
犬	120~180	5.5~8.5
猫	80~150	5~10

（3）临床意义

通常情况下，血液循环中的红细胞和血红蛋白数量能保持相对恒定。对红细胞和血红蛋白量的检查，以及对红细胞形态学或生化改变的检查，对这些疾病的诊断具有一定的意义。

①相对性红细胞增多。相对性红细胞增多是机体脱水造成的，见于严重呕吐，腹泻，大量出汗，急性胃肠炎，肠阻塞，肠变位，牛的瓣胃、真胃阻塞，渗出性胸、腹膜炎，日射病与热射病，某些传染病及发热性疾病，代偿机能不全的心脏病及慢性肺部疾患等。

②绝对性红细胞增多。绝对性红细胞增多为红细胞增生过多所致，有原发性和继发性两种。原发性红细胞增多症，又叫真性红细胞增多症，与促红细胞生成素产生过多有关，见于肾癌、肝细胞癌、雄激素分泌细胞肿瘤、肾囊肿等疾病，红细胞数可增加 2~3 倍。继发性红细胞增多是由于代偿作用使红细胞绝对数增多，见于缺氧、高原环境、一氧化碳中毒、代

偿机能不全的心脏病及慢性肺部疾病。

③红细胞减少。红细胞减少见于多种原因引起的贫血,如造血原料不足、造血功能障碍、红细胞破坏过多或失血等。

2)血红蛋白浓度测定

(1)简介

红细胞成熟过程中,从早幼红细胞开始合成血红蛋白。由铁、原卟啉先合成血红素,再与珠蛋白结合成为血红蛋白。幼红细胞越成熟,合成量越多,直至嗜多色性红细胞(即网织红细胞)阶段为止。血红蛋白大部分存在于红细胞内,是一种呼吸载体,随红细胞循环于机体组织内,每克可携带氧 1.34 mL,参与组织器官间氧和二氧化碳的输送和释放,随着红细胞的衰老、破坏而分解,以铁蛋白形式保留铁组分,珠蛋白也被储备待用。

(2)正常值

几种动物血红蛋白在 90～150 g/L,犬、马稍高一些,如表2.2所示。

(3)临床意义

血红蛋白的测定,对各种贫血的鉴别及诊断有着重要的意义,它是分析贫血性质不可缺少的指标。

①血红蛋白增加。一般是相对性增加,见于各种原因引起的脱水,如腹泻、大出汗、肠阻塞、肠变位、瓣胃或真胃阻塞、胸腹腔的渗出性炎症等。

②血红蛋白减少。比较常见,多见于出血性贫血、溶血性贫血、营养不良性贫血、传染性贫血、梨形虫病、营养衰竭症、急性钩端螺旋体病、胃肠道寄生虫病、溶血性毒物中毒等。

③血红蛋白含量减少,只能反映贫血的程度,不能标志贫血的特征与性质。因此,只有同时计算红细胞数,并依此求得血色指数时,才能较全面地鉴别贫血的关系。

血色指数一般可按如下公式求得:

$$血色指数 = \frac{被检动物血红蛋白量(\%)}{健康动物平均血红蛋白量(\%)} : \frac{被检动物红细胞数}{健康动物平均红细胞数}$$

正常时,血色指数为1或接近1(0.8～1.2);依其指数大于1或小于1而分为高色素性贫血与低色素性贫血。一般来说,出血后贫血多为低色素性贫血;而某些溶血性贫血、恶性贫血、马传染性贫血,常为高色素性贫血。

3)红细胞比容(压积)测定

(1)简介

红细胞比容是指一定容积的血液中红细胞所占的百分比。使用血液分析仪时,红细胞比容是指一定血液容积中每个红细胞容积的总和,由红细胞数和平均红细胞容积(MCV)值计算得出。由于温氏法、微量法受离心力及离心时间的影响,在血细胞比容层中常残留2%～5%血浆,所以测定结果与血液分析仪法不完全相同。不过,分析仪法虽操作简易,但易受抗凝剂、稀释液、溶血剂的影响,应予以注意。红细胞比容值是一种整体反映红细胞多少的测定,因此,在贫血时比容值相应减少。红细胞增多时,比容值相应增加。

（2）参考值

各种动物的红细胞比容（压积）如表 2.3 所示。

表 2.3　各种动物的红细胞比容（压积）

动物种类	百分比/%
马	32~48
黄牛	24~46
绵羊	27~45
山羊	22~38
猪	36~43
犬	37~55
猫	30~45

（3）临床意义

红细胞比容增高，见于各种原因所致的脱水性病；红细胞比容降低，见于各种贫血。

4）红细胞指数测定

红细胞指数包括平均红细胞容积（MCV）、平均红细胞血红蛋白（MCH）和平均红细胞血红蛋白浓度（MCHC）。根据红细胞计数、血红蛋白测定和红细胞比容的数据，可以计算出以上 3 种平均值，进而进行贫血形态学分类。

（1）平均红细胞容积（MCV）

①定义：MCV 即单个红细胞的平均体积，以立方微米（μ^3）为单位。它的数值是以 1 000 mL 血液中红细胞压积除以每立方毫米血液中红细胞总数（以百万为单位）而求得，单位为飞升（fL）。

$$MCV = \frac{每升血液中红细胞压积（L/L）\times 10^{-15}}{每升血液中红细胞数}$$

②临床意义：根据红细胞的大小和色素的高低进行贫血的形态学分类，有助于贫血的病因诊断。细胞的大小和色素的高低不但可经显微镜直接观察，也可经过测定及计算出红细胞的 3 个平均值来判断。细胞的大小根据 MCV 判断，色素的高低根据 MCHC 判断。

（2）平均红细胞血红蛋白（MCH）

①定义：MCH 是指每个红细胞内血红蛋白的平均含量，以皮克（pg）为单位。计算公式如下：

$$MCH = \frac{每升血液中血红蛋白量（g/L）\times 10^{-12}}{每升血液中红细胞数}$$

②影响 MCH 的因素：铁缺乏可以使 MCH 降低；网织红细胞增多可使 MCH 稍增加或正常；体内和试管内的溶血使 MCH 增高，是因为细胞外的血红蛋白也被测量进去了。

③临床意义:平均红细胞血红蛋白增多,见于一些巨红细胞型贫血和溶血;平均红细胞血红蛋白减少,见于小红细胞型贫血(铁缺乏,铜缺乏,维生素 B、E 缺乏,慢性失血)。

(3)平均红细胞血红蛋白浓度(MCHC)

①定义:MCHC 即指平均每升红细胞中所含血红蛋白的克数,以 g/L 表示。MCHC 的数值是以每 10 000 mL 血液中所含的血红蛋白的克数除以每 100 mL 血液中红细胞的压积而求得。

$$MCHC = \frac{每升血液中血红蛋白量(g/L)}{每升血液中红细胞压积(L/L)}$$

②临床意义:根据红细胞的大小和色素的高低进行贫血的形态学分类,有助于贫血的病因诊断。细胞的大小和色素的高低不但可经显微镜直接观察,也可经过测定及计算出红细胞的 3 个平均值来判断。细胞的大小根据 MCV 判断,色素的高低根据 MCHC 判断。

(4)正常参考值

几种动物 MCV、MCH、MCHC 的正常参考值如表 2.4 所示。

表 2.4　几种动物 MCV、MCH、MCHC 的正常参考值

动物种类	MCV/fL	MCH/pg	MCHC/($g \cdot L^{-1}$)
牛	40.0～60.0	11.0～17.0	260～340
马	24.0～58.0	15.5～19.6	310～370
绵羊	23.0～48.0	9.0～12.0	290～350
山羊	19.0～37.0	7.0～9.0	300～350
猪	50.0～68.0	17.0～23.0	300～340
犬	60.0～70.0	19.5～24.5	310～340
猫	49.0～59.0	13.0～17.0	240～300

5)白细胞计数

白细胞计数(WBC)是测定每升血液中各种白细胞总数,以 10^9/L 表示。其方法有显微镜计数法和自动血细胞分析仪计数法。

(1)正常参考值

各种健康动物的白细胞数的正常参考值如表 2.5 所示。

表 2.5　各种健康动物的白细胞数的正常参考值

动物种类	测定数	WBC/($\times 10^9 \cdot L^{-1}$)
牛	87	8.43±2.08
马	619	9.50±(5.4～13.5)

续表

动物种类	测定数	WBC/$(\times 10^9 \cdot L^{-1})$
绵羊	119	8.45±1.90
山羊	25	12.47±0.90
猪	31	14.02±0.93
犬	30	10.93±1.29
猫	30	11.35±0.83
兔	45	9.48±1.12

（2）临床意义

①白细胞增多。白细胞增多见于大多数细菌性传染病和炎性疾病,如炭疽、腺疫、巴氏杆菌病、猪丹毒、纤维素性肺炎、小叶性肺炎、腹膜炎、肾炎、子宫炎、乳腺炎、蜂窝织炎等疾病。此外,还见于白血病、恶性肿瘤、尿毒症、酸中毒等。

②白细胞减少。白细胞减少见于某些病毒性传染病,如猪瘟、马传染性贫血、流行性感冒、鸡新城疫、鸭瘟等;各种疾病的濒死期和再生障碍性贫血;长期使用某些药物时,如磺胺类药物、青霉素、链霉素、氯霉素、氨基比林、水杨酸钠等。

6）白细胞分类计数（DC）

循环血液中的白细胞包括中性粒细胞、嗜酸性粒细胞、嗜碱性粒细胞、淋巴细胞和单核细胞5种。血片染色显微镜检查法为基本法,即通过将各种类型的细胞应用染色的方法显示细胞形态和着色特点,判定不同种类细胞。常用的染色方法有瑞氏染色法、瑞-吉氏复合染色法、吉氏染色法、迪福快速染色法等。

当前,最先进的血液分析仪器可以根据白细胞形态特点做五分类,并对幼稚细胞作出标记。但分析仪法只是一种筛选检查手段,对正常形态细胞与传统镜检法有较好的一致性,对于有异常细胞的标本,仍然需用显微镜法复核。在不同病理情况下,不同类型的白细胞的数量或质量发生变化。对动物疾病的诊断有一定参考价值。

视频 2.2
血涂片制备

（1）白细胞分类计数（DC）方法

①器材。洁净载玻片、染色缸及染色架、冲液瓶、吸水纸、显微镜、香柏油等。

②试剂

a.瑞氏染色液。取瑞氏染粉0.5 g置于乳钵内磨碎,加入1 mL纯中性甘油,研磨混匀,再加入60 mL甲醇使其溶解,装入棕色瓶中放置1周后,过滤备用。

视频 2.3
抹片染色

　　b.吉姆萨染色液。取吉姆萨染色粉 0.5 g 置于乳钵内,加入 33 mL 纯中性甘油充分研磨,水浴(56~58 ℃)2 h 后加入 33 mL 中性甲醇,混合后装入棕色瓶中,保存 1 周后过滤制成原液备用。临用前原液 1 mL 加蒸馏水 10 mL 稀释后即为应用液。

　　c.pH 为 6.8 的缓冲液。取磷酸二氢钾 5.47 g,磷酸氢二钠 3.8 g,蒸馏水加至 1 000 mL。

　　d.重蒸馏水。

　　③制作血涂片。取一干燥洁净的玻片为载玻片。另取一边缘平滑的玻片作为推片。取供检血液一滴置于载玻片一端,用推片的一端放在血滴上,稍移推片,使血滴沿推片边缘均匀展开,然后将推片与载玻片保持呈 45° 均匀而迅速地沿玻片表面推至玻片另一端(图 2.1),形成头体尾明显的血膜,使其快速干燥(切忌加热干燥)。注意血涂片要分布均匀,标明畜别、编号及日期,作染色备用。

　　④染色。

　　a.瑞特氏染色法。取已干燥的血涂片,用蜡笔在血膜两端划线,将血涂片放平(置于染色架上)。用滴管滴瑞氏染色液 3~5 滴于涂片上,轻轻晃动染色架,使染液布满整个血膜,放置 1~2 min。加入等量缓冲液(也可用重蒸馏水代替),用吸球轻轻吹动,使染液与缓冲液充分混匀,放置染色 5~10 min。然后用细小流水自片端冲去染液,切勿先倾去染液再用水冲。染色血片自然干燥后即可镜检。

　　b.吉姆萨染色法。在干燥的血片上滴加甲醇 2~3 滴,使血膜固定 3~5 min,吉姆萨应用液染色 20~40 min,用蒸馏水冲洗,干燥后镜检。

　　⑤分类计数方法。先用低倍镜大体观察血片上白细胞分布,然后滴加香柏油,转过油镜进行各种白细胞的分类计数,每张血片计数 100~200 个白细胞。记录时可用白细胞分类计数器进行记录,也可用表格登记法记录,以便统计各种白细胞所占的百分比。计数时减少白细胞在血膜上分布不均匀的误差,可用四区法(即在血膜的四角,依次移动视野,每区计数 25 个或 50 个白细胞)或三段曲折计数法(即在血膜的近头端、中心部、近尾端,依次移动视野,各段计数 33~34 个或 66~67 个白细胞)(图 2.2)。

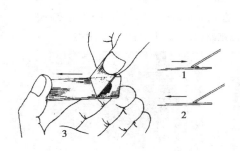

图 2.1　血片涂制法

1—推片放血滴前现后拉;2—向前推动推片;
3—手的姿势

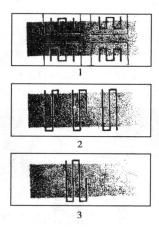

图 2.2　血片分区计数法

1—四区法;2—三区法;3—中央一区法

（2）各种白细胞的形态特征

各种白细胞的形态特征（瑞氏染色法），如图 2.3、图 2.4、图 2.5 所示。

①嗜中性粒细胞。嗜中性粒细胞约是红细胞的 2 倍大，成熟程度不同，各阶段的细胞又各有其特点：

幼稚嗜中性粒细胞，细胞浆呈粉红色或蓝色，细胞浆中的颗粒为红色或蓝色的微细颗粒；细胞核为椭圆形，呈红紫色，染色质细致。杆状核中性粒细胞，细胞浆呈粉红色，细胞浆中的颗粒为粉红色、蓝色的微细颗粒；细胞核为马蹄形或腊肠形，呈浅紫蓝色，核染色质细致。分叶核中性粒细胞，细胞浆呈浅粉红色，细胞浆中颗粒为粉红色或紫红色的微细颗粒，细胞核分叶，多为 2~3 叶，核的颜色呈深紫蓝色，核染色质粗糙。

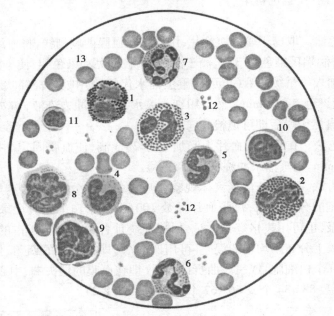

图 2.3　牛血涂片

1—分叶核嗜碱性粒细胞；2—杆状核嗜酸性粒细胞；3—分叶核嗜酸性粒细胞；4—幼稚嗜中性粒细胞；
5—杆状核中性粒细胞；6、7—分叶核中性粒细胞；8—单核细胞；9—大淋巴细胞；
10—中淋巴细胞；11—小淋巴细胞；12—血小板；13—红细胞

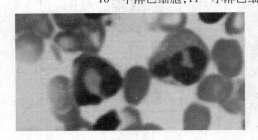

图 2.4　杆状核中性粒细胞

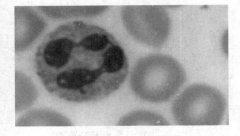

图 2.5　分叶核中性粒细胞

②嗜酸性粒细胞。嗜酸性粒细胞与嗜中性粒细胞大致相等或稍大，如图 2.6 所示。细

胞浆呈蓝色或粉红色,细胞浆中的嗜酸性颗粒为粗大的深红色颗粒,分布均匀。细胞核为杆状或分叶,以2~3叶居多,呈淡蓝色,核染色质粗糙。

③嗜碱性粒细胞。嗜碱性粒细胞的大小与嗜中性粒细胞相似,细胞浆呈粉红色,细胞浆中的嗜碱性颗粒为较粗大的蓝黑色颗粒,分布不均,大多数在细胞的边缘。细胞核为杆状或分叶,以2~3叶居多,呈淡紫蓝色,核染色质粗劣。

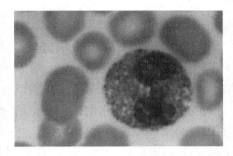

图2.6 嗜酸性粒细胞

④淋巴细胞。淋巴细胞有大淋巴细胞和小淋巴细胞之分,细胞浆少,呈深蓝色或天蓝色,深染时有透明带;细胞核为圆形,有的凹陷,呈深紫蓝色,核染色质致密,如图2.7所示。

⑤单核细胞。单核细胞比其他白细胞都大;细胞浆较多,呈灰蓝色或天蓝色,细胞浆中有许多细小的淡紫色颗粒;细胞核为豆形、圆形、椭圆形、"山"字形等,呈淡蓝紫色,核染色质细致而疏松,如图2.8所示。

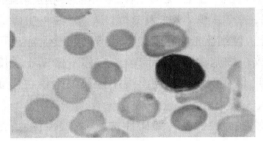

图2.7 淋巴细胞

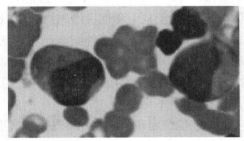

图2.8 单核细胞

(3)参考值

各种动物白细胞分类计数平均值如表2.6所示。

表2.6 动物白细胞分类计数平均值(%)

动物种类	嗜碱性粒细胞	嗜酸性粒细胞	嗜中性粒细胞		淋巴细胞	单核细胞
			杆状核中性粒细胞	分叶核中性粒细胞		
牛	0.5	4.0	3.0	33.0	57.0	2.0
马	0.5	4.5	4.0	54.0	34.0	2.5
羊	0.5	4.5	33.0	55.5	3.5	4.25
猪	0.5	2.5	5.5	32.0	55.0	3.5
犬	0.5	2~10	6.5	55.6	29.4	3.3
猫	0.5	0~12	4.1	55.1	32.8	3.9
兔	0.5	2.0	3.0	30.2	61.0	3.0

（4）临床意义

①中性粒细胞增多。此种情况多见于急性感染性炎症,如化脓性胸膜炎、化脓性腹膜炎、创伤性心包炎、肺脓肿、胃肠炎、肺炎、子宫炎、乳腺炎等;某些传染病,如炭疽、猪丹毒等;某些慢性传染病,如鼻疽、结核;以及大手术后、外伤、酸中毒前期、烫伤等。

在分析中性粒细胞的病理变化时,要结合白细胞总数的病理变化,特别应注意核相变化,以反映某些疾病的病情和预后,正常时外周血中中性粒细胞的分叶以 3 叶居多。一般仅有少量杆状核中性粒细胞,杆状核与分叶核之间的正常比值为 1:13,如比值增大,即杆状核中性粒细胞增多,甚或出现杆状核以前更幼稚阶段的粒细胞称为核左移。如分叶核中性粒细胞分叶过多,分叶在 5 叶以上的细胞超过 0.03 时,称为核右移。

核左移伴有白细胞总数增高,称为再生性左移,表示机体的反应性强,骨髓造血功能旺盛,能释放大量粒细胞至外周血,常见于感染,尤其是化脓菌引起的急性感染,也可见于急性中毒、急性溶血、急性失血等。核左移对病性的严重程度和机体的反应能力的估计具有一定价值。如白细胞总数和中性粒细胞百分数略增高,并出现核左移,表示感染程度较轻、机体抵抗力强;但核左移而白细胞总数不增高,甚至减少者,称为退行性左移,在再生障碍性贫血等病理状态下,表示骨髓造血功能减低。粒细胞成熟受阻,严重感染如败血症时可出现这一现象,表示机体反应性低下,骨髓释放粒细胞功能受抑制。核右移主要见于重度贫血和应用抗代谢药物治疗后及感染的恢复期,但在疾病进展期出现中性粒细胞核右移变化,则提示预后不良。

②中性粒细胞减少。此种情况见于病毒感染性疾病、再生障碍性贫血、缺铁性贫血,化学药品等。

③嗜酸性粒细胞增多。此种情况主要见于变态反应性疾病(如过敏反应),肝片吸虫、旋毛虫病等寄生虫病,皮肤病,以及注射血清之后等。

④嗜酸性粒细胞减少。此种情况见于毒血症、尿毒症、严重创伤、中毒、饥饿及过劳等。大手术后 5~8 h 嗜酸性粒细胞常常消失,2~4 d 后又常常急剧增多,临床症状也见好转。在长期应用肾上腺皮质激素后也可出现嗜酸性粒细胞减少。

⑤嗜碱性粒细胞的增多与减少。此种情况比较少见,无临床意义。

⑥淋巴细胞增多。此种情况见于某些感染性疾病,主要是病毒性感染,如猪瘟、流行性感冒等病毒感染;也可见于某些细菌感染,如结核杆菌、布氏杆菌等细菌感染,以及某些血孢子虫病。

⑦淋巴细胞减少。嗜中性白细胞增多,并伴淋巴细胞减少,是机体与病原处于激烈斗争阶段,以后淋巴细胞由少逐渐增多,常为预后良好的象征。

⑧单核细胞增多。此种情况见于某些原虫性疾病,如焦虫病、锥虫病;某些慢性细菌性疾病,如结核、布氏杆菌病以及某些病毒性疾病如马传染性贫血等。

⑨单核细胞减少。此种情况主要见于急性传染病的初期和各种疫病的垂危期。

任务 2.2　血液生化检验

➢ 学习目标

● 掌握临床血液生化检验方法、常见指标的临床意义。

血液生化检验是应用各种技术和方法分析动物机体健康和疾病时,体液或组织样品中各种化学成分的医学应用技术,它的作用主要有两方面:一方面,阐明有关疾病的生物化学基础和疾病发生、发展过程中的生物化学变化;另一方面,开发应用血液生化检验的方法和技术,对检验结果的数据及临床价值作出评价,用以帮助疾病的诊断以及采取适宜的治疗。它在现代兽医实践中具有相当重要的地位,为疾病诊断、病情监测、药物疗效、预后判断和疾病预防等各个方面提供信息和理论依据。

2.2.1　标本采集与处理

血液生化检验的血标本可从静脉、动脉和毛细血管采取,应用最多的是静脉采血。采血的器材和操作步骤均应严格遵守无菌手续,采血针头要锐利无倒钩,提倡使用一次性无菌真空采血器来采血。采血后应尽快分离血清(浆),一般不应超过 2 h,并及时测定,必要时可置冰箱保存。血清中多数代谢物和酶在室温下 6 h,或 4 ℃加塞存放 24 h,无明显变化。但要保存更久则应冰冻或冰冻干燥,冰冻半年后,一般代谢物变化较小,但酶的变化却较大。

2.2.2　血液生化项目检验方法

①开机。接通电源后按开机键,仪器会进入自检状态,等待开机完成。进入主屏幕后如图 2.9 所示。选择"New Sample"。

选择: 1 New Sample (新检体)
选择: 2 刚测试过的检体
选择: 3 检阅前7次测试结果
选择: 4 监测功能
选择: 5 设定
选择: 6 启动联机的分析仪

图 2.9　血生化仪主屏幕

②动物品种选择,如图 2.10 所示。

选择: 1 Canine (狗)	选择: 5 Avian (鸟类)
选择: 2 Feline (猫)	选择: 6 Controls 品管液
选择: 3 Equine (马)	选择: 7 More Species其他品种
选择: 4 Bovine (牛)	

图 2.10　动物品种选择

③输入动物年龄及其他数据。

④载入试剂片。一次一片加载欲测试的试剂片(条形码朝上),推入装载杆,拉回装载杆,全部加载后不满 12 片,按 E;如果有 12 片,生化分析仪会自动扫描条形码。等待生化分析仪扫描条形码,测试项目显示在屏幕上。

⑤装备分注器。拿出分注器,把新的滴管装到分注器上,旋紧滴管,把分注器放回原位,完成上述过程后,按 E。

⑥吸取检体。把滴管放入血浆/血清内,压一下分注器上方的按钮,然后马上放开,听到第 1 声"滴",分注器开始自动吸取所需要的检体量;听到第 2 声"滴",吸液结束,把滴管从检体拿出来;听到第 3 声"滴",用无尘纸由上往下旋转擦拭滴管外壁所有多余的检体,然后把分注器马上放回原位。

⑦测试进行。屏幕显示:"测试进行中,6 min 会完成",按 E 检阅测试结果,按 P 打印检测结果。

⑧清理耗材。拿出分注器,拔掉并丢弃滴管,放回分注器,最后等待系统自行推出已使用过的试剂片。

2.2.3　血液生化检验的项目

1)血糖血脂

（1）血糖

健康的单胃动物禁食后血糖浓度为 4.0~5.5 mmol/L,反刍动物禁食后血糖浓度为3.0~4.0 mmol/L。全血血糖值要比血浆值约低 0.5 mmol/L(取决于 PCV),因为红细胞内的葡萄糖浓度明显低于血浆中的葡萄糖浓度。

肾脏对糖的处理是通过允许血浆葡萄糖的滤过并在肾小管近端重吸收来实现的,但近端肾小管重吸收能力是有限的。当血糖浓度高于 10.0 mmol/L 时,重吸收是不完全的,一些糖就会出现在尿中。动物尿中出现糖时的血浆糖浓度就是肾糖阈。正常情况下,发现糖尿就意味着血浆糖浓度已超过肾糖阈。

①血糖升高的主要原因。

a.采食高碳水化合物的饲料。采食高碳水化合物后,血糖浓度有一个吸收后的峰值,该水平取决于许多因素,但血糖浓度通常不会超过 7.0 mmol/L。

b.运动,尤其是剧烈的运动。这与肾上腺大量分泌有关,赛马和灰猎犬在跑步后的血糖水平可升高到 15.0 mmol/L 左右。

c.应激,特别是严重或急性的应激。这种情况包括动物剧烈的疼痛和旅途劳累等。肾上腺和糖皮质激素都起作用,可使血糖浓度达到 15.0 mmol/L。

d.其他原因引起的糖皮质激素的活动增加。胰岛素的对抗作用可能掩盖高糖血症的倾向,但有时可见血糖浓度为 6.0~8.0 mmol/L。

e.用含糖的液体静脉注射治疗。最常用的制剂是糖盐水和葡萄糖注射液,另外有些静脉注射的制剂含葡萄糖或右旋糖,使用这种制剂之后会升高血糖。

f.糖尿病。由绝对或相对的胰岛素缺乏引起,见于先天性的糖尿病(最常见)或继发于其他疾病的糖尿病,如胰腺破坏(肿瘤或偶尔的严重的胰腺炎之后)、有过多的胰岛素拮抗剂的疾病(库欣综合征、长期的类固醇治疗或肢端肥大症)或抑制胰岛素分泌的疾病。

低血糖症是高危的,所以快速诊断和治疗是十分重要的。在大多数动物中,血浆葡萄糖浓度低于 2.0 mmol/L 时,会出现可诊断的症状,但马对低糖血症的耐受力很强,血浆葡萄糖浓度低达 1.0 mmol/L 时,也可能没有症状。

②血糖降低的主要原因。

a.胰岛素诱导的低糖血症。胰岛素诱导的低糖血症主要见于糖尿病患病动物过量使用胰岛素,也可以见于胰岛瘤。通过胰岛素和 C 肽检测可以确诊,但在临床中,这种测定往往是很难做到的。

b.禁食后的低糖血症。禁食后的低糖血症可见于酮血症(牛)/妊娠毒血症(羊),这种情况只发生于反刍动物。此外,这种情况也可见于小型犬的先天性低糖血症,这与应激和阶段性的虚弱有关,与胰岛瘤无关。

（2）血浆胆固醇

正常动物的血浆胆固醇浓度,犬为 7.0~8.0 mmol/L,猫为 4.0~5.0 mmol/L,草食动物为 2.0~3.0 mmol/L。

草食动物胆固醇水平很低,且它的升高也不特异地与某一疾病有关。在小动物中,已发现有许多原因可以引起高胆固醇血症。

胆固醇升高(高胆固醇血症)的原因如下:

①最近吃了含脂肪的食物。食物对血浆胆固醇浓度的影响不是特别大,最多为 2.0~3.0 mmol/L。但在利用胆固醇作为诊断指标时,最好还是采禁食后的血。

②肝或胆管疾病。由于肝、胆管系统与胆固醇的排泄有关,患有肝衰的动物的血浆胆固醇浓度会升高。

③糖尿病。在一些病例中,糖尿病动物脂肪代谢的增加会引起胆固醇浓度的升高,特别是当患病动物还患有肝脂肪浸润而使肝功能降低时。

④库欣综合征。血浆胆固醇浓度升高常见于库欣综合征,部分是脂代谢激素紊乱引起,部分是类固醇性肝病引起,类固醇性肝病常与该病伴发。

⑤甲状腺机能减退。食物的影响不可能使血浆胆固醇浓度升高到超过 10.0 mmol/L,

在肝、肾、糖尿病、库欣综合征中也很少升高到 15 mmol/L 以上。甲状腺机能减退可使血浆胆固醇浓度高达 50 mmol/L。

（3）血浆甘油三酯

正常的血浆甘油三酯浓度，犬约为 1.0 mmol/L，马约为 0.4 mmol/L。游离乙二醇的浓度一般低于 100 mmol/L。

血浆甘油三酯水平的升高见于一些疾病（脂血症），当血浆中有乳白色悬浮物时，就要怀疑该病。但要注意的是，实际中不能直接测定甘油三酯，而是用脂肪酶和酯酶处理样品后再测定总乙二醇的量。甘油三酯的值是由总乙二醇减去游离乙二醇得来的。与血浆甘油三酯升高相关的疾病包括糖尿病、甲状腺机能减退、肾病综合征、肾衰、急性坏死性胰腺炎、马的高脂血症。

（4）血浆胆汁酸

正常动物血浆胆汁酸浓度低于 15 μmol/L。血浆胆汁酸的检测采用放射免疫法或酶联法。

胆汁酸分为游离胆汁酸和结合胆汁酸两大类。游离胆汁酸主要有胆酸、鹅胆酸和脱氧胆酸 3 种，它们由肝细胞产生。结合胆汁酸是胆汁酸与甘氨酸和牛磺酸结合形成的。胆汁酸随胆汁分泌入肠道乳化脂肪，是消化吸收食物中脂肪和脂溶性维生素（维生素 A、维生素 D、维生素 E、维生素 K）的必需条件。

分泌入肠道的胆汁酸，大约 95% 重新被吸收入血液，然后被肝脏摄取，随胆汁分泌入肠道，此现象称为肝肠循环。

血浆胆汁酸含量增多见于胆管阻塞，其增多变化常与血清 ALP 活性增高相平行。马、牛犊、羊和犬急性中毒性肝坏死时，血浆胆汁酸含量明显增加。

2）血浆电解质

（1）血浆钾

正常动物血浆钾（血钾）浓度为 3.3~5.5 mmol/L。

钾是细胞内主要的阳离子，在细胞外的浓度很低。它与水的关系不如钠与水密切，大多数血钾紊乱是钾的过量丢失或排泄造成的，与脱水无关。

①血钾升高（高钾血症）。当丢失低钾液体时可以使血钾升高，但一般不会达到危险的程度。明显的高钾血症，大多是肾脏排泄钾的能力丧失造成的，但不是所有的肾衰病例都会出现血浆钾浓度的升高。另外，持续使用保钾的利尿药（如安体舒通、醛固酮的拮抗剂）可引起高钾血症。严重脱水的患病动物因排泄减少，有时也可能出现高钾血症。

当血浆钾浓度接近或超过 7.0 mmol/L 时，就必须把它当作急症，因为细胞外液中钾浓度过高，很容易引起心脏停止（但严重溶血的血浆或采血 7 h 以后才与红细胞分离的血浆，会引起血浆钾浓度的假性升高，后者是因为钾从细胞内逸出造成的）。

②血钾减少（低钾血症）。血钾减少常见于持续高钾液体的丢失，腹泻是最典型的情况，甚至没有腹泻也可以引起类似的或更明显的低钾血症。低钾血症也可见于长期使用无

钾液体治疗的患病动物,如用葡萄糖盐水或等渗盐水。另外,要注意持续使用促进钾丢失的利尿药(如速尿),也可引起低钾血症。在奶牛卧倒不起综合征中,血钾可能降低,症状包括嗜睡、肌肉无力和心律不齐。

在所有其他的动物中,血浆钾浓度低于 3.5 mmol/L 被认为是有临床诊断意义的,再低,3.0 mmol/L 是一个临界水平。口服或输钾对补钾很重要,但输液时要慢。林格氏液或乳酸林格氏液含 4.0 mmol/L 钾,它用于维持体液是相当安全和正确的,但不能改善已有的低钾血症的状况。

(2)血浆钠

正常动物血浆钠(血钠)含量为 135~155 mmol/L。

钠是一种与水关系最密切的电解质,大多数的紊乱都是原发的体液问题。

①血钠升高(高钠血症)。丢失低钠液体时容易引起血钠升高,如呕吐、过度喘气。血钠升高也可以见于严格限制饮水而限制了钠正常排泄的情况,最典型的例子是猪的食盐中毒。盐皮质激素的过度分泌也可以引起血钠升高。高钠血症可引起各种中枢神经系统的症状,如脑压升高、失明、昏迷(由中枢神经系统内的细胞脱水引起)等。血浆钠浓度高于160 mmol/L 时是很危险的。血浆钠浓度的变化率非常重要,过快地纠正高钠血症,也会引起中枢神经系统的症状。这是因为血浆渗透压的恢复速度比细胞的渗透压快,造成脑细胞吸收水分而引起水肿。

②血钠降低(低钠血症)。血钠降低主要发生于丢失高钠的液体时,最常见的情况是肾衰,肾脏不能浓缩尿液,且快速流动的尿液也不利于在肾小管进行有效的钠钾交换而引起高钠尿。血钠降低也可发生于静脉注射大量的葡萄糖之后。其他引起血钠降低的主要原因有阿狄森病。

(3)血浆氯

正常动物血浆氯(血氯)浓度为 100~115 mmol/L(猫可高达 140 mmol/L)。

氯与电解质的关系不密切,但可以提供十分重要的信息。作为一个阴离子,它的浓度受其他主要阴离子(碳酸氢根)浓度的影响。为了维持阴离子和阳离子的平衡,在碳酸氢盐浓度降低的酸中毒动物中,氯离子浓度一般都相当高;而在碳酸氢盐浓度升高的碱中毒动物中,氯离子的浓度一般非常低。不存在明显的酸碱紊乱时,血浆的氯离子浓度与钠离子浓度一般是平行的。

①血氯升高(高氯血症)。血氯升高常发生于酸中毒中,也常见于几乎所有与高钠血症有关的疾病。用氯离子浓度来评估脱水的严重程度(基于水丢失会引起钠离子浓度的升高的假设)是无效的。

②血氯减少(低氯血症)。血氯减少常见于碱中毒中,另外,也常见于与低钠血症有关的疾病。不伴有低钠血症的低氯血症,也可在丢失大量的高氯或低钠液体时发生,这一般就是盐酸,即胃分泌液丢失的缘故,故在刚采食后,持续的呕吐是可能的原因之一(但要注意的是在空胃时,呕吐中丢失的主要是钾)。另一种情况是马属动物的疝痛,胃肠道的上部被阻塞,虽然液体没有真正丢失,但大量的含氯液体都储存在胃和上段小肠中。治疗氯的

紊乱,主要是纠正酸碱平衡和钠的异常,而不是特异地纠正氯离子本身的浓度。

(4)血浆钙

正常动物血浆钙(血钙)浓度为 2.0~3.0 mmol/L（马为 2.5~3.5 mmol/L）。

钙在神经肌肉传导和肌肉收缩中具有十分重要的作用,也是骨骼的重要组成成分。大约一半的血浆钙是游离的,这是有活性的部分;另一半是无活性的,与白蛋白结合在一起。

①血钙升高(高钙血症)。轻度的高钙血症可能是血浆中白蛋白浓度升高的结果(如脱水),或是在采血时静脉过度淤积。在兽医临床实践中,最可能引起高钙血症的原因是过度使用葡萄糖酸钙治疗低钙血症,但真正的高钙血症多是各种类型的甲状旁腺机能亢进引起的。高钙血症的症状主要表现为多尿,这是因为循环中高浓度的钙会干扰正常的尿液浓缩机制,所以也会引起烦渴。

除了烦渴,高钙血症的其他临床症状包括便秘和腹痛(由神经肌肉活性的抑制引起),以及肾功能障碍和心脏病等。

②血钙降低(低钙血症)。低钙血症是临床上最常见的钙异常,可由几种原因引起。

a.低白蛋白血症。这种原因引起的低钙血症只是中度的,并且当游离的钙不受影响时,它常是无症状的。但当低钙血症由白蛋白的丢失引起时,在一定时间内依赖于白蛋白的钙的丢失可能会引起真性的、有症状的低钙血症。

b.产后低血钙。这种情况在乳牛中是十分常见的,乳牛分娩后会马上出现低钙性搐搦。这是泌乳因素、激素因素和泌乳早期对乳牛的钙的过度需求共同作用的结果。类似的综合征也发生于其他种类的动物。

c.慢性肾衰,特别是小动物。患这种疾病后,它们无法排泄磷,会出现高磷血症并继发血钙下降。这反过来又会刺激甲状旁腺激素分泌,以增加骨钙(和磷)的释放,低钙血症改善了,但高磷血症就恶化了,导致该病(继发性甲状旁腺机能亢进)的主要症状是高磷血症而不是低钙血症。

d.急性胰腺炎。一些急性胰腺炎会引起低钙血症和搐搦。如果在急性发作期,可通过静脉注射钙来治疗,当胰腺炎治愈后,大多数病例都能恢复。

(5)血浆磷

正常动物血浆磷(血磷)浓度为 1.0~2.5 mmol/L（但猪的要远远超过该值）。

无机磷在许多代谢过程中是十分重要的,而且像钙一样,它也是骨骼的主要组成成分之一。甲状旁腺激素和维生素 D 可调控血磷水平。溶血会使血磷浓度假性增高,年幼动物的血磷水平比成年动物的高。

①血磷升高(高磷血症)。高磷血症在慢性的肾脏疾病中最常见(通常是在小动物中)。肾脏排泄磷的功能下降,从而引起血磷的浓度升高。这实际上是继发的低钙血症倾向引起甲状旁腺激素分泌增加,导致了骨磷的释放,从而使高磷血症恶化。这种方式会引起骨骼脱矿物质的恶性循环,就是所谓的继发性甲状旁腺机能亢进,患病动物会出现骨骼异常。

要注意的是,临床中可见有的猪无机磷浓度升高(甚至高达 5.0 mmol/L 或更高),但无症状出现,这有可能是食物的影响。

②血磷降低(低磷血症)。典型的低磷血症在兽医中称为奶牛卧倒不起症,就是一种奶牛产后低血钙症,虽经充分治疗,但仍有卧倒不起的病症。它包含着许多不同的疾病,其中一部分是低磷血症引起的。这些奶牛意识清醒,能吃喝、反刍、排粪尿,且无其他内科或外科疾病(如子宫炎、乳腺炎或骨折),但就是不能站立。

3)肝功能检查

(1)蛋白质及其代谢产物

正常动物总蛋白浓度为 $60\sim80$ g/L(犬的稍低),白蛋白浓度为 $25\sim35$ g/L(犬和猫的白蛋白浓度比大动物低)。

血浆中含有蛋白质的混合物——白蛋白、球蛋白和纤维蛋白原。白蛋白、大部分 α-球蛋白及仟球蛋白是由肝脏合成的,而免疫球蛋白则是由淋巴器官中的淋巴细胞和浆细胞分泌的。蛋白质成分的分析首先是测定血清总蛋白和白蛋白的量,然后用血清总蛋白的量减去白蛋白的量来得到球蛋白的量。

白蛋白/球蛋白(A/G)比率,有助于解释蛋白质成分的变化。假如二者成分一致改变,则认为是一种正常现象,可能是脱水引起的;如果其中之一的成分明显改变,则认为是异常现象。

①总蛋白浓度升高。

总蛋白浓度升高有 3 个主要的原因:

a.相对的水缺乏,也称为假性升高。这种情况常由脱水引起,当水的相对缺乏引起血浆蛋白浓度升高时,总蛋白、白蛋白和球蛋白都以同一比率升高。

b.慢性和免疫介导疾病。这些疾病包括肝硬化、慢性亚急性细菌性传染病和自体免疫疾病,特别是猫传染性腹膜炎,可以引起球蛋白,特别是寸球蛋白浓度升高。

c.副蛋白血症。这是一种相当少见的疾病,它与恶性的、产生免疫球蛋白的细胞(通常是淋巴细胞)有关,在其中进行免疫细胞的单克隆增殖,产生大量外观异常的、单个的免疫球蛋白,血浆通常十分黏稠。

②总蛋白或白蛋白浓度的降低。动物总蛋白或白蛋白浓度的降低可见于以下各种不同的临床疾病:

a.相对的水过多。临床上水过多的情况不常见,但可能是医源性的。最常见于输液后采血或留置针采血。

b.过多的蛋白质丢失。由于白蛋白是血浆中最小的蛋白质之一,比其他的蛋白质更容易丢失,所以有些疾病常表现为低白蛋白血症,见于肾病综合征、肾小球性肾炎、寄生虫病、肠炎、失血、烧伤。

c.蛋白质合成下降。由于食物中蛋白质的缺乏、各种原因引起的吸收障碍、肝脏疾病。

(2)胆红素及其代谢产物

正常动物血浆胆红素的浓度低于 5.0 μmol/L(反刍动物稍高些),但马的正常浓度可高达 50 μmol/L。

胆红素是红细胞代谢分解的副产物。它的初产物是不溶于水的(称为游离性胆红素),在血浆中,它与白蛋白结合在一起,通过与运输蛋白相结合,被转运到肝脏,然后与葡糖醛酸或其他物质结合,变成可溶的结合性胆红素,然后分泌入胆汁。结合胆红素及其相关的色素(主要是粪胆素)使粪便呈特征性的棕色。

直接胆红素是指结合胆红素,而非结合(间接)胆红素是通过总胆红素减去直接胆红素计算出来的。实验室检测血清总胆红素和结合胆红素常用的方法有改良 J-G 法和胆红素氧化酶法。

血浆胆红素浓度增加可能由以下原因引起。

①禁食后的高胆红素血症。马是唯一容易出现该病的动物。在饥饿或厌食且没有溶血或肝胆异常的马中,血浆胆红素浓度可升高至 100 μmol/L。这可能是存在游离脂肪酸引起的,其症状是轻度的,但可进一步发展而出现临床的高脂血症。

②血管内溶血。由于正常的网状内皮-肝胆系统的作用,轻度到中度的溶血时,血浆胆红素浓度可能并不升高;而严重溶血时,超过机体排泄胆红素的能力而出现高胆红素血症(黄疸)。

③肝脏疾病。一般来说,在急性肝炎中,结合或排泄功能衰竭常常是暂时性的,血浆胆红素浓度可以升高至 60 μmol/L 或更高。在肝脏疾病早期,通常出现的是间接胆红素,但在一些病例中,胆管系统完整性的破坏会引起直接胆红素被释放到循环中。

④胆管阻塞性疾病。在完全阻塞的疾病中,血浆胆红素浓度可以升到非常高,甚至超过 100 μmol/L,在该疾病早期,胆红素几乎都是直接胆红素;在阻塞后期,受阻的胆汁会引起真性的肝损伤,这时也可见到间接胆红素升高。

(3)血清酶

血清酶主要包括天冬氨酸氨基转移酶(AST)、丙氨酸氨基转移酶(ALT)、γ-谷氨酰转移酶(GGT 或 γ-GT)和碱性磷酸酶(ALP)。

①天冬氨酸氨基转移酶。天冬氨酸氨基转移酶催化天冬氨酸和 α-酮戊二酸转氨生成草酰乙酸和谷氨酸,广泛地分布于机体中,特别是骨骼肌、心肌、肝脏和红细胞。它用于所有动物的肌损伤的检查,其半衰期介于肌酸激酶(CK)和乳酸脱氢酶(LDH)之间,在大动物中,常用于检查肝脏疾病。

AST 检测方法有比色法和速率法。

除马外,所有动物正常的血浆 AST 活性均低于 100 IU/L。马血浆 AST 活性在 200~400 IU/L 是相当正常的,一些外观正常的马的 AST 酶活性可能超过 1 000 IU/L。因此,马的肝病的诊断不能只基于血浆 AST 的升高。

②丙氨酸氨基转移酶。丙氨酸氨基转移酶是机体的氨基转移酶之一,在氨基酸代谢中起着重要作用。ALT 广泛分布在动物肝、肾、心等器官中,尤以肝细胞中的含量最高,约为血清中的 100 倍,故只要有 1% 肝细胞坏死,即可使血清中 ALT 增加 1 倍,因此,它是动物最敏感的肝功能检测指标之一。ALT 是犬、猫和灵长类动物肝脏的特异性酶,测定该酶的活性对诊断上述动物的肝脏疾患有重要意义,而对其他动物的肝脏疾病没有诊断价值。

ALT 检测方法有比色法和速率法。

③γ-谷氨酰转移酶。γ-谷氨酰转移酶主要存在于肝和肾中,但在临床上它的使用只限于肝脏疾病的诊断。在大动物中,它反映肝损伤比琥珀酸脱氢酶(SDH)或谷氨酸脱氢酶(GLDH)更持久,当 SDH 或 GLDH 升高时,它是正常的;而当它们下降时,GGT 开始升高。在小动物中,它的升高与 ALT 平行。犬血清 ALT 和 GGT 活性同时升高,表明肝脏既存在损伤或坏死,也存在胆汁淤积。

GGT 的半衰期特别长,如狗舌草中毒的马,在临床症状恢复后,其血清水平仍将持续升高一段时间。马和反刍动物的正常值大约在 60 IU/L 以下,而其他动物要稍低于这个值。

④碱性磷酸酶。碱性磷酸酶是体内分布最广泛的酶之一。它是由一组同工酶组成的,在碱性(pH=9~10)环境下,这些同工酶会水解磷酸酯,在骨骼(成骨细胞)、肝脏和肠壁中可见到这些同工酶。血浆 ALP 正常值的范围非常广,大多数动物可达 300 IU/L,马为100~500 IU/L。成骨细胞活性较高的幼年动物,其 ALP 水平较高;当骨骺生长板闭合后,ALP 水平会降低,其来源主要是肝源性的。ALP 易受测定条件的影响,特别是所用的缓冲液的影响。"正常值"在不同的化验室之间存在着非常大的差异。

全身性的骨骼疾病,如佝偻病、软骨病、甲状旁腺机能亢进、骨源性骨肉瘤、非骨骼性癌症的骨转移以及颅骨-下颌骨骨关节病,能使血清 ALP 活性发生中度到显著升高。由于 ALP 正常值范围非常广,局部创伤,如骨折,一般不会产生足以被观察到的变化。骨源性 ALP 的升高,通过肝实质性酶(AST、ALT、SDH、GLDH 或 γ-GT 取决于动物的品种)的不升高和黄疸缺乏,很容易与肝胆疾病区别。

肝损伤会导致所有动物的血浆 ALP 活性中度升高,它与上面所列的其他肝脏酶活性升高趋于平行。

胆道疾病,特别是阻塞,会引起血浆 ALP 的大量升高,可达 50 000 IU/L。随着病情的发展,胆汁逆流入肝脏会引起真正的肝损伤,其他肝脏酶活性也会升高。在某种程度上,ALP 被作为肝胆功能的一个指标,而所有其他酶只是测定细胞的损伤。

4) 肾功能检查

(1) 尿素

正常动物血浆尿素浓度为 3.0~8.0 mmol/L(猫和一些马的值可高达 15 mmol/L)。

尿素是机体在肝脏中形成的含氮代谢产物,是氨基酸代谢的终产物。尿素在肝脏中形成,经肾脏排泄。因此,血浆中的尿素浓度可受许多不同的因素影响。

①食物因素。食物中过多的蛋白质会引起脱氨基的增加,引起血浆中尿素浓度升高,但其浓度不会升得十分高,在多数动物中仅为 7.0~10.0 mmol/L。另外,食物中蛋白质质量低劣也有同样的效果。在没有必需氨基酸时,非必需氨基酸会被脱氨基,从而引起血浆尿素浓度的轻度升高。最重要的原因是碳水化合物的缺乏。当食物中没有足够的能量时,特别是存在脱水的病例中,血浆尿素浓度可以高达 15 mmol/L,甚至是 20 mmol/L。

②尿素循环失败(高氨血症)。尿素循环的目的是把有毒的氨离子转化为利于排泄的无毒尿素分子。尿素循环失败会引起氨在体内蓄积,同时血浆尿素浓度降低,为 0.5~

2.5 mmol/L。过量的氨会引起各种中枢神经系统症状。但要注意的是,由于肾脏的问题,一些真正患高氨血症患病动物的尿素浓度可能正常或稍升高。因此,当发现血浆尿素浓度降低及一些病例中怀疑有高氨血症时,无论尿素浓度是否降低,都应测定氨本身的浓度。

③肾灌注不良。肾灌注不良可以由严重的脱水或心机能不全引起。肾本身没有问题,根据灌注不良的严重程度不同,血浆尿素浓度升高至 15~35 mmol/L。

④肾衰。诊断肾衰是测定血浆尿素浓度最常见的原因,特别是小动物。血浆尿素浓度可以随疾病严重程度的不同,从正常范围的上限到高达 100 mmol/L。当尿素浓度只有轻度升高时(低于 20 mmol/L),治疗的效果可能是很好的;当血浆尿素水平高于 60 mmol/L 时,治愈希望很小。

⑤尿道阻塞。由于尿道阻塞对肾产生压力,且血浆尿素浓度可能上升至 60 mmol/L 或更高,故会引起急性肾衰。如果阻塞被排除,该现象通常是可逆的。

⑥膀胱破裂。膀胱破裂可使血浆尿素浓度很快升高至 100 mmol/L 以上。

（2）肌酐

正常动物血浆肌酐浓度低于 150 μmol/L。常用的肌酐检测方法是苦味酸法。

像尿素一样,肌酐也是由肾脏排泄的一种含氮的代谢产物,但它不是氨基酸的代谢产物,而是肌氨酸的代谢产物。血浆肌酐浓度的变化只与肌酐的排泄有关,也就是说,它更准确地反映了肾脏的功能。因此,像尿素一样,血浆肌酐也用于检测肾脏的疾病,但它与尿素有所不同,要得到肾功能的最大信息时,一般同时检测尿素和肌酐。

①血浆肌酐浓度不受食物和任何可以影响肝及尿素循环因素的影响。

②在疾病初期,血浆肌酐比尿素升高得更快,而好转时也降得更快。

③当出现肾前性的原因(心衰或脱水)时,血浆肌酐比尿素的变化更小;而当存在原发性的肾衰时,血浆肌酐升高得更多。

虽然肌酐比尿素对肾衰更特异、更敏感,但临床实践中,我们也需要同时测定尿素,原因如下:

①肌酐在血浆样品中会变质,必须在当天进行分析。

②有些物质容易干扰肌酐的检测,如胆红素可明显地降低肌酐浓度,头孢菌素可明显地增加肌酐的浓度。所以,存在这些物质干扰时,尿素就成了检测的首选。

③由于尿素受许多不同因素影响,故血浆尿素的测定也可以为患病动物提供比肌酐更多的信息。

对血浆肌酐结果的解释是相当直接的,降低没有临床意义;当血浆肌酐增加至 250 μmol/L 左右时,可能是肾前性的原因引起的(脱水或心衰);超过该值时,肾是有问题的(除非存在膀胱破裂或尿道阻塞的情况);当血浆肌酐的浓度超过 500 μmol/L 时,情况就十分严重了;血浆肌酐浓度超过 1 000 μmol/L 的情况,见于肾衰后期、膀胱破裂和尿道阻塞。

（3）血浆氨

大多数动物正常血浆氨(血氨)浓度都低于 60 μmol/L。

全血和血浆中的氨浓度都是非常不稳定的,因为采血结束后,尿素就开始分解为氨。

虽然这不足以影响尿素测定的准确性,但可以影响氨测定的准确性,因为即使只有一小部分尿素被分解,也足以引起氨浓度的明显升高,使一个本来正常的血样出现高氨血症的假象(分解 0.1 mmol 的尿素可以产生 200 μmol/L 的氨)。为了避免这种情况的发生,血样必须用 EDTA 抗凝(而不是肝素),并迅速放入冰块中,然后进行离心和检测,且必须在采血后 30 min 内完成。血浆冷冻保存也须 3 d 内进行检测。

可以引起血氨升高的有以下 3 个原因:

①先天性的尿素循环代谢缺陷。临床症状是神经系统紊乱,即攻击行为,有时与采食有关,同时发生昏迷、智力过度低下。唯一的生化异常是氨血症和尿素水平下降,并存在乳清酸(它是尿素循环中断时,旁支的异常代谢产物),且没有肝脏其他代谢功能受影响的迹象。门脉血管造影正常。

②先天性门静脉短路(静脉导管未闭合)。临床症状也与先天性缺陷相似,但除了氨血症/尿素异常外,还有其他的肝功能异常低白蛋白血症、低凝血素血症、低胆固醇血症、血浆转氨酶和碱性磷酸酶活性升高等。一般不出现黄疸,但磺溴酞钠(BSP)清除率延长。

③肝衰后期。当肝衰达到最后的阶段时,所有的肝功能都倾向于衰竭,包括尿素循环。在获得性门脉短路的疾病中更是如此,而且有明显的肝功能异常的证据,即低白蛋白血症和低血凝素血症十分严重,通常可见黄疸。由于已没有肝组织释放酶,肝脏酶的水平可能不会升高,BSP 清除率异常地延迟。

5)胰脏损伤的指标

(1)α-淀粉酶

α-淀粉酶(AMY)与食物中纤维和糖原分解为麦芽糖有关。它主要存在于胰腺中,通常通过肾脏排泄。临床上主要用于诊断急性坏死性胰腺炎。在该疾病中,淀粉酶从细胞中漏出,并开始消化自己的组织。有急性腹痛和呕吐的症状,可能会被误认为是小肠内有异物,如果不能确定的话,就应该检查淀粉酶和脂肪酶。正常动物淀粉酶的上限约为 3 000 IU/L,而在急性胰腺炎时可达 5 000~15 000 IU/L,之后随着病情的改善而下降。轻度到中度的非特异性的升高,可见于其他急性的腹部疾病(包括肠梗阻)和肾衰。

(2)脂肪酶

脂肪酶(LPS)与食物中脂肪的分解有关,主要存在于胰腺中,其次为十二指肠和肝脏。溶血可抑制 LPS 活性。LPS 通常与淀粉酶一起用于诊断急性坏死性胰腺炎,且对该病较特异,受非特异因素影响小。作为一个大分子,它在疾病早期持续增加的时间较长,但在疾病开始阶段,它没有像淀粉酶升得那样快,所以建议同时化验两种酶。犬的正常值约低于 300 IU/L,而在胰腺炎的早期,通常可超过 500 IU/L。血清 LPS 活性升高主要见于胰脏疾病、肠阻塞、肝脏和肾脏疾病,以及使用强的松或地塞米松等药物。

任务 2.3　尿液检验

> **学习目标**
- 学会尿液物理性质检验方法。
- 会使用尿液分析仪进行尿液化学检验及临床意义分析。
- 会对尿液进行尿沉渣分析。

常用的尿液检验包括物理方法、化学方法和显微镜检查。物理方法主要检查其物理性状,如尿量、尿色、透明度、气味、比重等;化学方法测定其所含化学成分,如酸碱度、蛋白质、葡萄糖、潜血等;显微镜检查尿中的沉渣,如无机沉渣、有机沉渣等。

2.3.1　尿液的采集和保存

采集尿液,通常用清洁的容器,在家畜排尿时直接接取,也可用塑料或胶皮制品作尿袋,固定在公畜阴茎的下方或母畜的外阴部以接取尿液。必要时行人工导尿。

尿液采取后应立即检查。如不能及时检查或需送检时,为了防止尿液发酵分解,须加入适量的防腐剂。常用的防腐剂有甲苯(每升尿中加入 5 mL)、硼酸(每升尿中加入 2.5 g)、甲醛溶液(每升尿中加入 1~2 mL)、麝香草酚(每升尿中加入 1 g)、氯仿(按尿量的 0.5% 加入)。但要注意,作细菌学检查的尿液,不可加入防腐剂。

视频 2.4
人工导尿

2.3.2　尿液物理性质检验

尿液物理性质的检验包括尿量、尿色、透明度、黏稠度、气味、密度等。

1)颜色

正常动物的尿色为淡黄色、黄色到深黄色,其变化与尿量及含的一些尿色素和尿胆素多少有关。尿液异常颜色有以下几种。

（1）无色或淡黄

一般为比重低的稀薄尿液,见于动物大量饮水、肾病末期、尿崩症、肾上腺皮质机能亢进、子宫积脓过量饮水和一些伴有糖尿病的疾病。

视频 2.5
尿液检测

（2）暗黄色或褐黄色

一般为比重高的浓缩尿液，见于饮水减少或脱水、急性肾炎、热性疾病、胆红素尿（带黄色泡沫）和尿胆素尿。

（3）红色、葡萄酒色或褐色

①血尿一般为红色云雾状，离心后上清液清亮，沉渣为红细胞。排尿开始为红色，多为尿道下部或生殖道出血；排尿结束前排红色尿多为膀胱出血。

②血红蛋白和肌红蛋白尿为半透明的红褐色，离心后无红细胞沉淀。长期储存后可变成褐色或褐黑色。

③卟啉尿为红色、粉红褐色到红褐色。

④服用大黄、氨基比林、刚果红、硫化二苯胺等，尿液变为红色。

（4）乳白色尿

乳白色尿见于尿中含有乳糜脓细胞、大量磷酸盐和尿酸盐时。

2）透明度

动物正常的新鲜尿液是清亮的，放置时间稍长有结晶盐形成沉淀而变得浑浊。正常马属动物的新鲜尿液中，因含有大量碳酸钙结晶和黏液，故浑浊、不透明。

马属动物的新鲜尿液变得清亮，见于精料过多、过劳、纤维性骨营养不良等。马属动物以外的所有动物，新鲜尿液变得浑浊，是因为尿中含有矿物质结晶、细胞、血液、黏液、细菌、管型和精子等原因，见于肾脏和尿道疾病，有时也不一定是病理性浑浊，可用显微镜检验尿沉渣予以鉴别。

3）气味

各种动物的新鲜尿液，因含有不同的挥发性有机盐，而具有各自的特殊气味。尿液放置时间长了，由于细菌脲酶作用，尿素分解生成氨，具有刺鼻的氨臭。

在病理情况下，如膀胱炎或尿道阻塞，当膀胱潴留时，尿液可具有刺鼻氨味；当膀胱和尿道有化脓性炎症、溃疡或坏死时，尿液可有蛋白质腐败的臭味；酮尿病、糖尿病时，尿液有酮体臭味；食蒜可使尿液呈特殊气味。

4）尿量

各种动物每昼夜的排尿量变化很大，影响尿量的因素包括动物品种、体重、年龄、食物中含水量和含盐量、饮水量、运动量，以及发汗及大肠水分吸收情况和外界环境温度等。检验动物尿量最好的方法是使用代谢笼，收集 24 h 尿量。病理性多尿和尿量增多，见于急性肾病的利尿期、慢性弥漫性肾病、慢性弥漫性肾炎、糖尿病、肝脏衰竭、肾上腺皮质功能亢进、高钙血症、猫甲状腺功能亢进、尿崩症、原发性肾性糖尿、精神性烦渴、慢性弥漫性肾盂肾炎、子宫积脓、水肿液吸收等；病理性少尿和尿量减少，见于急性肾病、脱水、休克、慢性肾炎末期和尿道阻塞等。

5）尿比重

尿比重的高低，取决于尿中溶质的多少，尿中溶质与排尿量的多少成反比（糖尿病例外），还与饮水、出汗以及由肺和肠道的排水量等因素有关。

尿比重的测定方法：采用尿比重计测定。如尿量不足时，可将尿用水稀释后测定，然后，将测得比重乘以稀释倍数，即得原尿的比重。比重计上的刻度，是以尿温在 15 ℃时而制定的，故当尿液高于 15 ℃时，每高 3 ℃加 0.001；每低 3 ℃减 0.001。

健康家畜尿的比重如下：

猪：1.018~1.022　　牛：1.015~1.050　　马：1.025~1.055

羊：1.015~1.065　　犬：1.020~1.050　　骆驼：1.030~1.060

尿比重增高，见于热性病、犬的下痢、呕吐、糖尿病、急性肾炎、心脏衰弱及渗出性疾病的渗出期。尿比重减低，见于慢性肾小管性肾炎、酮血病、渗出液的吸收期以及服用利尿剂之后。

2.3.3　尿液的化学检验

1）测定方法

尿液可用尿液分析仪测定，具体操作如下：

①接通电源，开启电源开关，电源指示灯亮，机器进入"系统自检"，载物台自动退出机器外。

②取尿试纸条，浸入尿样，取样后，用吸水纸巾吸干尿试纸条上的残余尿样。

③按图 2.11 所示的位置将尿试纸条平放于载物台传动带的槽中。

④按"检测"键，系统进入测定，等待结束。

按"打印"键，打印出结果。

取出试纸条，用棉棒擦干净载物台。

图 2.11　尿试纸条平放示意图

2）化学检测项目分析

（1）尿液的酸碱度测定

①健康动物尿液的 pH 值如表 2.7 所示。

表 2.7　健康动物尿液的 pH 值

动物种类	pH	动物种类	pH
马	7.2~7.8	牛	7.7~8.7
犊牛	7.0~8.3	山羊	8.0~8.5
猪	6.5~7.8	羔羊	6.4~6.8
犬	5.0~7.0	猫	5.0~7.0

②临床意义。正常尿液的酸碱性与食物的性质有关。草饲中含钾、钠等成碱元素较

多,所以草食动物的尿液是碱性的;肉食中含磷、硫等成酸元素较多,所以肉食动物的尿液是酸性的;杂食动物因混食肉类及谷物饲料,所以它的尿液常常近于中性(pH = 7 左右)。草食动物的尿液变为酸性,常见于某些热性病、长期食欲不振、长期营养不良、某些原因引起的采食困难、某些营养代谢性疾病(如乳牛酮病、动物的骨软病)等。肉食动物的尿液变为碱性,常见于泌尿系统的炎性疾病。杂食动物的尿液明显偏酸或偏碱都是不正常的,其临床意义与草食或肉食动物的病理情况相同。

(2)潜血

健康动物的尿液中不含有红细胞或血红蛋白。尿液中不能用肉眼直接观察出来的红细胞或血红蛋白叫潜血(或叫隐血)。尿液中出现红细胞,多见于泌尿系统各部位的出血,尿液中含有明显的血红蛋白时,称为血红蛋白尿。

(3)尿蛋白

尿内出现蛋白称为蛋白尿,也称尿蛋白。正常尿液中仅含有微量的小分子蛋白,用一般方法难以检出。常见尿蛋白有以下几种情况。

①生理性蛋白尿。当饲喂大量高蛋白饲料、剧烈运动、寒冷、怀孕以及新生动物等,可出现暂时性的蛋白尿。

②病理性蛋白尿。病理性蛋白尿主要由肾脏疾病或其他疾病牵连到肾脏引起的(肾性蛋白尿)。此外,当患尿道感染、前列腺炎、膀胱炎、肝脏疾病、糖尿病以及高血压综合征时,也会引起蛋白尿。对应一些急性、热性传染病,饲料中毒以及一些毒物、药物中毒等也可见蛋白尿。尿中蛋白质含量达到0.5%而且持续不下降者,表示病情严重。

(4)肌红蛋白

尿液中出现肌红蛋白时,称为肌红蛋白尿。临床上,它易与血红蛋白尿相混淆,故必须加以鉴别,从而正确诊断疾病。

肌红蛋白为低分子结合蛋白,其分子质量约为血红蛋白的1/4,易通过肾小球滤过膜随尿排出。当动物肌肉出现损伤,如马或猎犬的突然剧烈运动,肌肉的炎症,硒、维生素 E 缺乏,心肌炎等时,会出现肌红蛋白尿。

肌红蛋白易变性,如陈旧尿、过酸、过碱、剧烈搅拌都能使肌红蛋白发生变性,故尿液应当新鲜,并避免剧烈搅拌。

(5)尿胆素原

胆素原由胆红素在肠道内被细菌还原而形成,大部分经粪便排出,形成粪胆素原,少部分经肠道吸收进入肝脏。被吸收的胆素原被重新加工形成胆红素,其余部分随血液流经肾脏而被排出,形成尿胆素原,故健康动物的尿中会含有少量的尿胆素原。尿胆素原随尿液排出后,容易被空气氧化成尿胆素。

当发生溶血性疾病和肝实质性疾病(如急、慢性肝炎)时,尿液中尿胆素原可明显增加;当发生完全阻塞性黄疸时,尿液中尿胆素原呈阴性反应。

测定尿液中尿胆素原时必须用新鲜尿液,久置后尿胆素原氧化为尿胆素,会呈假阴性

反应;由于抗生素的使用会抑制肠道菌群,因此可使尿胆素原较少或缺乏。

(6)胆红素

尿中胆红素是指肝脏中的胆红素在某些病理状态下进入血液,经过肾脏而由尿液排出。健康动物的尿液中不含胆红素。此项检验对黄疸的鉴别诊断十分重要。

胆红素在阳光照射下易分解,采样后应及时检查;水杨酸盐、阿司匹林可与酸性三氯化铁发生假阳性反应,临床上要予以避免。

(7)葡萄糖

健康动物的尿液中仅仅含有微量的葡萄糖,一般无法检测出来。若用一般方法能检出,则称为糖尿,表示机体的碳水化合物代谢障碍或肾的滤过机能受到破坏。

尿液中出现葡萄糖,并不一定就是异常,如一时的惊恐、兴奋、喂食大量含糖饲料等,特别是一些肾阈值较低的动物,就会出现生理性的暂时的糖尿。病理性糖尿可见于肾脏疾病(肾小管对葡萄糖的重吸收作用降低)、脑神经疾病(如脑出血、脑脊髓炎)、化学药品中毒(如松节油、汞和水合氯醛等)及肝脏疾病等。

(8)酮体

酮体由肝脏产生,是脂肪酶分解代谢的产物,是乙酰乙酸、β-羟丁酸和丙酮三者的总称。酮体经血液运送到其他组织被氧化成二氧化碳和水,当碳水化合物代谢发生障碍时,脂肪的分解代谢增加,产生酮体的速度超过了肝外组织的利用速度,血酮聚集称为酮症。过多的酮体经由尿液排出体外,称为酮尿。

正常动物尿液中不含酮体或含微量酮体,在妊娠期、长期饥饿、营养不良、糖尿病、长期麻醉、恶性肿瘤以及剧烈运动后可呈阳性反应。丙酮含量达到 3 个或 4 个"+"时,说明病情较重,经一段时期治疗而丙酮含量仍然不见减少者,表示预后不良。

2.3.4 尿沉渣显微镜检验

1)检查方法

(1)直接镜检

取新鲜混匀的尿液 10 mL 置一刻度离心管中,1 500 r/min 离心 5 min,弃去上清液,保留管底沉渣 0.2 mL,轻轻摇动离心管,使尿沉渣充分混匀。取尿沉渣一滴滴加于载玻片上,用盖玻片覆盖后镜检。镜检时,宜将聚光器降低、缩小光圈,使视野稍暗。先用低倍镜观察全片的有形成分及结晶等异物,再用高倍镜计数 10 个视野的最低和最高加细胞数,算出平均值,并计数 20 个视野的最低和最高管型数,计算出每个视野的平均值。

(2)染色镜检

尿沉渣的直接镜检对比度较差,易漏检,为了提高阳性检出率,可将沉渣染色后检查。常用的染色剂是 Sternheimer-Malbin 染色混合液,尿液离心后在 0.2 mL 尿沉渣中加入一滴染色混合液。3 min 后取沉渣一滴并盖上盖玻片镜检。此染色混合液可将:红细胞染成淡紫色;多形核白细胞的核染成橙紫色,浆内可见颗粒;透明管型染成粉红色或淡紫色;细胞管型染成深紫色。

Sternheimer-Malbin 染色混合液的配制:

①溶液Ⅰ:结晶紫 3 g,95%乙醇 20 mL,草酸铵 0.8 g,蒸馏水 80 mL。

②溶液Ⅱ:沙黄 0.25 g,95%乙醇 40 mL,蒸馏水 40 mL。

将上述两种溶液分别置冰箱保存。配制染色混合液时,取 3 份溶液Ⅰ加 97 份溶液 B,混合过滤,储于棕色瓶中,室温下可保存 3 个月。

2)临床意义

尿沉渣的成分主要有两类:无机沉渣和有机沉渣。前者多为各种盐类结晶,后者包括上皮细胞、红细胞、白细胞、脓细胞、各种管型及微生物等。

(1)无机沉渣检查

尿中无机沉渣,主要是指各种盐类结晶和一些非结晶形物。酸性尿和碱性尿的无机沉渣有所不同,分述如下。

①碱性尿中的无机沉渣如图 2.12 所示。

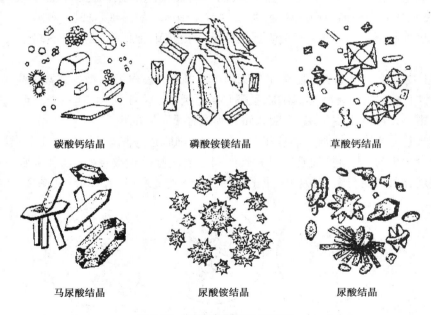

碳酸钙结晶　　　　磷酸铵镁结晶　　　　草酸钙结晶

马尿酸结晶　　　　尿酸铵结晶　　　　尿酸结晶

图 2.12　碱性尿中的无机沉渣

a.碳酸钙结晶。碳酸钙结晶多为球形,为草食兽尿中的正常成分,草食兽尿中缺乏碳酸钙时,表明尿液变为酸性反应,属于病态。

b.磷酸铵镁结晶。磷酸铵镁结晶为无色三角棱柱体或多角棱柱体,在新鲜尿中出现时,见于膀胱炎和肾盂肾炎。

c.磷酸钙结晶。磷酸钙结晶多为单个无色三菱形晶体,呈星状或针束状。多量出现时,对诊断尿潴留、慢性膀胱炎等有一定意义。

d.尿酸铵结晶。尿酸铵结晶为黄褐色球状晶体,表面布满刺状突起。新鲜尿中出现尿酸铵结晶,表明有化脓性感染。

②酸性尿中的无机沉渣主要有草酸钙、尿酸结晶、硫酸钙、非结晶形尿酸盐类等。

（2）有机沉渣检查

①血细胞:存在于血液中的细胞,能随血液的流动遍及全身,主要包含红细胞、白细胞和脓细胞。

a.红细胞。新鲜尿液中的红细胞,比白细胞稍小,正面呈圆形,侧面呈双凹形,淡黄绿色、浓缩尿液及酸性尿液中的红细胞,往往皱缩,边缘呈锯齿状;碱性尿液和稀薄尿液中的红细胞,呈膨胀状态;放置过久的尿液中的红细胞,往往被破坏,常只显阴影,即所谓的红细胞淡影。

健康家畜的尿液中,一般没有红细胞,若尿液中出现红细胞,应考虑肾脏、输尿管、膀胱或尿道的出血。

b.白细胞和脓细胞。尿液中的白细胞,主要是指形态和机能改变不大的分叶核中性白细胞,比红细胞大,白细胞变得富有颗粒或结构模糊,并常聚集成堆的,称为脓细胞。不要把脓细胞与上皮细胞,尤其是肾上皮细胞相混淆。

正常家畜尿液中,仅有个别的白细胞,而没有脓细胞。在肾脏和尿路有炎性病变(肾炎、膀胱炎),或脓肿破溃流向尿路时,尿液中可见到多量的白细胞或脓细胞。

②上皮细胞:位于皮肤或腔道表层的细胞。上皮细胞根据器官的不同主要分为以下3种。

a.肾上皮细胞。肾上皮细胞多半呈圆形或多角形,轮廓明显,散在或数个集聚在一起。

b.尾状上皮细胞。尾状上皮细胞呈梨形或梭形,比脓细胞大,有一个圆形或椭圆形的核。尿液中出现尾状上皮细胞,表明尿路黏膜有轻重不同的炎症。

c.膀胱上皮细胞。细胞大而扁平,核小而圆,细胞边缘稍卷起,有时几个集聚在一起,尿液中大量出现时,表明膀胱或尿道黏膜的表层有炎症。但要注意,这种细胞也来自阴道黏膜的浅层,所以,对母畜尿液中大量出现的这种细胞,要加以具体分析(图2.13)。

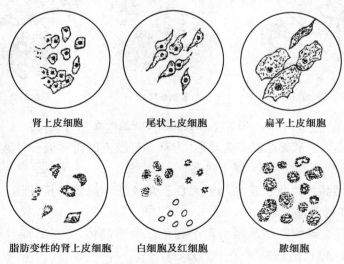

| 肾上皮细胞 | 尾状上皮细胞 | 扁平上皮细胞 |

| 脂肪变性的肾上皮细胞 | 白细胞及红细胞 | 脓细胞 |

图2.13 尿中有机沉渣(一)

③管型(尿圆柱):在肾脏发生病变时,由于肾小球滤出的蛋白质在肾小管内变性凝固,或变性蛋白质与其他细胞成分相黏合而形成的直的或稍弯曲的圆柱状物体,两端钝圆或呈折断样。镜检时,先用低倍镜看有无管型及管型的大概数量,然后用高倍物镜确定管型的类型。由于管型的构造不同,管型分为下列数种(图2.14)。

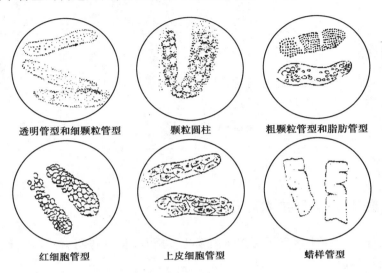

透明管型和细颗粒管型　　　颗粒圆柱　　　粗颗粒管型和脂肪管型

红细胞管型　　　上皮细胞管型　　　蜡样管型

图2.14　尿中有机沉渣(二)

a.透明管型(玻璃样管型)。透明管型的构造均匀,无色、半透明,见于轻度肾脏疾病或肾炎的晚期,也可见于发热和肾瘀血等。

b.上皮细胞管型。上皮细胞管型是由蛋白质与肾小管剥脱的上皮细胞粘集而成,见于急性肾炎。

c.白细胞或脓细胞管型。此种管型内充满白细胞或脓细胞,同时常混有上皮细胞或红细胞,即所谓的混合管型,见于肾盂肾炎、急性肾炎。

d.红细胞管型。此种管型在透明或颗粒管型内有多量红细胞,见于肾脏出血性疾病。

e.颗粒管型。在透明管型内有许多粗大或细小颗粒,呈黄色或褐色。尿中出现颗粒管型,表示肾小管有较严重的损伤。

f.蜡样管型。蜡样管型一般较粗,末端往往折断呈方形,边缘常有缺口,屈光度强,颜色较灰暗。尿中出现蜡样管型,表示肾小管有严重的变性和坏死,常见于重剧慢性肾炎。

任务 2.4 血清学检测技术

➤ **学习目标**

- 了解血清学检测技术的应用前景。
- 理解常见血清学检测技术的原理。
- 会独立操作血凝抑制试验,ELISA 试验。

2.4.1 血清学检测技术应用前景

抗原与抗体的特异性结合既会在体内发生,亦可在体外进行,体外进行的抗原抗体反应一般称作血清学反应。

目前,养殖业越来越向产业化、集约化、科学化方向发展,动物疾病的感染率越来越高,健康养殖动物的形势越来越复杂,动物疫病成为制约养殖业发展的重要因素。在动物疾病预防和控制中,血清学检测往往成为最常用的技术手段。血清学检测通常指利用抗原可与相应的抗体特异性结合的特性,利用已知的抗原来检查血清或其他样品中是否含有相应抗体的检测方法。该技术已在兽医学上得到广泛的应用,在畜禽养殖生产上有直接琼脂扩散法、凝集试验、ELISA 等检测方法。早在 20 世纪初,琼斯就将这种检测方法中的试管凝集法应用于鸡白痢的检测。从此,血清学抗体效价检测技术在疾病诊断和控制中发挥越来越重要的作用,成为有效管理畜群、保证养殖业生产健康不可或缺的工具。

对一般规模的养殖场来说,血清学检测技术在养殖场的疾病诊断和防控中是一种重要的技术手段,是一种有效降低疫病风险、保证养殖场安全健康生产不可或缺的工具。血清学检测技术在养殖场主要用于以下几个方面。

1)引种时健康评估

在计划引进种畜时,先要对新引进的种畜进行血清学检测,对新引进的种畜做一个全面的健康评估,避免引入阳性带毒个体,避免将一些新的传染病通过引种进入畜牧场。同时,对种公猪购买的精液以及种公猪的销售等诸多环节也需要检测。

2)确定仔畜最佳首免时间

仔畜最佳首免时间的确定对免疫成败具有决定性因素,不同猪场、不同猪群都存在显著的健康差异,所以通过血清学检测技术对研究畜牧场母源抗体的消长规律有着重要的意义。母源抗体在首免时参差不齐,仔畜免疫时疫苗免疫剂量就很难确定,当母源抗体水平很高时，疫苗中的抗原被母源抗体中和而致免疫失败；或母源抗体过低而又没有进行及时免疫，而出现免疫空白期，在这期间如果仔畜被病毒感染就会造成畜牧场损失。通过血清学检测技术来监测母源抗体的消长规律，确定最佳首免时间，为以后的疫病防控提供坚实基础，减少免疫失败造成的养殖损失。

3) 确保免疫效果的持续性

在养殖、生产过程中，一般一种疫病的预防需要多次加强免疫才能取得较好的免疫效果，并且多数疫苗免疫都有一定的保护期，要保证疫苗免疫长期有效，避免出现疫苗免疫的空白期必须通过实验室血清学技术定期监测，分析抗体的消长规律，确定疫苗免疫的间隔时间和适当时机，及时加强免疫，从而保证持续、有效的免疫保护。

4) 疫苗免疫效果评价

由于疫苗生产厂家和批次较多，质量参差不齐，并且在运输和使用过程中存在差异，所以各个猪场的疫苗免疫也存在差异。为及时掌握疫苗免疫的效果，就必须依靠实验室血清学检测来评价免疫效果，根据免疫效果评价，及时对免疫程序进行修改和优化，采取紧急措施，查缺补漏，完善防疫措施，降低疫病风险。

5) 排除畜牧场疫病隐患

通过定期进行血清学检测，建立完善的检测资料档案，通过分析对比，及时了解畜群是否具有防疫能力，查找畜牧场存在的薄弱环节，消除疫病发生的隐患因素。现在，多数疫病在临床上没有明显的症状，处于持续的隐性感染状态，如猪伪狂犬、圆环病毒、非典型性猪瘟等，只有在多种环境因素发生变化时才发生爆发流行。所以利用血清学检测技术，可以及时掌握畜牧场疫病流行动态，防患于未然。

6) 疫病诊断

由于目前动物疫病的多样性和复杂性，新的疫病不断出现，某些疫病在畜牧场存在持续感染和潜伏感染，混合感染的疫病更是越来越多，单纯靠临床症状和病理解剖已经很难确诊，必须结合实验室检测才能提高畜牧场疫病诊断的准确性。病原学诊断技术虽然在疫病诊断中占有重要的位置，但是受病原学诊断技术对实验室人员要求高、投资大、花费高、时间长等因素影响，所以对一般规模养殖场来说并不实用。养殖场发生疫病时，要求采用简单、快捷、方便的诊断技术及时进行诊断，以便及时采取措施，尽快控制疫病，减少损失，而血清学检测技术相对快捷、廉价，对一般规模的养殖场是一种经济可行的诊断手段。

2.4.2 血清学检测方法

免疫血清学技术是指利用抗原抗体反应特异性的原理，建立的各种检测与分析技术以及建立这些技术的各种制备方法。免疫血清学技术按其反应性质的不同，可分为凝聚性反应（包括凝集反应和沉淀反应）、有补体参与的反应（包括补体结合反应等）、免疫标记技术（包括酶标抗体、荧光抗体、放射性标记抗体、胶体金免疫检测技术等）、中和试验及免疫印迹技术等。

1）凝集反应

颗粒性抗原（如细菌、立克次氏体、螺旋体、红细胞或细胞悬液）或表面覆盖抗原或抗体的颗粒状物质，与相应抗体或抗原结合后，在有电解质存在时，经过一定时间，抗原（颗粒）互相凝集成肉眼可见的凝集小块，称为凝集反应。参加反应的抗原称为凝集原，抗体称为凝集素。该类反应又可分为直接凝集试验和间接凝集试验。

（1）直接凝集试验

直接凝集试验是将颗粒性抗原直接与相应抗体反应，出现肉眼可见的凝集块的现象。按操作方法分为平板凝集试验、试管凝集试验。在此，以平板凝集试验为例进行说明，该实验用于待测抗原或待测抗体的定性测定。将诊断标准血清与待测菌悬液各一滴滴在玻片上混合，用火柴棒或其他类似物搅拌均匀，并使其散开至直径约为 2 cm，1~3 min 后即可观察结果，凡呈现细小或粗大颗粒的，即为阳性反应，用于血型鉴定、沙门氏菌分型等。也可用已知的抗原与待检血清各一滴滴在玻片上混合，几分钟后，出现颗粒性或絮状凝集，即为阳性反应，用于布鲁氏菌病检疫、鸡白痢检测（图 2.15）等。此法简便、快速，但只能进行定性测定。

被检血清　　　　阳性对照　　　　阴性对照

图 2.15　鸡白痢全血平板凝集试验结果比对

（2）间接凝集试验

将可溶性抗原（或抗体）吸附于与免疫无关的不溶性小颗粒载体表面，此吸附抗原（或抗体）的载体颗粒与相应抗体（或抗原）结合，在有电解质存在的适宜条件下发生凝集反应，称为间接凝集试验。常用的载体有红细胞（绵羊红细胞或 O 型红细胞）、聚苯乙烯乳胶颗粒、活性炭、白陶土等。将可溶性抗原吸附到载体颗粒表面的过程称为致敏。根据试验时所用的载体颗粒不同分别称为间接血凝试验、乳胶凝集试验、碳素凝集试验等。间接凝集试验的灵敏度比直接凝集试验高 2~8 倍，适用于抗体和各种可溶性抗原的检测。

2）沉淀试验

可溶性抗原（细菌的外毒素、内毒素、菌体裂解液、病毒、血清、组织浸出液等）与相应抗体结合，在适量电解质存在下，形成肉眼可见的白色沉淀物，称为沉淀试验。参与沉淀试验的抗原称为沉淀原，抗体称为沉淀素。在做定量试验时，通常稀释抗原，并以抗原稀释度为沉淀试验效价；亦可稀释抗体，用来测定抗体的效价。根据试验中使用的介质和检测方法的不同，沉淀试验可分为液相沉淀试验和固相沉淀试验两种类型。在液相沉淀试验中以环状沉淀应用较多，如炭疽环状沉淀试验；在固相沉淀试验中以琼脂扩散试验和免疫电泳技术应用较多。

（1）环状沉淀试验

环状沉淀试验是一种目前应用最广泛、最简单可行的沉淀试验。其基本操作方法是：在小口径（3~5 mm）试管内先加入已知血清，然后小心加入待检抗原于血清表面，使之成为分界明显的两层。数分钟后，若两层液面交界处出现白色环状沉淀，即为阳性反应。本法主要用于抗原定性测定，如炭疽 Ascoli 反应；也可用于沉淀素效价滴定，以出现白色沉淀线的最高抗体稀释倍数，即为血清的沉淀价（图 2.16）。

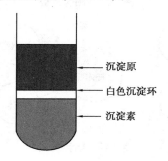

图 2.16 环状沉淀试验示意图

（2）琼脂扩散试验

琼脂扩散试验是利用抗原、抗体能在琼脂凝胶中自由扩散，并在琼脂中结合，在一定比例处凝聚形成沉淀线的原理，对抗原或抗体进行测定、比较、鉴定和检测的方法。该方法具有简便易行的特点，不需使用大量昂贵仪器设备，易于操作而被广泛采用。琼脂扩散试验分为4种类型：单向单扩散、单向双扩散、双向单扩散、双向双扩散。其中，应用最广的是双向单扩散和双向双扩散，双向单扩散主要用于对抗原、抗体的定量测定；双向双扩散主要用于对抗原的比较，以及抗原、抗体的检测。

双向双扩散简称双扩散，即抗原、抗体在琼脂中相互扩散，各自产生一个扩大的环，两环相遇时，在比例适当处产生一条致密的白色沉淀线。这条沉淀线同时能阻止相同的抗原、抗体成分的继续扩散。

根据所用试剂及检测对象的不同，双扩散又分为两类：一类是利用已知抗原检测抗体，即血清流行病学调查，如禽流感、蓝舌病、口蹄疫、牛白血病、马传染性贫血病、非洲马瘟、禽霍乱等；另一类是利用已知抗体检测抗原，如马立克羽髓抗原的检测。

3）补体结合反应

可溶性抗原（如蛋白质、多糖、类脂质、病毒等）与相应抗体结合成抗原抗体复合物后，能与定量补体全部或部分结合，则不再引起指示系统的红细胞溶血，结果呈阳性（图 2.17）；如果抗原、抗体不相适应，则不能结合补体，补体反过来使指示系统的红细胞溶血，结果呈阴性（图 2.18）。

补体如被抗原、抗体结合，就没有补体使指示系统溶血，当无抗体存在时，补体就不被结合，所以能使指示系统发生溶血。可见补体结合反应包括两个系统：一个为检验系统（溶菌系统），另一个为指示系统（溶血系统）。反应有5个因素参加，包括抗原、抗体、补体、绵

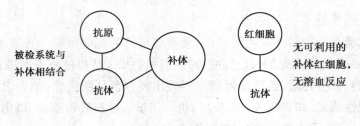

图 2.17　阳性反应

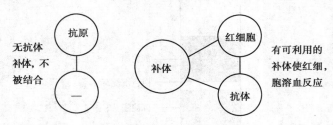

图 2.18　阴性反应

羊红细胞及溶血素。

尽管补体结合反应操作比较繁杂,但具有高度特异性和一定敏感性等优点,仍然是诊断传染病及寄生虫病常用的传统血清学方法之一,常用已知 Ag 诊断未知血清。如鼻疽、牛肺疫、马传染性贫血病、乙型脑炎、布鲁氏菌病、钩端螺旋体、锥虫病等。

4)酶联免疫吸附试验诊断技术

目前,该项技术已在兽医学上得到广泛的应用,大多数动物传染病都已经研制成 ELISA 检测方法。

(1)酶联免疫吸附试验的原理

ELISA 的基础是抗原或抗体的固相化及抗原或抗体的酶标记。结合在固相载体表面的抗原或抗体仍保持免疫学活性,酶标记的抗原或抗体既保留免疫学活性,又保留酶的活性。在测定时,受检标本(测定其中的抗体或抗原)与固相载体表面的抗原或抗体发生反应。用洗涤的方法使固相载体上形成的抗原抗体复合物与液体中的其他物质分开。再加入酶标记的抗原或抗体,通过反应也结合在固相载体上。此时,固相上的酶量与标本中受检物质的量呈一定的比例。加入酶反应的底物后,底物被酶催化成有色产物,产物的量与标本中受检物质的量直接相关,故可根据呈色的深浅进行定性或定量分析。由于酶的催化效率很高,间接地放大了免疫反应的结果,因此测定方法可达到很高的敏感度。

(2)ELISA 的类型

根据试剂的来源和标本的情况以及检测的具体条件,可设计出各种不同类型的检测方法。用于动物疫病检测的 ELISA 主要有以下几种类型。

①双抗体夹心法测抗原。双抗体夹心法是检测抗原最常用的方法。在临床检验中,此法适用于检验各种蛋白质、微生物病原体二价或二价以上的大分子抗原,但不适用于测定半抗原及小分子单价抗原,因其不能形成两位点夹心。例如猪瘟病毒检测 ELISA、禽流感

病毒抗原捕获ELISA,就是根据这种原理设计的。

②双抗原夹心法测抗体。双抗原夹心法的反应模式与双抗体夹心法类似。用特异性抗原进行包被和制备酶结合物,以检测相应的抗体。与间接法测抗体的不同之处为该方法以酶标抗原代替酶标抗体。乙肝HBs的检测常采用本法。本法的关键在于酶标抗原的制备,需要根据抗原结构的不同,寻找合适的标记方法。

此法中受检标本不需稀释,可直接用于测定,因此,其敏感度相对高于间接法。此外,该方法不受被检动物种属差异的限制。

③间接法测抗体。间接法是检测抗体常用的方法。其原理为利用酶标记的抗体(抗免疫球蛋白抗体)检测与固相抗原结合的受检抗体(图2.19)。操作步骤如下:

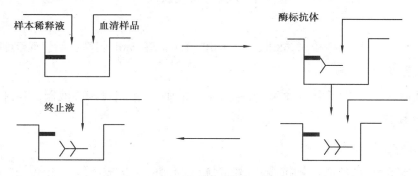

图2.19 间接法测抗体步骤

a.将特异性抗原与固相载体联结,形成固相抗原。洗涤除去未结合的抗原及杂质。

b.加稀释的受检血清,保温反应。血清中的特异抗体与固相抗原结合,形成固相抗原抗体复合物。经洗涤后,固相载体上只留下特异性抗体,血清中的其他成分在洗涤过程中被洗去。

c.加酶标抗体。可用酶标抗人Ig以检测总抗体,但一般多用酶标抗人IgG检测IgG抗体。固相免疫复合物中的抗体与酶标抗体结合,从而间接地标记酶。洗涤后,固相载体上的酶量与标本中受检抗体的量成正相关。

d.加底物显色。本法主要通过对病原体抗体的检测而进行传染病的诊断。

间接法的优点是变换包被抗原就可利用同一酶标抗体建立检测相应抗体的方法。

间接法在动物疫病抗体检测中应用广泛,例如禽流感的间接ELISA,用禽流感病毒NP蛋白包被成抗原板,待检血清中的抗体与之结合,再加酶标二抗反应,就可以检测所有A型禽流感病毒抗体。

④竞争法测抗体。当抗原材料中的干扰物质不易除去,或不易得到足够的纯化抗原时,可用竞争法检测特异性抗体。其原理为标本中的抗体和一定量的酶标抗体竞争固相抗原。标本中抗体量越多,结合在固相上的酶标抗体就越少,因此阳性反应呈色浅于阴性反应。

⑤竞争法测抗原。小分子抗原或半抗原因缺乏可作夹心法的两个以上的位点,因此,不能用双抗体夹心法进行测定,可以采用竞争法。其原理是标本中的抗原和固相抗原共同竞争一定量的酶标抗体。标本中抗原的含量越多,结合到固相上的酶标抗体越少,最后的显色也越浅。小分子激素、药物等ELISA测定多用此法。例如,猪瘦肉精的检测,多用瘦肉

精抗原包被反应板,让样品中的瘦肉精抗原和板上的抗原共同竞争酶标单克隆抗体。

目前,已有商品化、标准化的试剂盒,可检测猪瘟、猪伪狂犬、猪蓝耳病、猪乙型脑炎、猪细小病毒、猪圆环病毒、猪弓形虫、猪喘气病等各种抗体。

下面以鸡新城疫抗体水平测定为例,进行实验过程说明。

2.4.3 新城疫红细胞血凝抑制试验

1)试剂和材料

以下所用的试剂,除特别注明者外,均为分析纯试剂。

(1)试剂

pH 7.0~7.2 磷酸缓冲盐水,标准抗原,标准阳性血清,标准阴性血清,1%红细胞悬液。

(2)仪器及材料

微量血凝板(V型、96孔),微型振荡器,塑料采血管,微量可调移液器,离心机。

2)操作规程

(1)红细胞的配制

针管内加3.8%的枸橼酸钠抗凝,从翅静脉(或心脏)采集成年健康未免疫的公鸡血,配平,以 2 000 r/min 离心 5 min,3 次,生理盐水洗涤 3 次,吸去上清液和白细胞层,配成1%的鸡红细胞悬液。

(2)血凝试验

①取 96 孔 V 型反应板 1 块置于水平实验台上,在第 1 排 1~10 孔内加入 25 μL 生理盐水,第 11 孔不加,第 12 孔加 25 μL 生理盐水。

②在第 1 孔内加入标准抗原 25 μL,混匀后吸出 25 μL 加入第 2 孔内,再混匀后吸出 25 μL 加入第 3 孔内,依次类推至第 11 孔时弃掉 25 μL,第 12 孔不加,作阴性对照孔。

③在 1~12 孔均加入 25 μL 的生理盐水。

④在每孔内加入 25 μL 1%的鸡红细胞悬液,振荡,室温静止作用 30~40 min,以出现完全凝集的抗原最大稀释度为该抗原的血凝滴度。记录结果。血凝试验加样步骤如表 2.8 所示。血凝试验结果判定如图 2.20 所示。

表 2.8　血凝试验加样步骤

试 剂	孔 号											
	1	2	3	4	5	6	7	8	9	10	11(C)	12(C)
生理盐水/μL	25	25	25	25	25	25	25	25	25	25	25	50
病毒悬液/μL	25	25	25	25	25	25	25	25	25	25	弃25	/
1%红细胞/μL	25	25	25	25	25	25	25	25	25	25	25	25

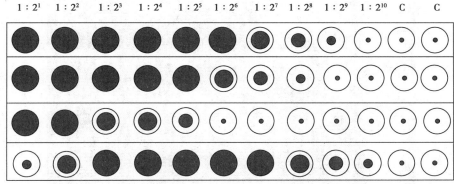

$$1:2^1 \quad 1:2^2 \quad 1:2^3 \quad 1:2^4 \quad 1:2^5 \quad 1:2^6 \quad 1:2^7 \quad 1:2^8 \quad 1:2^9 \quad 1:2^{10} \quad C \quad C$$

血凝价 A：2^6 B：2^5 C：2^2 D：2^7

图 2.20 血凝试验结果判定

（3）4 单位病毒配制

计算出含 4 个血凝单位的抗原浓度。按以下公式进行计算：抗原应稀释倍数 = 血凝滴度/4。例如血凝效价为 1：320，为 1 个单位，4 个单位即为 1：80 稀释。正式试验前，经校对取 4 个血凝单位用于实验。

（4）血凝抑制试验

①取 96 孔 V 型反应板 1 块置于水平实验台上，在第 1 排 1~11 孔内加入 25 μL 生理盐水，第 12 孔加 50 μL 生理盐水。

②在第 1 孔内加入被检血清 25 μL，混匀后吸出 25 μL 加入第 2 孔内，再混匀后吸出 25 μL 加入第 3 孔内，依次类推至第 10 孔时弃掉 25 μL。

③在 1—11 孔内均加入"四价"血凝素 25 μL，振荡，室温静止作用 30 min。

④在 1—12 孔内均加入 1% 的鸡红细胞悬液 25 μL，振荡，室温静止作用 40 min。记录结果。血凝抑制试验加样步骤如表 2.9 所示。血凝抑制试验结果判定如图 2.21 所示。

表 2.9 血凝抑制试验加样步骤

试 剂	孔 号											
	1	2	3	4	5	6	7	8	9	10	11(C)	12(C)
生理盐水/μL	25	25	25	25	25	25	25	25	25	25	25	50
待检血清/μL	25	25	25	25	25	25	25	25	25	弃25	/	
4 单位病毒/μL	25	25	25	25	25	25	25	25	25	25	25	1

静止作用时间不低于 30 min												

试 剂	孔 号											
	1	2	3	4	5	6	7	8	9	10	11(C)	12(C)
孔 号	1	2	3	4	5	6	7	8	9	10	11(C)	12(C)
1%红细胞	25	25	25	25	25	25	25	25	25	25	25	25

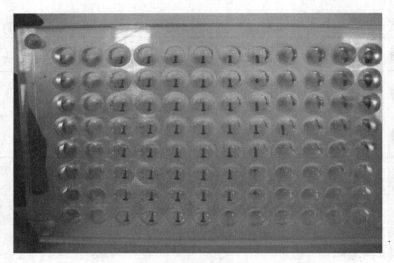

图2.21　血凝抑制试验结果判定

（能将病毒凝集红细胞的作用完全抑制的血清的最高稀释倍数为该血清的红细胞凝集抑制效价，以2的指数表示。图中抗体结果从上至下依次为：8/7/8/9/8/7/7/6）

3）注意事项及结果分析

①要求技术人员态度认真，技术熟练，在对被检血清进行倍比稀释时，定量移液器要插入液面以下，若出现气泡，会影响结果。加4单位病毒和1%的鸡红细胞悬液时滴头要离开液面，最好从后往前加。此外，检查定量移液器刻度是否精确；做一个血样换一个吸头；恒温箱温度要准确等。

②最常用的稀释液为生理盐水，要求其无菌、无杂质。试验前要先调整其pH值为7.0。若稀释液生理偏酸性时，易使红细胞溶解；偏碱性时，吸附于红细胞上的病毒易脱落。

③最好用96孔V型板，切记不可用试管刷刷板，以免破坏孔内壁的光滑性。板必须刷净，不干净会出现自凝现象。试验完毕后，先用自来水反复冲洗反应板，浸在2%HCl溶液中过夜，再用自来水冲洗，浸入1%NaHCO$_3$溶液中15 min后，拿出用自来水冲洗，最后浸泡于蒸馏水中30 min以上，捞出，将孔内水甩净，倒放于37 ℃恒温箱中烘干备用。

④采血时，要一鸡一针一管，血清新鲜无杂质，无溶血。

⑤若监测鸡群的免疫水平，则血凝抑制滴度在4(lg2)的鸡群保护率为50%左右；在4(lg2)以上的鸡群保护率达90%~100%；在4(lg2)以下的非免疫鸡群保护率约为9%，免疫的鸡群保护率约为43%。鸡群的血凝抑制滴度以抽检样品的血凝抑制滴度的几何平均值表示，如平均水平在4(lg2)以上，表示该鸡群为免疫鸡群。

2.4.4　猪瘟病毒抗体水平检测

猪瘟病毒抗体检测试剂盒是用来检测猪血清或血浆中猪瘟病毒抗体的检测试剂盒。该试剂盒是用猪瘟病毒抗原包被的微量反应板，利用阻断ELISA原理来检测猪血清或血浆中猪瘟病毒抗体。如果被检样品中存在猪瘟病毒抗体,它们就会阻断辣根过氧化物酶标记(HRPO)的抗猪瘟病毒的单克隆抗体。单克隆抗体与猪瘟病毒抗原的结合可以通过辣根过氧化物与底物的呈色程度进行判定,即用酶标仪在单波长 450 nm 或双波长 450 nm 与 650 nm 测定该反应体系的吸光度。当被检样品中含有猪瘟病毒抗体(阳性结果)时,显色就会变浅,当被检样品中不含有猪瘟病毒抗体(阴性结果)时,显色就会变深。样本的阻断率可以通过 450 nm 波长样本吸光度与阴性对照吸光度的比值来确定。

1) 实验器具

用猪瘟病毒抗原包被的反应板、阳性对照、阴性对照、辣根过氧化物酶标记(HRPO)的抗猪瘟病毒的酶标抗体、样品稀释液、洗涤液、TMB 底物、终止液、微量移液器、96 孔酶标仪、双蒸水。

2) 洗涤液、样本准备

(1) 洗涤液

(10×)浓缩的洗涤液应恢复至室温并充分地混合确保结晶的盐溶解。在使用前用纯化水(超纯水或双蒸水)进行 10 倍稀释。无菌条件下制备的(1×)洗涤液在 2~8 ℃可保存 1 周。例如:300 mL 的洗涤液需用 30 mL 的浓缩洗涤液和 270 mL 的纯化水(超纯水或双蒸水)充分混合而成。在使用前,所有的试剂盒组分都必须恢复到室温 18~25 ℃,试剂应通过轻轻涡旋,旋转混合均匀。

(2) 样本准备

新鲜的、冷藏(4 ℃少于 8 d)的、冰冻的血清或血浆都可以用于检测。

3) 操作步骤

①取出用抗体包被的微量反应板,并在记录表上标记好每个样本的位置。

②在每个反应孔中加入 50 μL 的检测抗体,可以用移液器(8 或 12 道)加样。

③在阴性对照的双孔中各加 50 μL 阴性对照。

④在阳性对照的双孔中各加 50 μL 阳性对照。

⑤在剩下的反应孔中分别加入 50 μL 被检样品。对于不同的被检样品要更换吸头。

⑥轻弹微量反应板或用振荡器振荡,将反应板中的溶液混匀。

⑦在 18~25 ℃的条件下孵育 2 h,也可在 2~8 ℃的条件下孵育过夜(12~18 h 于冰箱中)。在孵育过程中应将微量反应板封闭或在湿盒内孵育,以防反应孔中的液体蒸发。

⑧吸出反应孔中的液体物质并弃入废液缸中。

⑨每个反应孔加入约 300 μL 的洗涤液进行洗涤,洗涤 5 次。每次洗涤后吸出所有孔中的液体。在洗涤时以及在加入辣根过氧化物酶标记物之前,要防止反应板出现干燥现象。在最后一次洗涤完后,将反应板在吸水性强的物质上拍干。

⑩在每个反应孔中加入 100 μL 辣根过氧化物酶标记物。

⑪在室温下(18~25 ℃)孵育 30 min。

⑫重复步骤⑧和⑨。

⑬在每个反应孔中加入 100 μL TMB 底物。

⑭在室温(18~25 ℃)条件下于黑暗处孵育 10 min。在加完第一个孔后开始计时。

⑮在每个反应孔中加入 100 μL 的终止液终止反应。在加终止液时,要按第⑬步的顺序进行滴加。

⑯将酶标仪在空气中调零。

⑰于 450 nm 单波长或 450 nm 和 650 nm 双波长测定样本以及对照的吸光值。

⑱计算结果。

阳性对照 OD 的平均值(PCx)与阴性对照 OD 的平均值(NCx)之差(P~N)必须大于或等于 0.150 OD,另外,阴性对照 OD 的平均值(NCx)必须小于或等于 0.250 OD,这样试验结果才算成立。若试验结果失败,有可能是实验操作失误造成,应按操作说明进行重复试验。

阴性对照平均值:NC$\bar{x}$ =(NC1A450+NC2A450)÷2。例如:(1.28+1.300)÷2=1.290

阳性对照平均值:PC$\bar{x}$ =(PC1A450+PC2A450)÷2。例如:(0.120+0.140)÷2=0.130。

样本的计算:Blocking% = [(NC$\bar{x}$ −sampleA450)÷NC$\bar{x}$]×100%。例如:样品结果为1.219,则有(1.290~1.219)÷1.290×100%=5.5%。

⑲判定结果。

血清、血浆样本:

a.若被检样本的阻断率大于或等于 40%,则该样本就可以被判为阳性。

b.若被检样本的阻断率小于或等于 30%,则该样本就可以被判为阴性。

c.若被检样本的阻断率在 30%~40%,则应在数日后再对该动物进行重测。如果重测结果仍为可疑,就应用血清中和实验方法鉴定。

任务 2.5 动物寄生虫病检测技术

➤ **学习目标**

● 理解吸虫、线虫、绦虫虫卵形态。

● 能独立完成血液原虫实验室诊断工作。

● 能独立完成消化系统寄生虫实验室诊断工作。

2.5.1 畜禽主要吸虫病病原形态学

寄生于畜、禽的吸虫以复殖吸虫为主,可寄生于畜禽消化道、胆管与胆囊、肠系膜静脉、输卵管等部位,引起动物器官组织机械损伤,虫体夺取宿主营养,分泌毒素,阻塞肠道、胆囊等使宿主致病或死亡。复殖吸虫具有扁形动物门所有的主要特征,虫体多背腹扁平,呈叶状、舌状,有的似圆形或圆锥状,其大小为 0.5～80 mm。体表常由具棘的外皮层所覆盖,一般呈淡红色或肉红色。通常具有两个肉质杯状吸盘,一个为环绕口的口吸盘,另一个为位于虫体腹面某处的腹吸盘。腹吸盘的位置前后不定或缺。生殖孔通常位于腹吸盘的前缘或后缘处。排泄孔位于虫体的末端,无肛门。虫体背面常有劳氏管的开口。

吸虫属于扁形动物门,吸虫纲,习惯上,纲下分为 3 个目,包括单殖目、盾殖目和复殖目。单殖目寄生于鱼类和两栖动物的体表;盾殖目多寄生在软体动物、鱼类和龟鳖类;复殖目多寄生于家畜和人体。

与兽医在关的复殖目的分科包括以下几类。

(1)片形科

本科虫体大型,扁平,皮棘有或无,口、腹吸盘甚为接近。有咽,食道短,肠支简单或具树枝状侧支。睾丸前后排列,常呈分支状,亦有不分支者,具雄茎及雄茎囊。生殖腔在腹吸盘之前。卵巢分支或不分支,受精囊退化或缺乏,具劳氏管,子宫位于睾丸之前。卵黄腺极度发达,分布于体两侧及后端。排泄囊呈管状。虫卵大型。寄生于哺乳类胆管或肠腔。常见的有片形属和姜片属。

(2)双腔科

本科为中、小型虫体,呈长叶状、半透明。口腹吸盘颇接近。睾丸呈圆形或椭圆形,并列、斜列或前后排列,位于腹吸盘之后、卵巢之前。卵巢呈圆形。子宫有许多弯曲,生殖孔居中位,开口于腹吸盘前。常见的有双腔属和阔盘属。

(3)前殖科

本科为小型虫体,前尖后钝。腹吸盘在虫体前半部。睾丸对称,在腹吸盘之后。卵巢位于腹吸盘和睾丸之间,或在腹吸盘背面。卵黄腺呈葡萄状,位于体两侧,两性生殖孔在口吸盘附近或分开。本科中有前殖属。

(4)并殖科

本科虫体中型,呈椭圆形或长椭圆形,肥厚,具体棘,口吸盘位于前端腹面,腹吸盘在体中附近。咽发达,肠支弯曲直达体后端。睾丸分支,相对或斜列,位于体后半部。生殖孔在腹吸盘之后。卵巢分叶,位于睾丸之前,与子宫相对。有受精囊和劳氏管。卵黄腺分布广泛。子宫盘曲于睾丸之前,卵巢的对面。排泄囊呈长管状,向前伸达腹吸盘水平处,或至肠分叉后。成虫寄生于哺乳动物和人的肺。

(5)后睾科

本科为中、小型虫体,前部较狭长,透明,口腹吸盘不甚发达,相距较近。睾丸呈球形或分叶,斜列或纵列于体后部,卵巢在睾丸之前,子宫弯曲于卵巢与生殖孔之间,生殖孔开口于腹吸盘之前。成虫寄生于脊椎动物的肝胆管、胆囊,偶见于消化道。本科中有支睾属、后

睾属、次睾属和对体属等。

（6）棘口科

本科为中、小型虫体，呈长叶形。有头领，上有1~2行小刺。腹吸盘发达，生殖孔开口于腹吸盘之前。睾丸完整或分叶，纵列或斜列于虫体后半部。卵巢在睾丸之前，子宫在卵巢与腹吸盘之间，排泄囊"Y"形。寄生于爬行类、鸟类和哺乳类，少见于鱼类，主要寄生于肠道。

（7）前后盘科

本科虫体肥厚，呈圆锥形。表皮无棘，有的具乳突状的小突起，有的具腹袋。腹吸盘位于体末端或亚末端腹面，称为后吸盘。睾丸2个，位于体中部或后部，前后排列、斜列或并列，生殖孔位于腹面，接近体前端或开口通入腹袋，有的种类生殖孔具生殖吸盘或生殖盂。卵黄腺分布于体两侧，子宫弯曲上升或呈"S"状弯曲上升。排泄囊呈长袋状或圆囊状，与劳氏管平行或交叉，开口于虫体背面。寄生于脊椎动物。

（8）分体科

分体科亦称裂体科，雌雄异体；雄虫具抱雌沟，抱雌沟长短不一。睾丸4个或更多，位于盲肠联合处前后。雌虫较雄虫细长；卵巢长形，有时呈螺旋状扭曲，位于肠支联合之前。通常有受精囊。卵黄腺从卵巢之后分布至体末端。卵无盖，具端刺或侧刺，内含毛蚴。寄生于鸟类和哺乳类的血管。常见有分体属和东毕属等。

几种吸虫的模式图或结构图等，如图2.22—图2.25所示。

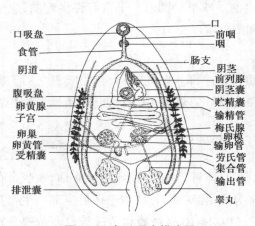

图2.22　复殖吸虫模式图

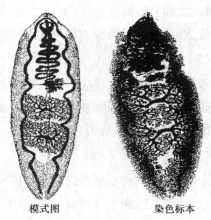

图2.23　姜片吸虫模式图和成虫染色标本

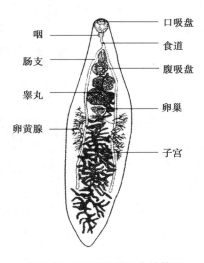

图 2.24 矛形双腔吸虫结构图

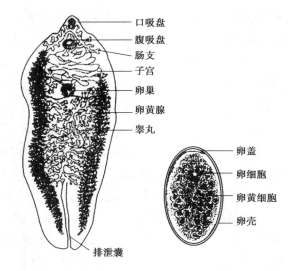

图 2.25 肝片吸虫及其虫卵结构

2.5.2 畜禽主要绦虫病病原形态学观察

绦虫或称带虫,是人畜常见较大的寄生虫。成虫多寄生于脊椎动物的消化道,主要是小肠,幼虫可寄生于中间宿主的多种组织器官中。其中,只有扁形动物门绦虫纲、多节绦虫亚纲的圆叶目与假叶目的绦虫对家畜及人体具有感染性。

1) 圆叶目绦虫的幼虫

圆叶目绦虫因种类不同,在中间宿主体内可发育成不同类型的中绦期幼虫,常见的有以下类型。

(1) 囊尾蚴

囊尾蚴为一个半透明的囊体,在囊壁处有一个凹入的头节,小如米粒大至黄豆。囊壁由外层的角质层和内层的生发层组成。头节仅有一个,发育完成后缩入囊腔内,头节后无或已有分节的链体。囊腔内充满无色囊液,内含各种球蛋白、钠、钙、磷、胆固醇、卵磷脂等物质,主要为带属绦虫的幼虫特有。囊尾蚴包括细颈囊尾蚴和猪囊虫。细颈囊尾蚴,为泡带状绦虫的幼虫,有一个较长的不分节的颈部,后端囊体较大。猪囊虫:成虫为有钩绦虫(又叫猪肉绦虫,猪带绦虫,链状带绦虫),寄生在终末宿主人的小肠内。幼虫(中绦期)为猪囊尾蚴(又叫猪囊虫、米虫),寄生于中间宿主猪、野猪、狗、猫、人、骆驼的肌肉(为主)及其他各器官组织,如脑、眼、舌、喉、心、肝、肺、膈、皮下脂肪及肾等处,是重要的肉品卫生检验项目之一。

成熟猪囊虫呈黄豆大小的白色半透明包囊,囊内充满无色液体。囊壁为一层无色薄膜,囊壁上有一粟米大的乳白色小结,结内有一内嵌的头节,结构与成虫头节相同。

(2) 多头蚴

多头蚴成虫寄生于终末宿主犬、狼、狐等肉食动物小肠内。幼虫称脑多头蚴,又称脑共尾蚴、脑包虫,寄生在中间宿主绵羊、山羊、黄牛、水牛、骆驼等反刍兽及人脑、脊髓内。临床表现主要为脑机能障碍的异常运动与异常姿势等神经症状。

一个囊体内囊壁生发层芽生出较多的头节,呈一簇簇排列,每簇有 3~8 个不同发育期的头节,是带科多头属绦虫特有的幼虫。

(3)棘球蚴

棘球蚴寄生于终宿主犬、狼、虎、豹等肉食动物小肠内;幼虫寄生在中间宿主绵羊、山羊、黄牛、水牛、骆驼、猪、马等各种家畜及多种野生动物与人的肝、肺、脾及其他各种器官。本病呈世界性分布,我国新疆、内蒙古等牧区流行严重。棘球蚴为带科棘球属绦虫特有的幼虫,分为单房棘球蚴和多房棘球蚴两型。单房棘球蚴为一个母囊内发育有多个子囊和原头节,每个子囊的生发层又芽生有许多孙囊及原头节。而多房棘球蚴的母囊不仅可以内生子囊和原头节,而且可以外生子囊,子囊可再内生孙囊及原头节或外生孙囊。每个子囊或孙囊都具有 10~30 个原头节。棘球蚴模式图如图 2.26 所示。

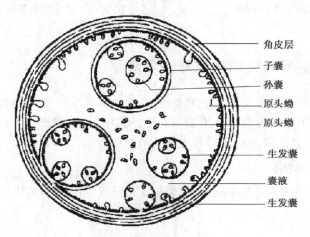

图 2.26　棘球蚴模式图

(4)细颈囊尾蚴

细颈囊尾蚴寄生于终末宿主犬、猫、狼、狐等肉食兽小肠内。中绦期寄生在中间宿主猪、黄牛、水牛、绵羊、山羊等多种家畜及野生动物的腹腔脏器:肝、子宫、膀胱等浆膜面、胃网膜和肠系膜等处,重感染可见于肺部。细颈囊尾蚴呈包囊状,囊壁乳白色,囊内充满透明囊液,囊壁上有一乳白色结节,实为颈节和内陷的头节,头节翻出后可见游离头节和细长颈部,故称细颈囊尾蚴。因呈水泡状寄生在肠系膜上,故俗称"水铃铛"或"水淋子"(图 2.27)。

(5)豆状囊尾蚴

豆状囊尾蚴寄生在中间宿主兔及其他啮齿类动物的肝脏、肠系膜及腹腔脏器的浆膜面,呈豌豆至黄豆大小的包囊状,故称为豆状囊尾蚴。常常数个连成一串附在腹腔脏器的浆膜上,呈葡萄串状,其结构似猪囊虫。成虫寄生在终末宿主犬等肉食兽小肠内,长 60~200 cm,链体边缘呈锯齿状,故又称锯齿带绦虫。孕节子宫每侧 8~14 个主分枝,其他似猪带绦虫。

图 2.27　水铃铛

（6）链尾蚴与带状泡尾绦虫

叶状囊尾蚴，带状囊尾蚴或称链尾蚴，是带状泡尾绦虫、水泡带绦虫、带状带绦虫、肥颈带绦虫、粗头绦虫的中绦期。成虫寄生在终末宿主猫、犬等肉食兽小肠内，中绦期寄生在中间宿主鼠、兔等啮齿类动物肝脏内。感染症状：轻者消化机能障碍，食欲不振等，重者可致肠阻塞、腹痛甚至死亡。

链尾蚴呈长链形，头节裸露不内嵌，结构同成虫。末端有一小囊泡，头节与囊泡间是长而分节但无性器官的链体状构造（提前发育）。

（7）裂头蚴

裂头蚴成虫寄生在终末宿主犬、猫、虎、豹、狐等肉食兽小肠内，人可偶尔感染。中间宿主两个：各种剑水蚤；蝌蚪和蛙。蛇、鱼、猪、鼠、鸡、人等兽、禽、鸟类均可作为延续宿主。裂头蚴可寄生于第二中间宿主和延续宿主的各部肌肉、皮下、结缔组织、胸腹腔、眼等处，人主要因食生的或未煮熟的蛙肉或用生蛙皮、肉贴敷伤口而感染，或因误食含原尾蚴的剑水蚤而感染。症状不明显，但大量裂头蚴寄生于猪，可见营养不良，食欲不振，消瘦，精神沉郁等症状。

各种类型绦虫中绦期的构造模式图，如图 2.28 所示。

2）假叶目绦虫的幼虫

假叶目绦虫的幼虫期为两期，第一期为钩毛蚴在第一中间宿主（主要为水生甲壳类）体腔内发育形成的原尾蚴和第二宿主中间发育成的实尾蚴或裂头蚴。

原尾蚴体部较大，内含多对穿刺腺，后端尚留有球形或囊形的小尾部，内残留有原肠及 6 个胚钩。当第二中间宿主吞食了受染的第一中间宿主后，原尾蚴通过穿刺腺的作用穿过宿主消化道到体腔，再移行到皮下肌肉组织内发育为实尾蚴或裂头蚴，该幼虫的前端形成沟槽形的头节，后端呈扁平的长条形，有的种类已有早期的分节现象。

3）圆叶目绦虫和假叶目绦虫的基本外形

（1）圆叶目

圆叶目头节上有大而显著的 4 个吸盘，顶端有顶突，其上有钩或无钩或缩入头节内。链体分节明显，前节后缘覆盖后节前缘。孕卵节片脱离链体被排出。生殖孔在体节的一侧或两侧；睾丸呈圆形或椭圆形；卵巢呈叶状或球形；卵黄腺大，多为单个，位于卵巢之后。无子宫孔，虫卵无卵盖，内含六钩蚴。圆叶目绦虫主要有 5 个科。

绦虫的基本外形以及猪带绦虫的成熟节片及孕卵节片，如图 2.29、图 2.30 所示。

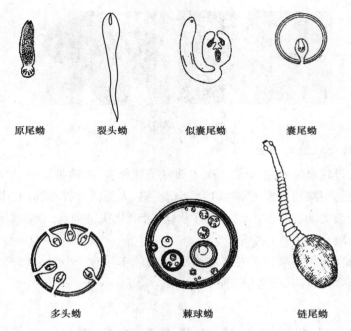

原尾蚴　　裂头蚴　　似囊尾蚴　　囊尾蚴

多头蚴　　棘球蚴　　链尾蚴

图 2.28　各种类型绦虫中绦期的构造模式图

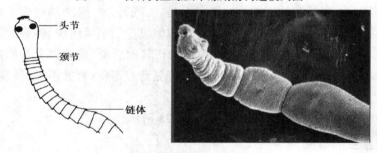

头节
颈节
链体

图 2.29　绦虫的基本外形

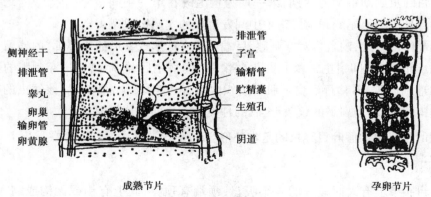

侧神经干　　　　　　　　　　排泄管
排泄管　　　　　　　　　　　子宫
　　　　　　　　　　　　　　输精管
睾丸　　　　　　　　　　　　贮精囊
卵巢　　　　　　　　　　　　生殖孔
输卵管
卵黄腺　　　　　　　　　　　阴道

成熟节片　　　　　　　　　　　孕卵节片

图 2.30　猪带绦虫的成熟节片和孕卵节片

①裸头科。裸头科的绦虫头节无顶突与小钩,成虫寄生于哺乳动物小肠内,幼虫寄生于无脊椎动物(如地螨)。与家畜有关的有莫尼茨属、裸头属、副裸头属、无卵黄腺属和曲子宫属。

②带科。本科绦虫除带吻绦虫外,顶突明显存在,且不能缩入头节内;子宫为管状而有分支。成虫寄生于肉食动物及人的小肠内,幼虫寄生于草食动物及杂食动物。在我国常见有带属(有钩绦虫)、带吻属、棘球属和多头属。

③双壳科。双壳科的特征为吸盘有或无小钩,顶突有或无。每一节片有1~2副生殖器官,睾丸数目多;孕节有卵袋或有副子宫器。寄生在鸟类或哺乳类。常见的有4个属,即复孔属、变带属、异带属和漏斗属。

④戴文科。本科特征为虫体较小,头节顶突上有2~3排斧形或"T"形的小钩。每一节片只有1副雌雄生殖器官,亦有2副的。孕节子宫内充满卵袋,每一卵袋内含1个至数个虫卵。成虫一般寄生在鸟类,亦可寄生在哺乳类。本科主要有3个属,即戴文属、赖利属和对殖属。

⑤膜壳科。膜壳科绦虫的头节具有4个吸盘,有8~10个排列一行的小钩,钩的形状复杂。睾丸数目有1、2、3个或更多个,排列情况随种类不同而不同。生殖孔呈单侧排列。卵巢位于节片中间或偏侧部,分叶或不分叶;卵黄腺通常在卵巢下方;子宫呈袋状,虫卵具3层膜。本科有19属200多种。

(2)假叶目

假叶目头节上无吸盘和顶突,背腹面有两条沟槽。卵巢两叶,卵黄腺分散,很多。孕卵子宫呈管状,开口于节片腹面的中央。生殖孔开口于子宫孔的前方。虫卵有卵盖,产出时不含幼虫。常见有双叶槽科,亦称裂头科。

2.5.3 畜禽主要线虫病病原形态学观察

1)蛔虫病

蛔虫病主要是幼年动物的疾病,也是家畜和家禽寄生虫病中的常见多发病,流行和分布广,病原为蛔科、弓首科及禽蛔科的各种线虫。猪蛔虫病是由蛔科的猪蛔虫寄生于猪小肠引起的一种寄生虫病,猪蛔虫雌雄异体寄生于猪,雄虫长(15~25)cm×0.3 cm,雌虫长(20~40)cm×0.5 cm。雄虫尾部卷曲,有时可见伸出的交合刺。虫卵中等大小,(50~70)cm×(40~60)cm。牛蛔虫病是因弓首科蛔虫寄生于犊牛小肠引起的一种寄生虫病,雄虫长15~26 cm,雌虫长14~30 cm。虫卵中等大小,(69~95)μm×(60~77)cm,近乎球形,有厚的蛋白质外壳。鸡蛔虫病是由禽蛔科的鸡蛔虫寄生于鸡的小肠内引起的一类寄生虫病。鸡蛔虫是鸡体内最大的一种线虫,雄虫长26~70 mm,雌虫长65~110 mm。

蛔虫成虫及受精卵,如图2.31、图2.32所示。

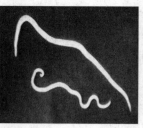

图 2.31　蛔虫成虫

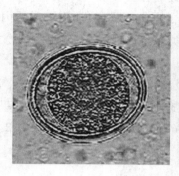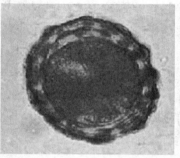

图 2.32　蛔虫受精卵

2) 旋毛虫病

旋毛虫病是由毛尾目、毛形科的旋毛形线虫寄生引起的一种人畜共患病。该病是肉品检验的必检项目之一,在公共卫生上具有重要意义。旋毛虫的成虫细小,雌雄异体,雄虫长 1.2~1.6 mm,雌虫长 3~4 mm。包囊内的幼虫似螺旋状卷曲,充分发育了的幼虫,通常有2~3 个盘旋。包囊呈梭形:其长袖乌肌纤维平行有两层壁,其中一般含 1 条幼虫,但有的可达 6~7 条。

旋毛虫病的生前诊断困难,猪旋毛虫病常在宰后检出,方法为肉眼和镜检相结合,检查膈肌,即当发现肌纤维间有细小白点时,撕去肌膜,剪下麦粒大小的肉样 24 块,放于两玻片之间压薄,低倍镜下观察有无包囊,但在感染早期及轻度感染时不易检出。用消化法检查幼虫更为确切,取肉样,用搅拌机搅碎,每克加入 60 mL 水,0.5 g 胃蛋白酶、0.7 mL 浓盐酸,混匀,37 ℃消化 0.5~1 h 后,分离沉渣中的幼虫,镜检。

旋毛虫包囊,如图 2.33 所示。

3) 鞭虫病

鞭虫病是由毛尾科毛尾属的猪毛尾线虫寄生在家畜的大肠引起的一种寄生虫病。毛尾线虫呈乳白色,前为食管,细长,后为体部,粗短,整个外形像鞭子,故称鞭虫。虫卵呈棕黄色,腰鼓状,卵壳厚,两端有卵塞。猪毛尾线虫雄虫长 20~52 mm,雌虫长 39~53 mm,食管占据虫体全长的 2/3,虫卵中等大小,(50~68) μm × (21~31) μm,柠檬状,两端透明。绵羊毛尾线虫的雄虫长 50~80 mm。食管占虫体全长的 3/4,雌虫长 35~70 mm,食管占虫体全长的 2/3~4/5。虫卵中等大小,(70~80) μm × (30~40) μm。临床上消化紊乱,轻度贫

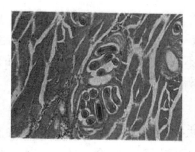

图 2.33 旋毛虫包囊

血,肠炎及出血性腹泻时,可怀疑为本病,应立即进行粪检确诊。毛尾线虫的虫卵易与其他虫卵区别,其粪便检查可用直接涂片法和饱和盐水漂浮法,参照蛔虫的检测。剖检时,大肠检出多量虫体即可确诊。

毛尾线虫成虫及虫卵,如图 2.34、图 2.35 所示。

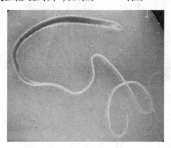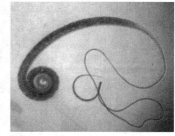

图 2.34 毛尾线虫成虫

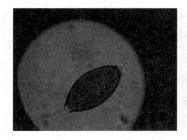

图 2.35 毛尾线虫虫卵

2.5.4 寄生性原虫形态学观察

1) 牛环形泰勒虫及其石榴体(柯赫氏体、裂殖体)

牛环形泰勒虫及其石榴体寄生于脾、淋巴结的淋巴细胞或游离于细胞外,裂殖体反复、多次分裂后进入红细胞形成配子体,小配子体类似巴贝斯虫,大配子体呈球形,两者成为合子后变为长形的动合子。

2) 猪附红细胞体

猪附红细胞体呈球形、逗点状、卵圆形、月牙形等多种形态,常附于红细胞表面或血浆中做摇摆、扭转、翻滚等运动,球状虫体大小一般为 0.3~0.4 μm,大的可达 1.5 μm,杆状虫体大小为(0.3~0.5)μm×(0.2~0.3)μm。单个、数个乃至 10 多个附红细胞体寄生于红细胞表面,使红细胞变形为齿轮状、星芒状或不规则形。感染了附红细胞体的红细胞似长满刺一样。吉姆萨染色的血液涂片上,病原体呈淡天蓝色或淡紫红色。

3) 牛巴贝斯虫

牛巴贝斯虫是寄生于牛红细胞的小型虫体,长 1.5~2.4 μm,大于红细胞半径,多位于红细胞边缘,典型虫体为尖端呈钝角相连的双梨子形,每个虫体为一团染色质,位于钝端(图 2.36)。

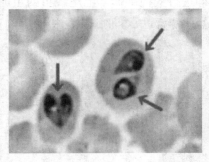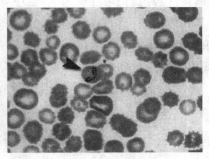

图 2.36　巴贝斯虫

4) 弓形虫

弓形虫是一种分布广泛的细胞内寄生性原虫。其感染途径包括:外界的卵囊进入中间宿主,包括人和其他动物;速殖子和假囊;慢殖子和包囊;对胎儿的垂直传播;人和食肉动物宿主吞食含速殖子和慢殖子的动物组织而感染;终末宿主捕食啮齿动物或含虫体肉类而感染;在猫肠道上皮细胞进行无性和有性繁殖;猫粪便中卵囊孢子化。弓形虫发育的全过程,有 5 种主要形态:滋养体(图 2.37)、包囊(图 2.38)、卵囊(图 2.39)、裂殖体、配子体。包囊也称组织囊,呈圆形,有较厚的囊膜,直径 50~69 μm,可随虫体的繁殖而不断增大,达 100 μm,可在感染动物体内长期存在。滋养体呈弓形或月牙形,一端较尖,一端钝圆,长 4~7 μm,宽 2~4 μm。新排出的卵囊未孢子化,为圆形或椭圆形,大小为 10~12 μm(图 2.37),在有核细胞内迅速分裂占据整个宿主的细胞浆,称为假包囊(图 2.40)。成熟卵囊含 2 个孢子囊,每个孢子囊含 4 个新月形子孢子。裂殖体为圆形,直径 12~15 μm,内含 4~20 个裂殖子,以 10~15 个居多,呈扇状排列,裂殖子形如新月状,前尖后钝。游离的裂殖子大小为(7~10)μm×(2.5~3.5)μm。雄配子体又称小配子体,较少,成熟时形成 12~32 个具有 2 根鞭毛的雄配子。雌配子体又称大配子体,呈卵圆形或亚球形,直径 15~20 μm,成熟后即为雌配子,有 1 个圆形核。

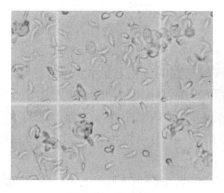

图 2.37 滋养体

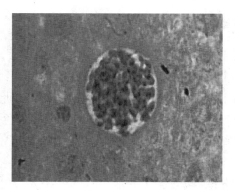

图 2.38 包囊

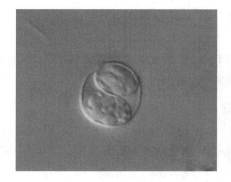

图 2.39 卵囊

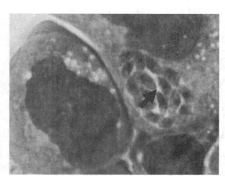

图 2.40 假包囊

5) 鸡住白细胞虫

鸡住白细胞虫在血液细胞 1 期,游离于血浆中,呈紫红圆点状或巴氏杆菌两极染色状;血液细胞 2 期,形态大小与血液细胞 1 期相似,但已经侵入红细胞,多位于胞核一端的胞浆内,有 1~2 个虫体。血液细胞 3 期常见于组织印片中,虫体明显增大,近圆形,充满整个胞浆,把核挤到一边,虫体中间有深红色的核仁。

6) 鸡沙氏住白细胞虫

血涂片中成熟配子体寄生于鸡的红细胞和白细胞内,近圆形,大小为 15.5 μm×15 μm。大配子体的大小为 12~14 μm,核小,为 3~4 μm;小配子体的大小为 10~12 μm,核大,整个虫体几乎全为核占有。宿主细胞呈圆形,大小为 13~20 μm,胞核被挤到一边,呈深色,狭带围于虫体一侧 1/3 或被挤出细胞。

2.5.5 血涂片制备及血液原虫观察

1) 器材

生物显微镜(带油镜镜头)、载玻片、注射针头、剪刀、染色缸;吉姆萨染料、甘油、甲醇、香柏油等。

2)染色液的配制

(1)瑞氏染液

①Ⅰ液：包含瑞氏染料1.0 g、纯甲醇(AR级以上)600 mL、甘油15 mL。将全部染料放入清洁干燥的乳钵中，先加少量甲醇慢慢地研磨(至少30 min)，使染料充分溶解，再加一些甲醇混匀，然后将溶解的部分倒入洁净的棕色瓶内，乳钵内剩余的未溶解的染料，再加入少许甲醇细研，如此多次研磨，直至染料全部溶解，甲醇用完为止。再加15 mL甘油密闭保存。

②Ⅱ液：磷酸盐缓冲液(pH 6.4~6.8)，包含磷酸二氢钾(KH_2PO_4)0.3 g、磷酸氢二钠(Na_2HPO_4)0.2 g、蒸馏水加至1 000 mL。配好后用磷酸盐溶液校正pH，塞紧瓶口贮存。如无缓冲液可用新鲜蒸馏水代替。

(2)吉姆萨染液

吉姆萨染液包含吉姆萨染料0.75 g、甘油35 mL、甲醇65 mL。将吉姆萨染料、甘油和甲醇放入含玻璃珠的容器内，每天混匀3次，连续4天，最后过滤备用。

(3)瑞氏-吉姆萨复合染液

①Ⅰ液：包含瑞氏染料1 g、吉姆萨染料0.3 g、甲醇500 mL、中性甘油10 mL。将瑞氏染料和吉姆萨染料置洁净研钵中，加少量甲醇，研磨片刻，再吸出上液。如此连续几次，共用甲醇500 mL。收集于棕色玻璃瓶中，每天早、晚各摇3 min，共5 d，存放1周以后即能使用。

②Ⅱ液：磷酸盐缓冲液(pH=6.4~6.8)。包含无水磷酸二氢钾6.64 g、无水磷酸氢二钠2.56 g，加少量蒸馏水溶解，用磷酸盐调整pH，加水至1 000 mL。

3)血液涂片的制作及染色

(1)血液涂片的制作

①薄片法(适合于观察红细胞内虫体，如巴贝斯虫)。

a.用消毒注射针头刺破鸡的翅下静脉。

b.用洁净载玻片的一端，从鸡的翅下静脉穿刺处接触血滴表面，蘸取少量血液。

视频2.6

血涂片制备

c.另取一块边缘光滑的载玻片，作为推片。先将此推片的一端置于血滴的前方，然后稍向后移，触及血滴，使血液均匀地分布于两玻片之间，形成一线。

d.推片载玻片与血片载玻片成30°~45°，平稳地向前推进，使血液接触面散布均匀，即成薄的血片。

e.抹片完成后，立即置于流动空气中干燥，以防血球皱缩或破裂，并加甲醇固定，待干。制片及染色过程如图2.41所示。

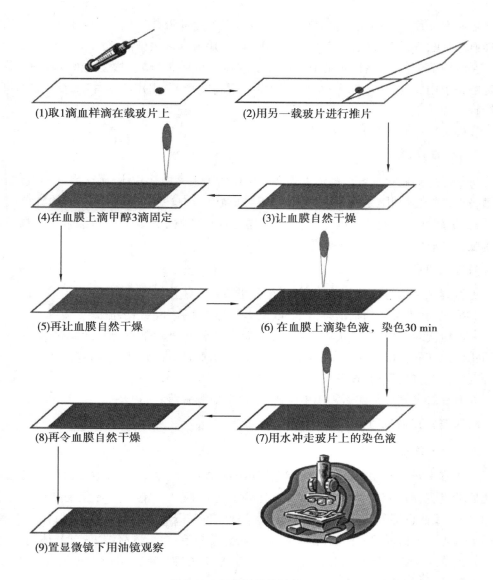

(1)取1滴血样滴在载玻片上　(2)用另一载玻片进行推片

(4)在血膜上滴甲醇3滴固定　(3)让血膜自然干燥

(5)再让血膜自然干燥　(6)在血膜上滴染色液，染色30 min

(8)再令血膜自然干燥　(7)用水冲走玻片上的染色液

(9)置显微镜下用油镜观察

图 2.41　制片及染色过程

②厚滴法(适合于观察血浆内虫体,如伊氏锥虫)。

a.取血液 1~2 滴置洁净载玻片上。

b.用另一块载玻片之角,将血滴涂散至直径 1 cm 即可。

c.置室温中待其自行干燥(至少经 1 h,否则血膜附着不牢,染色时易脱)。

d.染色前,先将血片置于蒸馏水中,使红细胞溶解,血红蛋白脱落,血膜呈灰白色为止,再进行染色。

(2)染色

①瑞氏染色法:首先,待血涂片干透后,用蜡笔在两端画线,以防染色时染液外溢。然后,将玻片平置于染色架上,滴加染液(Ⅰ液)3~5 滴,使其

视频 2.7

抹片染色

迅速盖满血涂片,0.5～1 min 后,滴加等量或稍多的缓冲液(Ⅱ液),轻轻摇动玻片或用吸球对准血涂片吹气,使染液充分混合。5～10 min 后用流水冲去染液,待干。

②吉姆萨染色法:将固定的血涂片置于被 pH=6.4～6.8 磷酸盐缓冲液稀释 10～20 倍的吉姆萨染液中,浸染 10～30 min(标本较少可用滴染)。取出用流水冲洗,待干燥后用显微镜检查。

③瑞氏染液的液和Ⅱ液。

(3)观察结果

将干燥后的血涂片置显微镜下观察。用低倍镜观察血涂片体、尾交界处的血细胞。在显微镜下,成熟红细胞染成粉红色;血小板染成紫色;中性粒细胞胞质染成粉红色,含紫红色颗粒;嗜酸性粒细胞含大的橘黄色颗粒;嗜碱性粒细胞胞质含有大量深紫蓝色颗粒;单核细胞胞质染成灰蓝色;淋巴细胞胞质染成淡蓝色。

4)注意事项

①配制染色液时,吉姆萨染料必须充分研磨。

②采血前,先用酒精棉消毒待干,以免皮屑污染血片和酒精溶血。

③取血滴时,必须在针头刺破后流出的表层血液用玻片迅速蘸取,以免血液凝固。

④注意在病畜出现高温期,未作药物处理前采血,以提高虫体检出率。

⑤涂片时,血膜不宜过厚,使红细胞均匀分布于玻片上。

⑥血片必须充分干燥后再用甲醇固定,以免血膜脱落。

5)家畜常见血液原虫的形态特征

(1)伊氏锥虫

伊氏锥虫寄生于动物血浆内,虫体呈纺锤或柳叶状,体长 18～24 μm,宽 1～2 μm。前端比后端更尖。经吉姆萨染色后,虫体呈淡蓝色。在显微镜下可看见下列几部分构造:①原生质:浅蓝色部分。②核:在虫体中部呈紫红色椭圆形。③副基体:在虫体后端呈紫红色的小圆点。④波动膜:在虫体的一侧呈波状。⑤鞭毛:在虫体后端,从副基体附近的毛基体开始围绕波动膜边缘,直到虫体的前端游离,呈细长鞭毛状。伊氏锥虫模式如图 2.42 所示。血液涂片中的伊氏锥虫如图 2.43 所示。

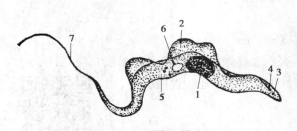

图 2.42　伊氏锥虫模式图

1—核;2—波动膜;3—副基体;4—生毛体;
5—颗粒;6—空泡;7—鞭毛

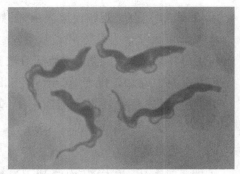

图 2.43　血液涂片中的伊氏锥虫

（2）双芽巴贝斯虫

双芽巴贝斯虫寄生在红细胞内。虫体较大,有梨形、环形、椭圆形、变形虫形等。典型虫体呈双梨形,细的一端连在一起成锐角排列。虫体大于红细胞半径,经吉姆萨染色后,原生质呈浅蓝色,边缘较深,有2团紫红色的染色质。血液涂片中的双芽巴贝斯虫如图2.44所示。

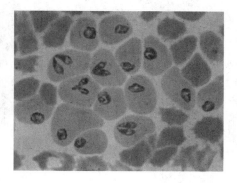

图2.44　血液涂片中的双芽巴贝斯虫

（3）环形泰勒虫

环形泰勒虫寄生在牛的淋巴细胞、巨噬细胞及红细胞内。

配子体呈小环形,短棒状或逗点状。每个红细胞中通常有1~5个虫体,大小为0.7~2.9 μm,染色后原生质呈浅蓝色,染色质呈紫红色,如图2.45所示。

裂殖体,又称石榴体,有不同形状和大小,存在于淋细胞的胞浆中或淋巴液中。通常可看到浅蓝色的原生质背景上有数目不等的暗紫色染色质核,如图2.46所示。

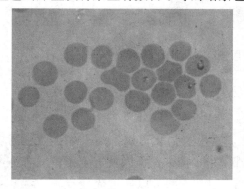

图2.45　泰勒虫配子体

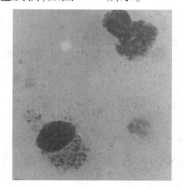

图2.46　泰勒虫裂殖体（石榴体）

6）家禽常见血液原虫的形态特征描述

（1）卡氏住白细胞虫

卡氏住白细胞虫配子体寄生在鸡的血细胞内。

配子体刚侵入红细胞时呈圆点状或逗点,每个红细胞内可有1~3个虫体。随着虫体的发育长大,红细胞的胞浆及胞核萎缩消失,配子体变为近圆形,大小为15.5 μm×15.0 μm;有一紫红色的核仁(图2.47、图2.48)。

（2）沙氏住白细胞虫

沙氏住白细胞虫配子体寄生在鸡的血细胞内。虫体常把红细胞的核推至一边,引起红细胞严重变形,呈梭状或纺锤形(图2.49)。

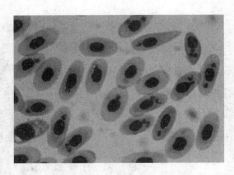

图 2.47　卡氏住白细胞虫第 I 期配子体

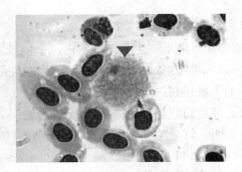

图 2.48　卡氏住白细胞虫第 V 期配子体

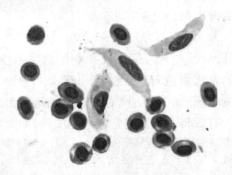

图 2.49　沙氏住白细胞虫配子

2.5.6　粪便检查法

粪便检查是诊断寄生虫病常用的方法。寄生于消化道以及与其相连的脏器如肝、胰、肺、气管、支气管以及肠系膜静脉内的蠕虫，以及寄生于消化道的原虫(如球虫、隐孢子虫、结肠小袋纤毛虫等)都可以通过粪便检查来确诊。要获得准确的结果,粪便必须新鲜,送检时间一般不宜超过 24 h。如检查肠内原虫滋养体,最好立即检查。盛粪便的容器要干净,并防止污染与干燥;粪便不可混杂尿液等,以免影响检查结果。

视频 2.8
粪便采样镜检

1)实验用品

漏斗架 2 个,漏筛 6 个,小烧杯(50 mL) 12 个,500 mL 烧杯 2 个,100 mL烧杯 1 个,青霉素瓶 6 个,离心管 6 支,滴管 1 支,饱和盐水 1 瓶,甘油水 1 瓶,100 mL量筒 1 个,小方瓷盘 1 个,擦镜纸 1 平皿,脱脂棉块 1 份,载玻片,盖玻片,离心机,小天平各 1 台,镊子 2 把,显微镜,试管架 1 个,动物粪便 1 份,50 mL 烧杯 2 个用于配平。

2)直接涂片法

直接涂片法用以检查蠕虫卵、原虫的包囊和滋养体。方法简便,连续作 3 次涂片,可提高检出率。

视频 2.9
粪便检验技术

（1）蠕虫卵检查

滴 1 滴生理盐水于洁净的载玻片上,用棉签棍或牙签挑取绿豆大小的粪便块,在生理盐水中涂抹均匀;涂片的厚度以透过涂片约可辨认书上的字迹为宜。一般在低倍镜下检查,如用高倍镜观察,需加盖片。应注意虫卵与粪便中异物的鉴别。虫卵都具有一定形状和大小;卵壳表面光滑整齐,具固有色泽;虫卵内含卵细胞或幼虫。

（2）原虫检查

①活滋养体检查。涂片应较薄,方法同蠕虫卵检查。气温愈接近体温,滋养体的活动愈明显。必要时,可用保温台保温。

②包囊的碘液染色检查。直接涂片,方法同上,以一滴碘液代替生理盐水。如碘液过多,可用吸水纸从盖片边缘吸去过多的液体。若同时需检查活滋养体,可在用生理盐水涂匀的粪滴近旁滴一滴碘液,取少许粪便在碘液中涂匀,再盖上盖片。涂片染色的一半查包囊;末染色的一半查活滋养体。

③隐孢子虫卵囊染色检查。目前较佳的方法为金胺酚改良抗酸染色法。对于新鲜粪便或经 10% 福尔马林固定保存(4 ℃ 1 个月内)的含卵囊粪便都可用此法染色。染色过程为先用金胺-酚染色,再用改良抗酸染色法复染。改良抗酸染色法步骤如下:

a.染液配制。石炭酸复红染色液（第一液）:碱性复红 4g,95% 酒精 20 mL,石炭酸 8 mL,蒸馏水 100 mL;10% 硫酸溶液(第二液):纯硫酸 10 mL,蒸馏水 90 mL(边搅拌边将硫酸徐徐倾倒入水中);20 g/L 孔雀绿液(第三液):20 g/L 孔雀绿原液 1 mL,蒸馏水 10 mL。

b.染色步骤:滴加第一液于粪膜上,1.5～10 min 后水洗;滴加第二液,1～10 min 后水洗;滴加第三液,1 min 后水洗,待干,置显微镜下观察。

经染色后,卵囊为玫瑰红色,子孢子呈月牙形,共 4 个。其他非特异颗粒则染成蓝黑色,容易与卵囊区分。

3）浮聚法

原理:利用比重较大的液体,使原虫包囊或蠕虫卵上浮,集中于液体表面。常用的方法有 3 种。

（1）饱和盐水浮聚法

此法用以检查钩虫卵效果最好。用竹签取黄豆粒大小的粪便置于浮聚瓶(高 3.5 cm,直径约 2 cm 的圆形直筒瓶)中,加入少量饱和盐水调匀,再慢慢加入饱和盐水到液面略高于瓶口,但以不溢出为止。此时在瓶口覆盖一载玻片,静置 15 min 后,将载玻片提起并迅速翻转,镜检。

饱和盐水配制:将食盐徐徐加入盛有沸水的容器内,不断搅动,直至食盐不再溶解为止。

（2）硫酸锌离心浮聚法

此法可用于检查原虫包囊、球虫卵囊和蠕虫卵。取粪便约 1 g,加 10～15 倍的水,充分搅碎,按离心沉淀法过滤,反复离心 3～4 次,至水清为止,最后倒去上液,在沉渣中加入比重

1.18 的硫酸锌液(33%的溶液),调匀后再加硫酸锌溶液至距管口约 1 cm 处,离心1 min。用金属环蘸取表面粪液置于载玻片上,加碘液一滴,镜检。

（3）蔗糖离心浮聚法

此法适用于检查粪便中隐孢子虫的卵囊。取粪便约 5 g,加水 15～20 mL,以 260 目尼龙袋或 4 层纱布过滤。取滤液离心 5～10 min,弃上清液,加蔗糖溶液(蔗糖 500 g,蒸馏水 320 mL,石炭酸 6.5 mL)充分搅匀后再离心,然后如同饱和盐水浮聚法,取其表液膜镜检(高倍或油镜)。卵囊透明无色,囊壁光滑,内有一小暗点和发出淡黄色的子孢子。隐孢子虫的卵囊在漂浮液中浮力较大,常紧贴于盖片之下,但 1 h 后卵囊脱水变形不易辨认,故应立即镜检。也可用饱和硫酸锌溶液或饱和盐水替代蔗糖溶液。

4）沉淀法

原虫包囊和蠕虫卵的比重大,可沉积于水底,有助于提高检出率。但比重较小的钩虫卵和某些原虫包囊则效果较差。沉淀法包括自然沉淀法和离心沉淀法两种。

（1）自然沉淀法

取粪便 20～30 g,加水成混悬液,经金属筛(40～60 孔)或 2～3 层湿纱布过滤,再加清水冲洗残渣;过滤粪液在容器中静置 25 min,倒去上液,重新加满清水,以后每隔 15～20 min 换水一次(3～4 次),直至上液澄清为止。最后倒去上液,取沉渣作涂片镜检。如检查包囊,换水间隔时间宜延长至约 6 h 换一次。

（2）离心沉淀法

将上述滤去粗渣的粪液离心(1 500～2 000 r/min)1～2 min,倒去上液,注入清水,再离心沉淀,如此反复沉淀 3～4 次,直至上液澄清为止,最后倒去上液,取沉渣镜检。

部分线虫虫卵及吸虫虫卵等比图谱如图 2.50、图 2.51 所示。

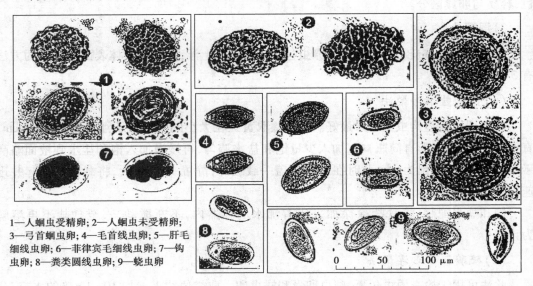

1—人蛔虫受精卵;2—人蛔虫未受精卵;3—弓首蛔虫卵;4—毛首线虫卵;5—肝毛细线虫卵;6—菲律宾毛细线虫卵;7—钩虫卵;8—粪类圆线虫卵;9—蛲虫卵

图 2.50　部分线虫虫卵等比图谱(单位:μm)

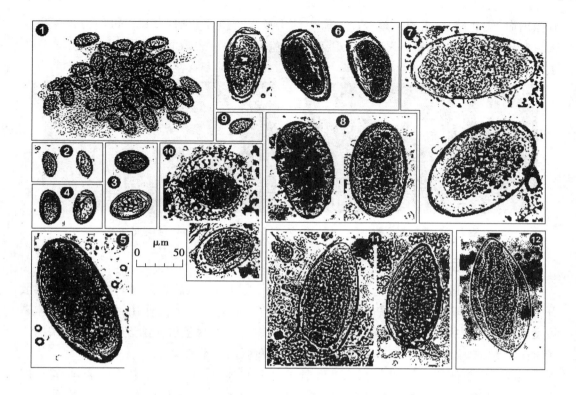

图 2.51　部分吸虫虫卵等比图谱（单位：μm）

1—支睾吸虫卵；2—猫后睾吸虫卵；3—胰扩盘吸虫卵；4—歧腔吸虫卵；5—肝片吸虫卵；
6—卫士并殖吸虫卵；7—布氏姜片吸虫卵；8—棘口吸虫卵；9—横川后殖吸虫卵；10—日本分体吸虫卵；
11—曼氏分体吸虫卵；12—住血分体吸虫卵

2.5.7　犬螨病实验室诊断

动物皮肤病的病因有多种，临床上绝大多数皮肤科病例属于感染性疾病，病原主要是细菌、真菌或寄生虫。各类感染性皮肤病症状间区别常不明显，须通过实验室检验来确定感染类型。

1）实验用品

10%氢氧化钠、10%氢氧化钾、50%甘油水、液体石蜡、乳酸、酒精灯、刀片、干净载玻片和盖玻片等。

2）皮肤病样本的采集

疥螨、痒螨等大多数寄生于动物的体表或皮内，因此应刮取皮屑，置显微镜下寻找虫体或虫卵。刮取皮屑的方法很重要，应选择患病皮肤与健康皮肤交界处，这里的螨较多。刮取时先剪毛，取凸刃小刀，在酒精灯上消毒，用手握刀，使刀刃与皮肤表面垂直（图 2.52）。刮取皮屑时，应刮到皮肤

视频 2.10
皮肤采样检查

轻微出血(图 2.53)。此点对检查皮内寄生的疥螨尤为重要。蠕形螨病,可用力挤压病变部,挤出脓液,将脓液涂于载玻片上供检查。兔的耳螨可先取耳内的垢状痂皮,再分离虫体。

图 2.52　病变部位剪毛

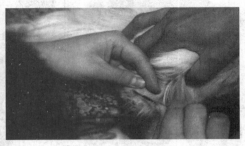
图 2.53　刮毛取皮样

3)透明化或虫体浓集法

将刮下的皮屑,放于载玻片上,滴加 1 滴煤油,覆以另一张载玻片,两片搓压使病料散开,分开载玻片,覆以盖玻片,置显微镜下检查。煤油有透明皮屑的作用,使其中的虫体易被发现,但虫体在煤油中容易死亡。如欲观察活螨,可用 10%氢氧化钠溶液、液状石蜡油或 50%甘油水溶液滴于病料上,在这些溶液中,虫体在短期内不会死亡。

当皮屑内虫体较少时,为了提高检出率,可采用虫体浓集法。即取较多的病料,置于试管中,加入 10%氢氧化钾溶液(图 2.54),浸泡过夜(如亟待检查可在酒精灯上煮数分钟),使皮屑溶解。虫体自皮屑中分离出来。而后待其自然沉淀或以 2 000 r/min 的速度离心 5 min,虫体即沉于管底,弃去上层液,吸取沉渣检查;或向沉淀中加入 60%硫代硫酸钠溶液,直立,待虫体上浮,再取表层液膜检查。也可将病料浸入 40~45 ℃的温水里,1~2 h 后,将其倒在表面皿上,活螨在温热的作用下,由皮屑内爬出,集结成团,沉于水底部。或者将病料放在平皿中,将平皿放在盛有 40~45 ℃温水的杯子上,经 10~15 min 后,将平皿翻转,可见虫体与少量皮屑黏附于皿底。可重复上述操作,以收集较多的螨虫。

图 2.54　滴加氢氧化钾溶液

4)显微镜观察,进行虫体或虫卵鉴定

犬蠕行螨是蠕形螨科、蠕形螨属成员,是一种小型的寄生螨。虫体细长,呈蠕虫状,体长为 0.2~0.3 mm,宽约 0.04 mm,分为头、胸、腹 3 部分。胸部有 4 对很短的足,各足由 5 节

构成;腹部呈锥形,表面有横纹。虫卵呈梭形,长 0.07~0.09 mm(图 2.55、图 2.56、图 2.57)。

图 2.55　犬蠕行螨

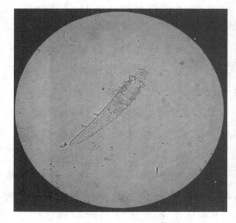

图 2.56　犬蠕行螨(KOH 透明化)

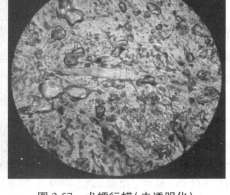

图 2.57　犬蠕行螨(未透明化)

　　犬疥螨成虫呈圆形,微黄白色,背部隆起,腹部扁平。雌螨虫长 0.30~0.45 mm,雄虫长 0.19~0.23 mm。躯体分两部分,前端称背胸部,有第一和第二对足;后端称背腹部,有第 3 和第 4 对足;体表面有细横纹、锥突、鳞片和刚毛,假头后面有一对短粗的垂直刚毛,背胸部有一块长方形的胸甲,肛门位于背腹部后端的边缘上。虫体腹面有 4 对粗短的足,前后两对足之间的距离较远,在雄虫的第 1、2、4 对足上。雌虫在 12 对足上各有一个吸盘。在雄虫的第 3 对足和雌虫的第 3、4 对足上的末端各有一根长刚毛。卵呈椭圆形,平均大小为 150 μm×100 μm(图 2.58)。

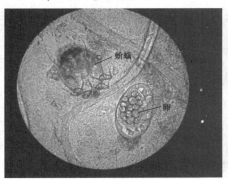

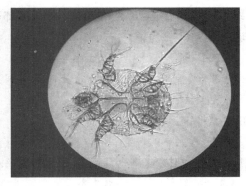

图 2.58　犬疥螨成虫及虫卵

小结测试

一、单项选择题

1.血液循环中的白细胞不包括(　　　)。

　　A.嗜酸性粒细胞　　　B.嗜碱性粒细胞　　　C.嗜中性粒细胞　　　D.骨髓细胞

2.关于红细胞比容说法错误的是(　　　)。

　　A.指红细胞在全血中所占容积的比值　　　　B.红细胞比容与红细胞数成正比

　　C.有助于贫血的分类　　　　　　　　　　　D.可反映血液浓缩程度

3.患新生仔畜溶血病的仔猪血常规检查最可能出现的结果是(　　　)。

　　A.血红蛋白增加　　　B. 红细胞数减少　　　C. 白细胞数减少　　　D. 血沉速度减慢

4.猫偷食生肉数日后发病,表现发热、一侧肢体无力、运动障碍等神经症状。血常规检查,白细胞总数升高、单核细胞升高。该病最可能的诊断是(　　　)。

　　A.葡萄球菌病　　　B.沙门菌病　　　C.李氏杆菌病　　　D.大肠杆菌病

5.一头放牧的黄牛,出现体温升高,达40~41.5 ℃,稽留热。病牛精神沉郁,食欲下降,迅速消瘦。贫血,黄疸,出现血红蛋白尿。就诊时牛体表查见有硬蜱叮咬吸血。该病牛就诊时首先应该进行的实验室诊断是(　　　)。

　　A.血清学诊断　　　B.血液生化检查　　　C.血液涂片检查　　　D.粪便虫卵检查

6.发生寄生虫疾病时,血液中白细胞变化正确的是(　　　)。

　　A.嗜酸性粒细胞增多　　　　　　　　　B.嗜碱性粒细胞增多

　　C.嗜中性白细胞增多　　　　　　　　　D.单核细胞增多

7.中性粒细胞增多最常见的原因是(　　　)。

　　A.组织广泛损伤　　　　　　　　　　　B.剧烈运动

　　C.急性中毒　　　　　　　　　　　　　D.细菌引起的急性感染

8.犬,3 岁,雄性,主诉发病两周,精神沉郁,脉搏微弱,血常规检查发现血细胞压积为20%,说明该犬(　　　)。

　　A.血小板减少　　　B.红细胞减少　　　C.白细胞减少　　　D.血细胞比容升高

9.可用于观察尿液有形成分的最佳防腐剂是(　　　)。

　　A.苯酚　　　　　　　B.硼酸　　　　　　　C.福尔马林　　　　　　D.麝香草酚

10.健康牛尿液 pH 值应(　　　)。

　　A.<7　　　　　　　　B.>7　　　　　　　　C.=7　　　　　　　　D.以上都有可能

11.正常情况下,健康动物的尿液每个高倍视野的尿沉渣中红细胞数不应多于(　　　)。

　　A.1 个　　　　　　　B.2 个　　　　　　　C.3 个　　　　　　　D.4 个

12.总胆红素增高,间接胆红素的检测结果正常,提示(　　　)。

　　A.阻塞性黄疸　　　B.实质性黄疸　　　C.溶血性黄疸　　　D.正常情况

13.血液生化检验时,检查动物肾功能的状况一般应检查(　　　)。

　　A.血浆总蛋白　　　B.血清胆固醇　　　C.尿素　　　　D.尿素氮及肌酐

14.一头成年犬,有急性腹痛和呕吐的症状,初诊为急性胰腺炎,如果要确诊,就应检查

(　　　)。

  A.血清淀粉酶   B.肌酐   C.碱性磷酸酶   D.乳酸脱氢酶

15.下列疾病中,不会引起动物低钙血症的是(　　　)。

  A.低蛋白血症   B.甲状腺功能亢进 C.慢性肾炎   D.急性胰腺

16.生产中对动物皮毛进行炭疽检疫应用的方法是(　　　)。

  A.细菌分离   B.血凝试验   C.Ascoli反应   D.免疫荧光试验

17.鸡白痢检疫最常用的方法是(　　　)。

  A.细菌染色镜检 B.平板凝集试验 C.补体结合试验 D.易感动物接种

18.诊断牛结核病常用的方法是(　　　)。

  A.ELISA   B.PCR诊断   C.细菌分离鉴定 D.皮内变态反应法

19.检测雏鸡新城疫母源抗体效价最常用的方法是(　　　)。

  A.免疫荧光技术 B.血凝抑制试验 C.琼脂扩散试验 D.中和试验

20.用于稀释鸡的血清的电解质浓度为(　　　)。

  A.0.9%   B.3%   C.5%   D.8%～10%

21.钩虫病最简单可靠的实验诊断方法是(　　　)。

  A.饱和盐水浮聚法   B.生理盐水直接涂片法

  C.钩蚴培养法   D.DNA探针技术

22.一头生猪,屠宰时疑患旋毛虫病,请兽医检验,根据旋毛虫幼虫寄生特点,兽医通常取样的部位是(　　　)。

  A.咬肌   B.舌肌   C.深腰肌   D.膈肌

二、问答题

1.简述血常规检验项目中,各白细胞数量或比值增加的临床意义。

2.简述肝功能检查相关的血清酶及其临床意义。

3.简述钠、钾测定的临床意义。

4.简述血清总蛋白、白蛋白和球蛋白含量测定的临床意义。

5.简述血凝抑制试验步骤。

6.简述血液涂片的制作及染色过程。

7.简述粪便检查寄生虫虫卵的方法。

项目3
兽医特殊检验技术

SHOUYI TESHU JIANYAN JISHU

▶▷ **学习目标**

　　学生通过本项目的学习,全面熟悉并掌握各种特殊的检查技术,包括 B 型超声临床基本检查的方法、技巧及要领,DR 影像检查的方法、技巧及要领。学习心电图的基本检查的方法、技巧及要领。了解内窥镜的种类以及各自适用条件。学习各种特殊检验技术,按工作任务要求,运用所学知识、技能提出动物疾病临床检查方案以及完成工作任务等方面的能力和态度,培养学生诊断疾病的程序化、规范化操作技能。

▶▷ **培养工作能力**

　　1.会超声的基本分类。

　　2.会 B 型超声的基本检查方法。

　　3.会各个器官基本声像图。

　　4.会 DR 数字影像检查技术。

　　5.会各部位的 DR 检查技术。

　　6.会造影技术。

　　7.会心电图检查技术。

　　8.会内窥镜检查技术。

▶▷ **工作任务**

　　1.B 型超声检查技术。

　　2.DR 检查技术。

　　3.造影技术。

　　4.心电图检查技术。

　　5.内窥镜检查技术。

任务 3.1　超声波检验技术

> **学习目标**

- 会超声波的基本分类。
- 会 B 型超声波检查的方法。
- 会各器官的超声检查方法。
- 会正常器官的声像图。
- 会常见病理的声像图。

兽医超声诊断是利用超声原理研究、诊断动物疾病的理论和方法及其在畜牧生产和疾病诊疗实际中应用的一门学科。其主要内容包括超声的物理特性、应用原理、仪器构造、探测技术及其在兽医临床和畜牧生产实践中的应用。超声影像设备的 4 大基本功能是测量、诊断、监测与治疗。

兽医超声诊断主要应用于动物疾病诊断、超声介导的诊断和治疗、动物妊娠诊断、动物背膘厚度和眼肌面积的测定等。

超声影像设备以强度低、频率高、对机体无损伤、安全无痛苦、显示方法多样而著称,尤其对人体软组织的探测和心血管脏器的血流动力学观察有独到之处,弥补了 X 线诊断和同位素诊断的不足,已成为各医院必备的现代影像检查的主要方法。

3.1.1　超声的分类

超声根据回声显示方式的不同,可分为 A 型、B 型、D 型和 M 型 4 类,这也是超声诊断最主要的分类方法。B 型超声诊断法是小动物临床上主要运用的超声方法。B 型超声广泛地应用于动物各组织器官疾病的诊断,如心血管系统疾病、肝胆疾病、肾及膀胱疾病、生殖系统疾病、脾脏病变、眼科疾病、内分泌腺病变及其他软组织病变的诊断,也广泛地应用于动物妊娠检查、背膘和眼肌面积的测定。

1)A 型超声检查法

A 型超声检查法是将超声回声信号以波的形式显示出来,纵坐标表示波幅的高度即回声的强度,横坐标表示回声的往返时间即超声所探测的距离或深度(图 3.1);有些 A 型超声诊断仪将超声所探测的深度以液晶数字显示出来(如 A 型超声测膘仪)。A 型超声检验法现主要用于动物背膘的测定。目前,动物临床极少使用。

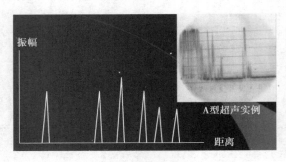

图 3.1　A 型超声图

2）B 型超声检查法

B 型超声检查法又称超声断层显像法或辉度调制型超声诊断法，简称 B 型超声或 B 超。B 型超声检验法是将回声信号以光点明暗，即灰阶的形式显示出来。光点的强弱反映回声界面反射和衰减超声的强弱。这些光点、光线和光面构成了被探测部位二维断层图像或切面图像，这种图像称为声像图（图 3.2）。因此，本法是目前临床使用最为广泛的超声诊断法。用于兽医临床诊断的 B 型超声波诊断仪多为便携式，具有携带方便、易于操作的优点。

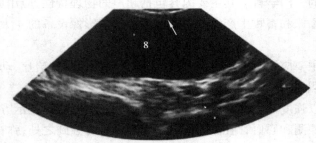

图 3.2　B 型超声图

3）M 型超声检查法

M 型超声检查法是在单声束 B 型扫描中加入慢扫描锯齿波，使反射光点自左向右移动显示。纵坐标为扫描空间位置线，代表被探测结构所在位置的深度变化；横坐标为光点慢扫描时间。探查时，以连续方式进行扫描，从光点移动可观察被测物在不同时相的深度和移动情况。所显示出的扫描线称为时间的运动曲线。此法主要用于探查心脏，临床称其为 M 型超声心动图（图 3.3）。本法与 B 型扫描心脏实时成像结合，诊断效果更佳。

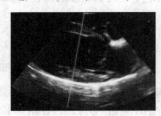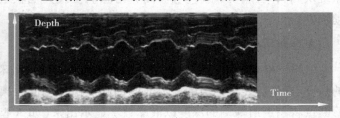

图 3.3　M 型超声图

4)D 型超声检查法

D 型超声检查法是利用超声波的多普勒效应,以多种方式显示多普勒频移,从而对疾病做出诊断。本法多与 B 型超声检查法结合,在 B 型图像上进行多普勒采样(图 3.4)。临床多用于检测心脏及血管的血流动力学状态,尤其是先天性心脏病和瓣膜病的分流及返流情况,有较大的诊断价值(图 3.5)。

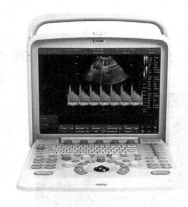

图 3.4　彩色多普勒诊断系统

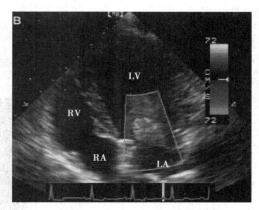

图 3.5　D 型超声图

3.1.2　超声的特性

超声即超声波的简称,是指振动频率在 20 000 Hz 以上,超过人耳听阈的声音。人耳能听见的声波称为可听声或声波,其振动频率在 20~20 000 Hz,低于 20 Hz 的声波称次声波或次声。用于兽医超声诊断的超声波频率多在 2.0~10 MHz。

1)超声波的发生和接收

物体振动可产生声波,振动频率超过 20 000 Hz 时可产生超声波。能振动产生声音的物体称为声源,能传播声音的物体称为介质。在外力作用下能发生形态和体积变化的物体称为弹性介质,振动在弹性介质内传播称为波动或波。超声和声波都是振动在弹性介质中的传播,是一种机械压力波。超声的发生和接收是根据压电效应,由超声诊断仪的换能器——探头来完成的。

2)超声的传播和衰减

同其他物理波一样,超声波在介质中传播时亦会发生透射、反射绕射、散射、干涉及衰减等现象。

3.1.3 超声波检验的基本概念

超声仪器的基本组成

超声诊断仪的种类很多,不论什么样的超声诊断仪都是由探头、主机、信号显示、编辑及记录系统组成。

(1)线阵探头

电子线阵探头发射的声束为矩形。线阵探头如图3.6所示,线阵探头扫描声像图如图3.7所示。

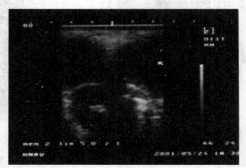

图3.6　线阵探头　　　　　　　　　图3.7　线阵探头扫描声像图

(2)扇扫探头

扇扫探头发射的声束为扇形。扇扫探头如图3.8所示。扇扫探头扫描声像图如图3.9所示。

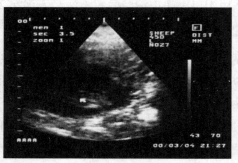

图3.8　扇扫探头　　　　　　　　　图3.9　扇扫探头扫描声像图

(3)显示系统

显示系统主要由显示器、显示电路和有关电源组成。B型、M型回声信号以图像形式表示出来,A型主要以波形表现出来,而D型则以可听声表现出来。小动物彩超仪如图3.10所示。

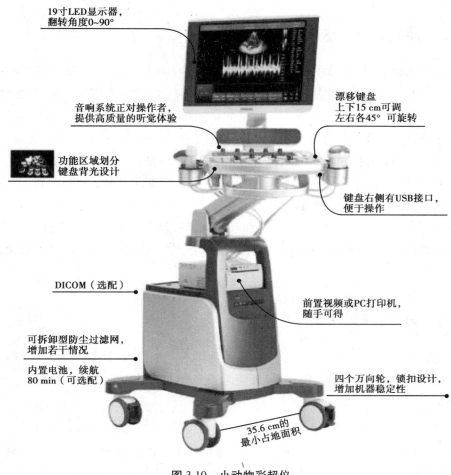

19寸LED显示器，
翻转角度0~90°

音响系统正对操作者，
提供高质量的听觉体验

功能区域划分
键盘背光设计

漂移键盘
上下15 cm可调
左右各45° 可旋转

键盘右侧有USB接口，
便于操作

DICOM（选配）

前置视频或PC打印机，
随手可得

可拆卸型防尘过滤网，
增加若干情况

内置电池，续航
80 min（可选配）

四个万向轮，锁扣设计，
增加机器稳定性

35.6 cm的
最小占地面积

图 3.10　小动物彩超仪

3.1.4　超声图像的基本概念

①无回声区：病灶或正常组织内不产生回声的区域。

②低回声：又称弱回声，为暗淡的点状或团块状回声。

③等回声：病灶的回声强度与其周围正常组织的回声强度相等或近似。

④中等回声：中等强度的点状或团块状回声。

⑤强回声：超声图像上非常明亮的点状或团块状回声。

⑥点状回声：通常所说的光点。

⑦浓密回声：图像上密集且明亮的光点。

⑧实性回声：在图像上的某一区域，无厚壁和厚壁增强效应，可肯定为实性的回声。

⑨暗区：超声图像上无回声或仅有低回声的区域。

⑩声影：由于障碍物的反射或折射，声波不能到达的区域，亦即强回声后方的无回声区域。

3.1.5 动物超声检查的特点

①由于各种动物解剖生理的差异,其检查体位、姿势各有不同,尤其要准确了解有关脏器在体表上的投影位置及其深度变化,由此才能识别不同动物、不同探测部位的正常超声影像。

②由于各种动物体表均有被毛覆盖,毛丛中存在大量空气,致使超声难以透过。为此,在超声实践检查中,除体表被毛生长稀少部位(软腹壁处)外,均须剪毛或剃毛。

③人为的保定措施,是动物超声诊断不可缺少的辅助条件。由于动物种类、个体情况、探测部位和方式的不同,其繁简程度亦不同。

④兽医超声诊断仪不限于室内进行,而且还可以在动物畜舍或现场进行。为此,要求超声诊断仪器功率大、检测深度长、分辨率高、体积小、质量轻、便于携带及直流或交直流两用电源。

3.1.6 超声伪影

伪影是一种成像构造被不当显示的构造。伪影的产生原因:设备设置不当(增益过高或过低、深度调节不当);准备及操作不当(剃毛不充分、耦合剂不足等)。

1)声影

声影(图 3.11)位于存在声阻抗差异较大的组织界面的远端,声波在这些界面上全部反射,使超声能量急剧减弱或消失,导致声波无法到达界面以后的区域,因此也就检测不到回声了,如结石、矿化、骨骼。

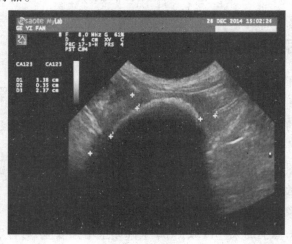

图 3.11 声影

2）后方回声增强

当病灶或界面的声波衰减到很小的时候,其后方回声将强于同等深度的周围回声。后方回声增强(图3.12)常发生于充液性器官的远端,如充盈的膀胱、胆囊。

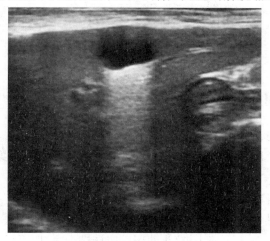

图3.12　后方回声增强

3）镜像伪影

当声束遇到高反射界面(如膈的顶部),声波在该界面上像镜面一样产生镜像伪像(图3.13)。常见于膈、膀胱的远场。改善办法:降低总增益和时间补偿增益。镜像伪影的原理示意图如图3.14所示。

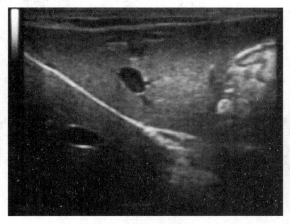

图3.13　镜像伪影

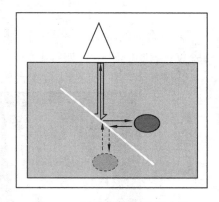

图3.14　镜像伪影原理示意图

3.1.7　超声诊断仪的基本操作规程

①电压必须稳定在199~240 V。
②选用合适的探头。
③打开电源,选择超声类型。

④调节辉度及聚焦。

⑤动物保定,剪(剔)毛,涂耦合剂(包括探头发射面)。

⑥扫查。

⑦调节辉度、对比度、灵敏度和视窗深度。

⑧冻结、存储、编辑、打印。

⑨关机、断电源。

3.1.8　超声诊断仪的基本维护要点

①仪器应放置平稳,防潮、防尘、防震。

②仪器持续使用2 h后应休息15 min,一般不应持续使用4 h以上,夏天应有适当的降温措施。

③开机和关机前,仪器各操作键应复位。

④导线不应折曲、损伤。

⑤探头应轻拿轻放,切不可撞击;探头使用后应揩拭干净,切不可与腐蚀剂或热源接触。

⑥经常开机,防止仪器因长时间不使用而出现内部短路、击穿以致烧毁。

⑦不可反复开关电源(间隔时间应在5 s以上)。

⑧配件连接或断开前,必须关闭电源。

⑨仪器出现故障时,应请人排查和修理。

3.1.9　各器官超声检查手法

①动物头朝向机器一方。仰卧位(首选体位):腹部超声检查的首选体位(图3.15)。侧卧位:个别检查项目,如肾上腺;当腹部膨胀无法按压时,检查肾脏。

②操作者右手持探头,检查台放置在右侧左手放在键盘上,便于操作键盘(图3.16)。

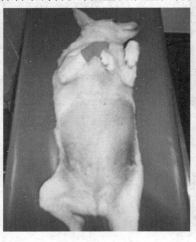 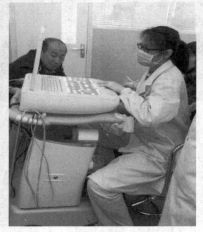

图3.15　仰卧位　　　　　　　　图3.16　仪器操作

（1）肝脏

探头的选择：微凸及线阵；体位：仰卧位/左侧卧位；声窗：剑突下方及肋间隙；正常肝脏图像：轮廓平滑，肝尖锐利，回声均匀，脉管纹路清晰，回声低于脾脏（图3.17、图3.18）。

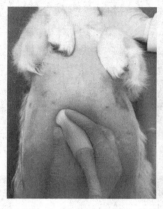 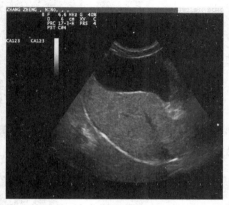

图3.17 肝脏扫查　　　　　图3.18 肝脏超声图

（2）脾脏

探头的选择：微凸及线阵；体位：仰卧位/左侧卧位；声窗：左侧肋弓尾；正常脾脏图像：轮廓平滑，回声均匀，脾尾锐利程度，脾门静脉血流丰富（图3.19）。

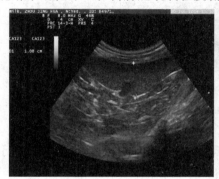 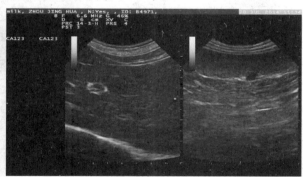

图3.19 脾脏超声图

（3）肾脏

探头的选择：微凸及线阵；体位：仰卧位，右肾必要时左侧卧位；声窗：双侧肋弓尾，右肾更靠近头极；正常肾脏图像：回声强度：脾脏>肝脏≥肾脏（皮质），个别犬，部分猫肾脏的功能正常但皮质的回声高于脾脏。轮廓规则，皮质回声均匀，皮质回声低于（或等同）脾脏及肝脏，皮质髓质分界清晰。肾脏矢状面、冠状面扫查及超声图显示如图3.20—图3.23所示。

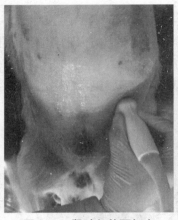

图 3.20　肾脏矢状面扫查

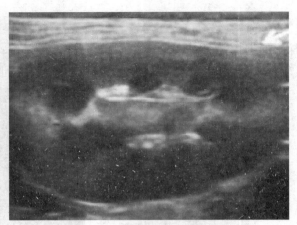

图 3.21　肾脏矢状面超声图

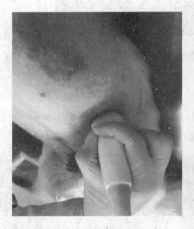

图 3.22　肾脏冠状面扫查

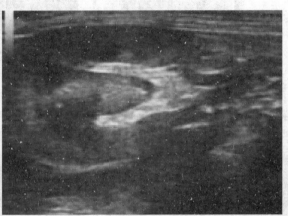

图 3.23　肾脏冠状面超声图

（4）膀胱

　　探头的选择：微凸及线阵；体位：仰卧位；声窗：最后乳区中央。在适度充盈状态下进行膀胱扫查。膀胱壁轮廓规则，回声均匀。内为无回声充满尿液影像（图 3.24、图 3.25）。

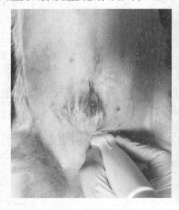

图 3.24　膀胱扫查

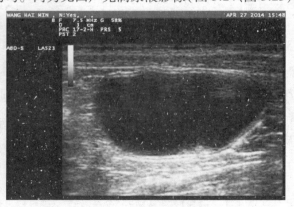

图 3.25　膀胱超声图

（5）子宫、卵巢

探头的选择：微凸及线阵；体位：仰卧位，必要时适当左/右侧卧；声窗：双肾尾腹侧/膀胱背侧结肠腹侧。卵巢大小及暗区（卵泡/黄体）个数随发情期变化而变化。扫查子宫体时，首先定位膀胱，做膀胱的横切图，当看到膀胱、子宫体、结肠3个横切图像时，转动探头看子宫的纵切图（图3.26、图3.27）。

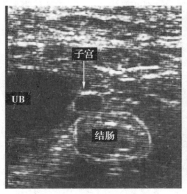

图3.26　子宫超声图

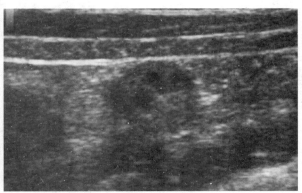

图3.27　卵巢超声图

（6）肠道、胃

探头的选择：微凸及线阵；体位：仰卧位。肠道正常分层由内至外：黏膜—黏膜下层—肌层—浆膜层。可见正常回声，蠕动时，黏膜层和肌层厚度可能相近。肠内容物：气体（混响伪影），液体（无回声至产回声，伴后方回声增强）（图3.28、图3.29）。胃的超声影像根据内容物不同而图像不同，猫空虚的胃看起来像车轮（图3.30、图3.31）。

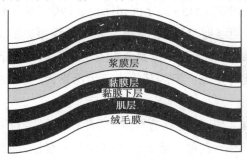

图3.28　肠道分层

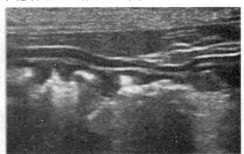

图3.29　肠道超声图

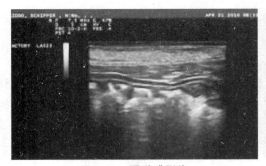

图3.30　胃黏膜影像

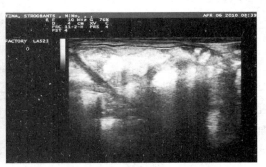

图3.31　装有内容物的胃内影像

任务 3.2　DR 检验技术

➤ **学习目标**

- 会 DR 的基本原理。
- 会各位部位的摆位方法。
- 会 DR 使用方法。
- 会各种造影方法。
- 会使用 DR 进行检查。

3.2.1　DR 的简介

DR 是数字化 X 射线,是传统 X 光的进化版本,就像传统胶卷相机与现在数码相机的区别,本质是一样的,主要是利用 X 射线的穿透性原理,在穿越人体时,因为人体组织密度不一样来形成影像。DR 是在 X 线电视系统的基础上,利用计算机数字化处理,使模拟视频信号经过采样、模/数转换后直接进入计算机中进行存储、分析和保存。DR 实现了信息采集、处理、存储和显示的一体化,使 X 线摄影能够即时成像,改变了常规 X 线摄影的工作流程。DR 图像具有较高的分辨率、图像锐利度好、细节显示清楚;放射剂量小、曝光宽容度大;还可实现放射科无胶片化、医院之间网络化等优点。但因其价格较为昂贵,在偏远地区的小动物临床一定程度上限制了它的推广。

DR 的应用范围与普通 X 线摄影基本相同,但有其自身的特点,具有和 X 线透视下定位点片相同的优点,并可进行后处理改善图像质量,其最大优势是即时性和连续性;曝光条件自动设定,缩短了检查时间。

3.2.2　数字图像处理技术

数字图像处理又称为计算机图像处理,它是指将图像信号转换成数字信号并利用计算机对其进行处理的过程。数字图像处理主要包括对比度处理、频率处理、动态范围压缩处理和减影处理。

1）对比度处理

数字图像的灰度值分布由量化过程中选用的量化位数决定，现有数字成像设备多采用12位或14位，它们的灰度值分布为0~4 095或0~16 383。人眼能分辨的灰度差异只有26级，数字图像所记录的灰度差异人眼无法全部直接分辨出来，因此，需要通过调节对比度，使影像信息能被分辨。对比度调节可以采用窗口技术和对比度增强来实现。

（1）窗口技术

窗口技术是指调节数字图像灰阶亮度水平和差异的一种技术，即通过选择不同的窗宽、窗位，使目标部位按照满足影像诊断需要的理想亮度和对比度清晰地显示出来。窗宽是表示图像所显示的像素值的范围，加大窗宽，图像层次丰富，组织对比度减小；缩小窗宽，图像层次减少，组织对比度增加。窗位是图像所显示的像素值范围的中心像素值。窗位的选择应以被观察的组织的像素值为依据。

（2）对比度增强

对比度增强是数字图像后处理的重要方式。数字图像的对比度可以通过将像素值乘以一个适当的系数再减去一个数值来加以改善。当需要增加对比度时，选择的系数应大于1；当需要降低对比度时，选择的系数应小于1。由于人眼对亮度明暗的分辨有一定范围，在调整对比度的同时，有一部分信息将从有效显示范围内移出而不能显示，或从显示范围外移入而得到有效显示。对比度增强常采用线性变换和非线性变换的方法。线性变换是把原图像的灰度分布整体扩展或压缩，其显示效果相当于窗口技术的处理效果。非线性变换采用分段线性变换、对数变换和指数变换的方法，原图像的灰度分布分段扩展或压缩，使兴趣区突出显示。

2）频率处理

频率处理是选择性增强或减弱特殊空间频率的成分，以改善图像的视觉效果。模糊蒙片减影技术是频率处理的常用技术。对原始影像进行蒙片处理，产生一幅模糊影像，然后用原始影像减去蒙片，获得影像的差值信号，将差值信号叠加回原始影像中而获得增强后的影像。

3）动态范围压缩处理

动态范围压缩处理可以低密度区域为中心或以高密度区域为中心进行压缩，使原始图像低密度区域的密度值增高，或使高密度区域的密度值降低，使图像的动态范围变窄。

4）减影处理

数字图像的减影处理有时间减影和能量减影两种方法。时间减影常应用于数字减影血管造影（DSA），它将造影前后的影像相减而获得单纯显示血管的影像。在常规X线摄影中多采用能量减影的成像方式。CR成像系统多采用一次曝光能量减影法，它是在两块成像板中间放置一块金属滤过板，采用高千伏摄影，前面的一块IP接受低能X线，后面的一块 IP 接受高能 X 线,利用两块 IP 的信息差异而获得减影像。DR 成像系统多采用二次曝光能量减影法。利用系统设置在极短时间内自动切换摄影条件,使 DR 系统在短时间内获得一幅低能 X 线图像和一幅高能 X 线图像,利用两幅图像的信息差异,将两幅图像相减而形成仅有软组织或骨骼成分的减影图像。

3.2.3 摆位技术

1)常用摆位方位名称

①背腹位(DV)和腹背位(VD)。

②(左)右侧位/(右)左侧位。

③内外侧位/前后位或后前位,背掌位或背跖位。

④其他摆位:斜位,应力位,负重位,轴位,水平 X 线投照。

注意:摆位名称的第一字表示 X 线进入方向,第二字表示射出方向。

摆位一般包括两个垂直的体位;摆位是否符合规定,投影中心是否正确等;投照面积是否合适;动物的体位和角度是否合适。

2)常用摆位技术

(1)头部摆位

①方法:侧卧保定,头部的矢状面与摄影床平行(图 3.32、图 3.33)。

②投照中心:眼和耳连线的中点,颧弓背侧。

③检查颞下颌关节时,张嘴,斜位。

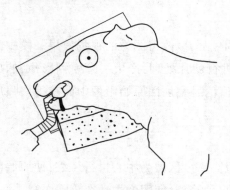 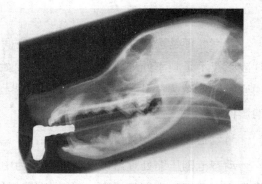

图 3.32 头部摆位(侧位)　　　　　图 3.33 头部侧位 X 线片

(2)肩关节内外侧位

方法:侧卧保定,患肢在下,将患肢向下、向前拉,使肩关节在胸骨和气管的腹侧。头颈向背侧屈曲,对侧肢后拉,但不能使身体旋转。X 线中心束对准肩峰(图 3.34、图 3.35)。

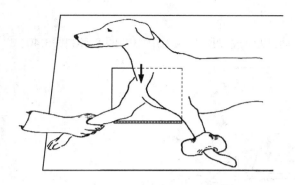

图 3.34 肩关节内外侧位摆位

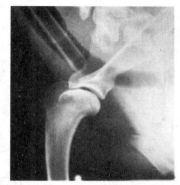

图 3.35 肩关节内外侧位 X 线片

（3）肱骨内外侧位

①方法：患犬侧卧，患肢在下；患肢前拉，对侧肢屈曲后拉远离 X 线中心束，头颈向背侧屈曲，后肢固定；X 线中心束对准肱骨骨体中部（图 3.36、图 3.37）。

②注意事项：该体位易于评价肱骨和肘关节，但对肩关节的穿透力往往不足。

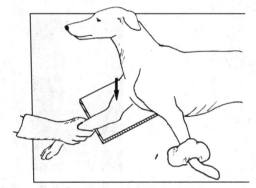

图 3.36 肱骨内外侧位摆位

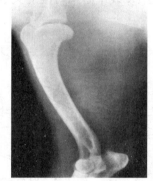

图 3.37 肱骨内外侧位 X 线片

（4）肱骨前后位

①方法：犬俯卧于片盒上，肱骨前后摆拉（图 3.38）。X 线中心束对准肱骨骨体中部。

②注意事项：应设法使 X 线束的中心平行通过关节间隙（图 3.39）。

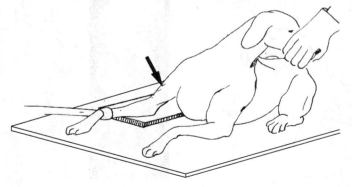

图 3.38 肱骨前后位摆位

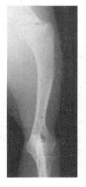

图 3.39 肱骨前后位 X 线片

（5）肘关节侧位

方法：X线中心束对准肘关节的旋转轴，以形成以肱骨髁为中心的同心环（图3.40）。

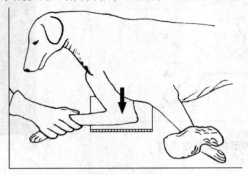

图3.40　肘关节侧位摆位

（6）肘关节前后位

犬俯卧于片盒，肘关节前后位摆位（图3.41），位于中央。

方法：X线中心束对准肘关节（图3.42）。

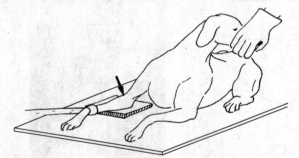

图3.41　肘关节前后位摆位

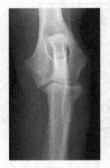

图3.42　肘关节前后位X线片

（7）桡尺骨前后位

犬俯卧于片盒，桡尺骨前后位摆位（图3.43），位于中央。

方法：X线中心束对准桡尺骨中部（图3.44）。

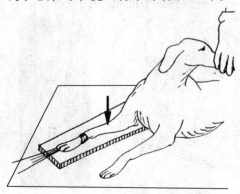

图3.43　桡尺骨前后位摆位

图3.44　桡尺骨前后位X线片

（8）桡尺骨内外侧位

犬侧卧于片盒,桡尺骨内外侧位摆位（图3.45）,位于中央。

方法:X线中心束对准桡尺骨中部（图3.46）。

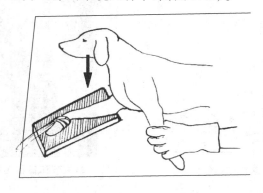

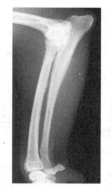

图3.45　桡尺骨内外侧位摆位　　　　图3.46　桡尺骨内外侧位X线片

（9）腕、掌指部背掌位和内外侧位

犬俯卧、侧卧后,腕、掌部背掌位摆位（图3.47）,位于中央。

方法:X线中心束对准投照部位中心（图3.48—图3.50）。

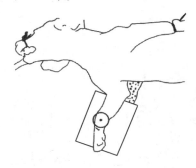

图3.47　腕、掌部背掌位摆位　　　　图3.48　腕、掌部内外侧位摆位

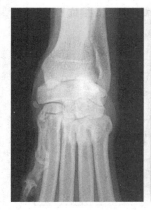

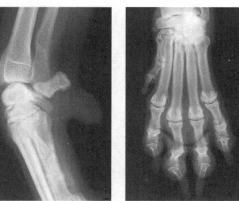

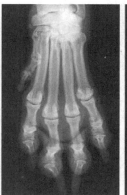

图3.49　腕部X线片　　　　　　　图3.50　掌部X线片

（10）髋关节和骨盆腹背位

方法：股骨完全伸展，包括膝关节，用于评估髋关节发育不良（图3.51、图3.52）。

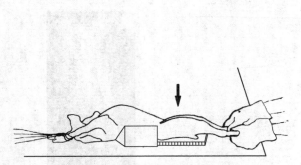

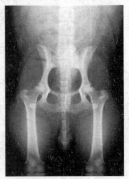

图3.51　髋关节和骨盆腹背位摆位　　　　图3.52　髋关节和骨盆腹背位X线片

（11）股骨、膝关节、胫腓骨和跗关节、跖趾部内外侧位

犬侧卧于片盒上，将健肢拉开，相关部位摆位如图3.53—图3.56所示，注意切勿遮挡拍摄部位。

方法：X线中心束对准需投照部位的中心。

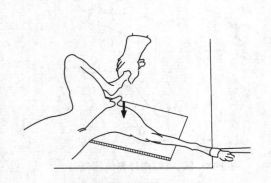

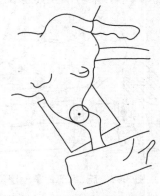

图3.53　股骨内外侧位摆位　　　　　　　图3.54　胫腓骨内外侧位摆位

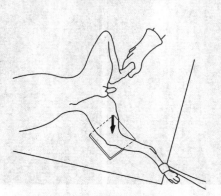

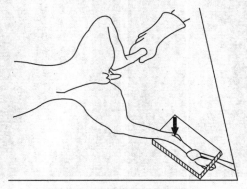

图3.55　膝关节外侧位摆位　　　　　　　图3.56　跗关节内外侧位摆位

（12）股骨前后位

犬仰卧,双后肢向后牵拉,使股骨与片盒平行,股骨前后位摆位（图3.57）,位于中央。
方法:X线中心束对准股骨中心（图3.58）。

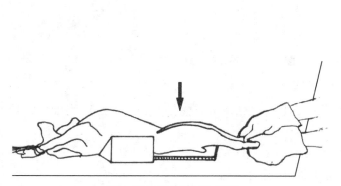

图 3.57　股骨前后位摆位　　　　　图 3.58　股骨前后位 X 线片

（13）脊柱侧位和腹背位摆位

①方法:分节段、小片盒投照;颈椎、胸椎、胸腰椎结合处、腰椎、腰荐关节（图3.59）。
②注意事项:在头部、颈部、腰部和胸骨采用局部支撑。

图 3.59　脊柱侧位 X 线片

（14）胸部侧位摆位

①方法:左或右侧卧,前肢平行前拉,后肢后拉,头颈自然伸展,支撑胸骨（图3.60）。
②投照范围:从肩前到第1腰椎。
③投照中心:在第5肋间隙（肩胛骨后缘1—2指）,厚度以第13肋骨处的厚度为准。

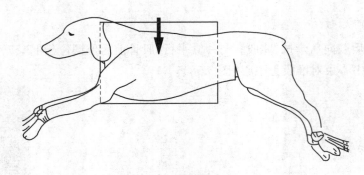

图 3.60　胸部侧位摆位

（15）胸部背腹位/腹背位摆位

①方法：俯卧/仰卧，前肢前拉，肘头外展，后肢自然摆放，脊柱拉直，胸椎与胸骨上下在同一垂直平面（图 3.61）。

②投照范围：从肩前到第 1 腰椎。

③投照中心：在第 5—6 肋间隙（肩胛骨后缘）。

④注意事项：胸廓的厚度以第 13 肋骨处的厚度为准。

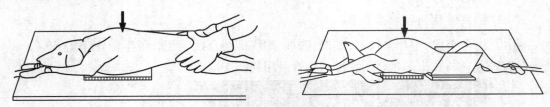

图 3.61　胸部背腹位/腹背位摆位

（16）腹部侧位摆位

①方法：将动物右侧卧或左侧卧，垫高胸骨与腰椎等高，将后肢向后牵拉使之与脊柱约成 120°（图 3.62）。

②投照范围：包括前界含膈，后界达髋关节水平，上界含脊柱，下界达腹底壁。

③投照中心：对准腹中部（最后肋骨后缘）。

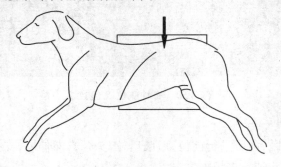

图 3.62　腹部侧位摆位

（17）腹部腹背位摆位

①方法：动物仰卧，前肢前拉，后肢自然摆放屈曲呈"蛙腿"样（图3.63）。

②投照中心：对准脐部。

③投照范围：包含剑状软骨至耻骨区域。

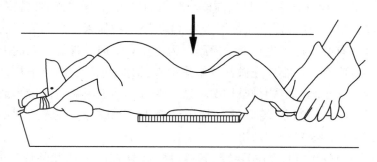

图3.63 腹部腹背位摆位

3.2.4 造影技术

对缺乏自然对比的结构或器官，可将密度高于或低于该结构或器官的物质引入器官内或其周围间隙，使之产生对比显影。X线造影是一种常用的X线检查方法。尽管有了对组织器官分辨能力比普通X线强100倍的电子计算机X线断层扫描（CT），但造影术仍不失为一种重要的辅助检查方法。

1）造影剂的种类

①经肾排泄的造影剂，多用于泌尿系统和心血管的造影，如76%泛影葡胺、碘海醇等。

②经肝胆排泄的造影剂，如横番酸等。

③油脂类造影剂，如碘化油、碘苯酯等，主要用于支气管、子宫等管道、体腔等的造影。

④固体造影剂，如硫酸钡，将其调成混悬液吞服或灌肠，用于消化道造影。

⑤气体造影剂，如空气、二氧化碳、氧气等，这类造影剂密度低于人体软组织，属阴性造影剂，在X线片上呈黑色。

前4类造影剂密度均高于人体软组织，统称为阳性造影剂，在X线片上呈白色。

2）常用造影术

（1）消化道造影检查

①方法。消化道造影检查是指一种用硫酸钡作为造影剂，在X线照射下显示消化道有无病变的检查方法，包括食道造影、食道胃造影、小肠造影。

食道造影检查是把阳性造影剂引入管腔内，观察食管的结构状态的一种检查技术。对食道异物、狭窄、阻塞、扩张和食道壁的损伤，如溃疡、破裂、肿瘤、食管壁外的占位性压迫等疾病的诊断有重要价值。造影前，动物一般无须做特别的准备。狗、猫可以自然站立，以侧位观察为主，必要时可作卧位观察。食管造影的投喂，通常有稀钡投喂法、稠钡投喂法以及含造影剂食物投喂法,分别适用于食道管腔内形态学观察、食道黏膜细节观察以及食道蠕动功能观察。对有食管气管瘘或食管穿孔的动物,不宜使用钡剂,应选用水溶性有机碘剂作造影剂。

胃肠道联合造影检查是一种将造影剂引入胃内,观察胃及肠管的黏膜状态、轮廓及蠕动与排空功能的 X 线检查方法。对胃、前段小肠内的异物、肿瘤、幽门部病变及膈疝等的诊断具有重要意义。目前,该造影方法常用于犬、猫等小动物临床诊断。造影前,被检动物应适当禁食、禁水,如有必要还需进行清洁灌肠。为避免麻醉剂对胃肠功能的干扰,做胃肠功能观察的动物不做麻醉。造影前先做常规影像检查,拍摄腹部正、侧位平片,以排除胃内不透性异物及检视胃和小肠内容物排空情况。造影剂可选择医用硫酸钡造影剂成品,配成硫酸钡与水之比为 $1:1\sim2$ 的混悬液。小动物用量为 $2\sim5$ mL/kg。注入速度不应太快,以防钡剂进入气管或溢出污染检查部被毛。

结肠造影检查可辅助诊断肠腔狭窄、肠壁肿瘤或外在的占位性肿块和先天性畸形疾病。对于结肠、直肠穿孔的动物不应进行该检查;有结肠、直肠损伤的患畜,应待组织修复后再做灌肠。

②注意事项。检查前,不要服含铁、碘、钠、铋、银等药物。造影前,不宜多吃纤维类和不易消化的食物。造影当天应禁食。对要做结肠造影钡灌肠检查的病畜,需提前进行肠道准备,检查前排空大便,确保排泄物中没有粪便后再去做钡灌肠。

（2）泌尿道造影

泌尿道造影是一种通过静脉内注入含碘造影剂,观察其在肾脏、输尿管、膀胱的积聚,从而诊断泌尿系统疾病的造影方法。利用某些造影剂静脉注射后迅速经肾脏排泄,使尿路各部分(包括肾盂、输尿管、膀胱)显影的一种技术方法。临床上应用于犬等小动物的泌尿系统检查,可观察整个泌尿系统的解剖结构及各段尿路的病变。泌尿道造影能对肾盂积水、肾囊肿、肿瘤、可透性结石、输尿管阻塞、膀胱肿瘤、前列腺疾病及尿路先天性畸形等做出诊断。外周静脉注入医用泛影葡胺、碘海醇,注射完毕后 5 min 和 15 min,分别拍摄腹部、腹背位照片,可充分显示肾盂情况。待造影剂经输尿管进入膀胱后可显示膀胱影像并观察膀胱结构。

膀胱造影是将导尿管通过尿道插入膀胱,然后注入造影剂,使膀胱充盈显影,以观察其大小、形态、位置的一种技术方法。膀胱造影用于小动物的膀胱肿瘤、息肉、损伤、结石和发育畸形等的诊断,并可用以检查盆腔占位性病变和与前列腺病变的关系。通过导尿管向膀胱内注射造影剂,同时用手在腹壁触诊膀胱,以掌握其充盈程度,防止过度充盈导致膀胱胀裂。造影剂的注入量一般为 $40\sim100$ mL。

（3）脊髓造影

脊髓造影又称椎管造影,是通过穿刺将造影剂直接注入蛛网膜下腔,使椎管显影的 X 线检查方法,用于犬等小动物检查椎管内的占位性病变、椎间盘突出或蛛网膜粘连,评估脊髓的位置和结构。当动物呈现脊髓病的临床症状而 X 线平片又显示不清,或在病变实质已明确而正待手术时,在术前进行此项检查。被检动物需全身麻醉,以头部向上的侧卧姿势放置于可做45°倾斜的检查床上。通常在第5、6、7腰椎棘突之间穿刺,以观察腰段或胸段脊髓,也可在小脑延髓池穿刺检查颈段和胸段脊髓。在小动物临床上常使用碘海醇、泛影葡胺做造影剂。

(4)心血管造影

心血管造影是将造影剂快速注入心腔或大血管进行连续摄片的一种检查方法,用以显示心脏、大血管和瓣膜的解剖结构与异常变化。进行犬的心血管造影时,动物需作全身麻醉。通常选用高浓度水溶性有机碘化物做造影剂,如泛影酸钠或泛影葡胺等。

任务3.3 心电图检验技术

3.3.1 心电图的简介

心电图(ECG)是利用心电图机从体表记录心脏每一心动周期所产生的电活动变化图形的技术。心电图可以简单地理解为一个电压计或电流计,心电图是通过导联将心肌的电活动(去极化、复极化)记录下来,提供心脏搏动速率、节律,以及心脏内的传导状态,是测量和诊断心脏节律最好的方式。心电图机如图3.64所示。

图3.64 心电图机

下面简要介绍心电图的基本概念。

（1）心脏电生理特性

心脏内所有的细胞都具有潜在的自身电活动性，窦房结电活性频率最高，是心率的控制点即起搏点。窦房结的节律可受自主神经系统影响。每个心动周期的放电起始于窦房结，传播至心房肌细胞，之后去极化波传至房室结，此时速率减慢，形成一次延时，传导通过房室环，进入系氏束在室中隔处分为左右束支。

（2）心电图产生原理

静息状态下，由于心脏各部位心肌细胞都处于极化状态，没有电位差，电流记录仪描记的电位曲线平直，即为体表心电图的等电位线。心肌细胞在受到一定强度的刺激时，细胞膜通透性发生改变，大量阳离子短时间内涌入膜内，使膜内电位由负变正，这个过程称为除极。对整体心脏来说，心肌细胞从心内膜向心外膜顺序除极过程中的电位变化，由电流记录仪描记的电位曲线称为除极波，即体表心电图上心房的 P 波和心室的 QRS 波。细胞除极完成后，细胞膜又排出大量阳离子，使膜内电位由正变负，恢复到原来的极化状态，此过程由心外膜向心内膜进行，称为复极。

（3）导联

心脏是一个立体的结构，为了反映心脏不同面的电活动，在不同部位放置电极，以记录和反映心脏的电活动。心脏电极的安放部位如表3.1所示。在行常规心电图检查时，通常只安放 4 个肢体导联电极，记录常规 12 导联心电图。

表 3.1　心脏电极的安放部位

电极名称	电极位置
LA	左前肢
RA	右前肢
LL	左后肢
RL	左后肢

两两电极之间或电极与中央电势端之间组成一个个不同的导联，通过导联线与心电图机电流计的正负极相连，记录心脏的电活动。两个电极之间组成了双极导联，一个导联为正极，一个导联为负极。双极肢体导联包括 Ⅰ 导联、Ⅱ 导联和 Ⅲ 导联；电极和中央电势端之间构成了单极导联，此时探测电极为正极，中央电势端为负极。avR、avL、avF 均为单极导联。由于 avR、avL、avF 远离心脏，以中央电势端为负极时记录的电位差太小，因此，负极为除探查电极以外的其他两个肢体导联的电位之和的均值。由于这样记录增加了 avR、avL、avF 导联的电位，因此，这些导联也被称为加压单极肢体导联。心电图导联连接如图 3.65 所示。

导联名称	正极	负极
I	LA	RA
II	LL	RA
III	LL	LA
avR	RA	1/2（LA+LL）
avL	LA	1/2（RA+LL）
avF	LL	1/2（LA+RA）

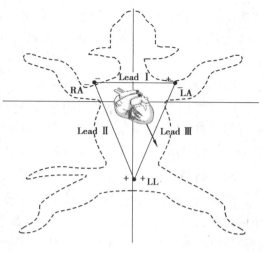

图3.65　心电图导联连接示意图

（4）记录纸

心电图记录的是电压随时间变化的曲线。心电图记录在坐标纸上，坐标纸由 1 mm 宽和 1 mm 高的小格组成。横坐标表示时间，纵坐标表示电压。通常采用 25 mm/s 的纸速记录，1 小格 = 1 mm = 0.04 s。纵坐标电压 1 小格 = 1 mm = 0.1 mV。

3.3.2　心电图各波及波段的组成

心电图如图 3.66 所示。由图可以看出心电图包含的各波及波段的组成，具体如下。

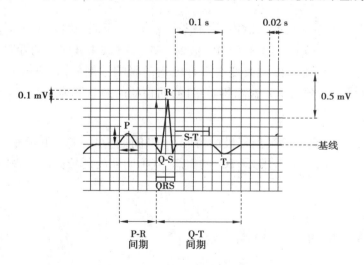

图3.66　心电图

1）P 波

正常心脏的电激动从窦房结开始。由于窦房结位于右心房与上腔静脉的交界处，所以，窦房结的激动首先传导到右心房，通过房间束传到左心房，形成心电图上的 P 波。P 波

185

代表了心房的激动,前半部代表右心房激动,后半部代表左心房的激动。P 波时限为 0.12 s,高度为 0.25 mV。当心房扩大,两房间传导出现异常时,P 波可表现为高尖或双峰的 P 波。

2)PR 间期

PR 间期代表由窦房结产生的兴奋经由心房、房室交界和房室束到达心室并引起心室肌开始兴奋所需要的时间,故也称为房室传导时间。正常 PR 间期在 0.12~0.20 s。当心房到心室的传导出现阻滞时,则表现为 PR 间期的延长或 P 波之后心室波消失。

3)QRS 波群

激动向下经希氏束、左右束支同步激动左右心室形成 QRS 波群。R 波之前的第一个负向波称为 Q 波,正向波均称为 R 波,R 波前可能存在 Q 波,也可能不存在。R 波后的任何负向波称为 S 波,不管是否存在 Q 波,QRS 波群代表了心室的除极。当出现心脏左右束支的传导阻滞、心室扩大或肥厚等情况时,QRS 波群出现增宽、变形和时限延长。

4)J 点

J 点是 QRS 波结束,ST 段开始的交点,代表心室肌细胞全部除极完毕。

5)ST 段

ST 段表示心室肌全部除极完成,复极尚未开始的一段时间。此时,各部位的心室肌都处于除极状态,细胞之间并没有电位差。因此,正常情况下 ST 段应处于等电位线上。当某部位的心肌出现缺血或坏死的表现时,心室在除极完毕后仍存在电位差,此时表现为心电图上 ST 段发生偏移。

6)T 波

心室复极化过程心室肌形成的电位差形成 T 波,可正向、负向、双向。心房复极化波 Ta 在体表心电图很难识别,常隐藏于 QRS 波内。在 QRS 波主波向上的导联,T 波应与 QRS 主波方向相同。心电图上 T 波的改变受多种因素的影响。例如,心肌缺血时,可表现为 T 波低平倒置。T 波的高耸可见于高血钾、急性心肌梗死的超急期等。

7)QT 间期

QT 间期代表了心室从除极到复极的时间。QT 间期为 0.44 s,由于 QT 间期受心率的影响,因此引入了矫正的 QT 间期(QTC)的概念。QT 间期的延长往往与恶性心律失常的发生相关。

3.3.3 常见的异常心电图

1)窦性节律异常

窦性节律异常与迷走神经紧张性有关。

①起源点:窦房结。

②心率:与窦性节律相似。

③节律:规律性的不规律。当心率在吸气膜时,呼气早期加快;当心率在呼气末时,吸气早期减慢(图3.67)。

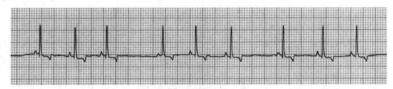

图3.67 窦性节律

窦性节律异常分为窦性心动过速和窦性心动过缓。

(1)窦性心动过速

窦性心动过速除了心率增快,其他与窦性心律一样。犬>160~180/min,猫>240/min。窦性心动过速通常是交感神经紧张性增加导致的,无须治疗(图3.68)。

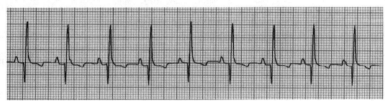

图3.68 窦性心动过速

(2)窦性心动过缓

窦性心动过缓表现为心率均匀而缓慢,犬猫一般表现为心率:犬<70/min,猫<140/min。窦性心律不齐和游走性起搏点也可能同时出现。

窦性心动过缓通常不需要治疗,常由迷走神经紧张性增加导致(图3.69)。

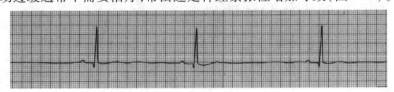

图3.69 窦性心动过缓

2)异位搏动

心律失常是就心脏冲动的起源部位心搏频率和节律以及冲动传导的任一异常而言的。异位搏动包括心律失常、异位节律、传导障碍。

缓慢性心律失常是指窦性缓慢性心律失常、房室交界性心律、心室自主心律,传导阻滞等以心律减慢为特征的疾病。

快速性心律失常是指心律大于100次/min的时候出现的心动过速,包括室性早搏、房颤和室颤。

(1)室性早搏

室性早搏是指希氏束分叉以下部位过早发生的,提前使心肌除极的单个或成对的心搏。室性早搏的特点:室性异位起搏点去极化快于窦房结;冲动不通过正常的心室传导通路;不正常的 QRS 波形(宽且怪异),随后有补偿性间歇(>1 个 R-R 间隔)(图 3.70)。

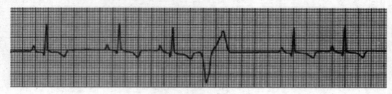

图 3.70　室性早搏

室性早搏的心电图特征:

- QRS 波异常。
- 形状异常。
- 变宽常约 50%。
- VPC 的 T 波较大且与 QRS 方向相反。
- VPC 通常与之前的 P 波无关联(除非巧合)。
- 由于 VPC 提前发生,正常的心房去极化到达房室结时将处于心室不应期,故 P 波常隐藏在室性早搏波群内。

(2)房颤

房颤是指心肌纤维发生快速不规则的弱收缩活动,是最常见的心律失常之一,属于室上性心律失常(图 3.71)。

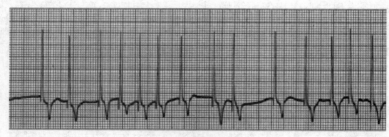

图 3.71　房颤

房颤的心电图特征:

- QRS 波群形状正常。
- R-R 间期不规则且紊乱。
- QRS 波群振幅常发生改变。
- QRS 波群前无可识别的 P 波。

根据以上特征总结为:室上性 QRS 波+不规则 R-R+P 波消失 = 房颤

(3)室颤

室颤通常是心脏停搏前的节律,常继发于室性心动过速,既听不到心音,也摸不到脉搏(图 3.72)。

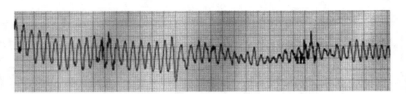

图 3.72　室颤

室颤的心电图特征：
- 基线波动，波的幅度和形态多变，无可辨认的 P 波、QRS 波、T 波。
- 粗的 vs 细的室颤。

3.3.4　心电图的判读

心电图的判读包括以下内容。
①确认病畜，夹子正确。
②确认纸张速度，电位大小。
③计算心率。
④评估节律。
⑤P、QRS、T 形态，间距。
⑥平均电轴。
⑦用 I 导联和 aVF 导联。
⑧看净值是阳性或阴性——数小格子。
⑨连接矩形就是平均电轴。

任务 3.4　内窥镜检验技术

➤ **学习目标**
- 会内窥镜的基本原理。
- 会内窥镜的种类。
- 会内窥镜的使用方法。
- 会内窥镜进行诊断治疗。

3.4.1　内窥镜的简介

内窥镜是集传统光学、人体工程学、精密机械、现代电子、数学、软件等于一体的检测仪器。一个具有图像传感器、光学镜头、光源照明、机械装置的管子,可以经人体的天然孔道,或者经手术做的小切口进入人体内。利用内窥镜可以看到 X 射线不能显示的病变,因此,它对医生非常有用。例如,借助内窥镜医生可以观察胃内的溃疡或肿瘤,据此制订出最佳的治疗方案。

3.4.2　内窥镜的分类

1) 按发展及成像构造分类

内窥镜按发展及成像构造分为硬管式内镜、光学纤维(软管式)内镜和电子内镜。

2) 按功能分类

内窥镜按功能可以分为以下 6 种。

①用于消化道的内镜,包括硬管式食道镜、纤维食道镜、电子食道镜、超声电子食道镜、纤维胃镜、电子胃镜、超声电子胃镜、纤维小肠镜、电子小肠镜、纤维结肠镜等。

②用于呼吸系统的内镜,包括硬管式喉镜、纤维喉镜、电子喉镜、纤维支气管镜、电子支气管镜、胸腔镜等。

③用于腹膜腔的内镜,包括硬管式、光学纤维式、电子手术式腹腔镜。

④用于胆道的内镜,包括硬管式胆道镜、纤维胆道镜、电子胆道镜等。

⑤用于泌尿系的内镜,膀胱镜,可分为检查用膀胱镜、输尿管插管用膀胱镜、手术用膀胱镜等;输尿管镜;肾镜。

⑥用于关节的内镜,主要是关节腔镜。

3.4.3　内窥镜的基本结构及成像原理

医用光学纤维内镜。

(1) 组成

内镜先端部、弯曲部、导像管、操作部、导光管和导光管接头。

(2) 成像原理

纤维内镜的成像原理是将冷光源的光,传入导光束,在导光束的头端(内镜的先端部)装有凹透镜,导光束传入的光通过凹透镜,照射于脏器内腔的黏膜面上,这些照射到脏器内腔黏膜面上的光即被反射,这些反射光即成像光线。这些反射光再反射进入观察系统,按照先后顺序经过直角屋脊棱镜、成像物镜、玻璃纤维导像束、目镜等一系列的光学反应,便能在目镜上观察到被检查脏器内腔黏膜的图像。

3.4.4 动物内窥镜的选择

根据检查的系统,被检查的动物品种来决定所需内窥镜的类型。内窥镜主要包括软式内窥镜和硬式内窥镜。

1) 软式内窥镜

软式内窥镜在兽医消化道和呼吸道的主要用途是观察和获取黏膜的组织或细胞学样本。移除异物、扩张狭窄、控制出血、插入导管也非常重要,但不是常见的操作。与手术所得的全层样本相比,通过软式内窥镜检查所获得的组织样本仅限于黏膜和相邻的黏膜下层。内窥镜检查无法可靠地诊断超出其可达范围的异常、内窥镜活检钳无法触及的脏器壁深部的浸润及活检钳无法穿孔的坚硬、致密的纤维化病变通过内窥镜冲洗进行的细胞学检查通常可用于疾病诊断,如癌、寄生虫感染、真菌感染、原藻病和嗜酸性肠炎。

2) 硬式内窥镜

与软式内窥镜相比,硬式内窥镜(尤其是腹腔镜、胸腔镜和关节镜)更常用于介入治疗。硬式结肠镜检查所获得的组织样本均优于软式结肠镜。硬式活检工作通常借助更大、更深的硬式内窥镜。硬式内窥镜可用于胃肠道和呼吸道、雌性动物下泌尿道、腹腔、胸腔和关节。硬式内窥镜的适应证包括很多软式内窥镜的适应证,与结肠或直肠样本,其中含有相对大量的黏膜下层,因此,当怀疑致密的纤维化黏膜下层病变时,适合使用硬式内窥镜。

硬式内窥镜和软式内窥镜都可用于移除异物。硬式内窥镜是移除大部分食道异物最好的方法。大部分食道、鼻腔、气管和喉内异物及许多胃、十二指肠异物均可通过内窥镜移除,而不会给患病动物带来不必要的风险。而对于超出内窥镜可达范围、无法使用内窥镜的器械抓取,或尝试用内窥镜取出时会引起严重损伤的异物,则通常需要经手术取出。

硬式内窥镜和软式内窥镜具有多种尺寸和长度可供选用。

在兽医学中,最常使用的软式内窥镜为胃、十二指肠镜,支气管镜,结肠镜和输尿管镜。软式内窥镜由操作部、插入管和导软管组成,支气管镜的外径通常为 2~6 mm,胃十二指肠镜的外径为 7.9~10 mm,结肠镜的外径为 10~16 mm,输尿管镜的外径为 2.5~3 mm。所有内窥镜都应含有活检吸引通道。十二指肠镜和结肠镜具有可以向 4 个方向偏转的先端部和可用于注气及冲刷取景镜头的气液通道;支气管镜先端部一般只能向两个方向偏转,且没有气液通道。支气管镜插入管的工作长度通常为 40~60 cm,胃十二指肠镜为 100~135 cm,结肠镜为 130~220 cm。各种内窥镜如图 3.73、图 3.74 所示,膀胱镜示意图如图 3.75 所示,对患犬操作内窥镜如图 3.76 所示。

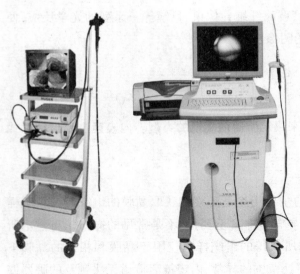

图 3.73　医用内窥镜 　　　　　　　　　　　图 3.74　电子内窥镜

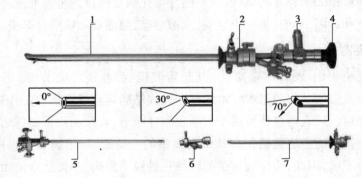

图 3.75　膀胱镜示意图

1—镜体;2—鞘套;3—光导束接口;4—目镜罩;5—操作器;
6—窥镜桥;7—鞘套及闭孔器

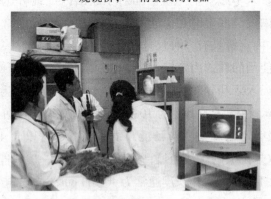

图 3.76　对患犬操作内窥镜

3.4.5 内窥镜的优点

①操作简单、灵活、方便。由于电子技术的应用,在诊断和治疗疾病时,操作者和助手以及其他工作人员,都能在监视器的直视下进行各种操作,使各方面的操作者都能配合默契且安全。因此,操作起来灵活、方便,易于掌握。

②大大提高了诊断能力。

③动物不适感降到了最低程度。由于内镜镜身的细径化,在镜身插入体腔时,患病动物的不适感降到了最低程度。

④便于教学及临床病例讨论。

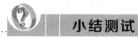 **小结测试**

1.根据超声回声显示方式,不属于超声类型的是( )。

  A.A 型　　　　　　B.B 型　　　　　　C.M 型　　　　　　D.C 型

2.不属于超声影像设备特点的是( )。

  A.强度大　　　　　B.对机体无损伤　　C.安全无痛苦　　　D.显示方法多

3.A 型超声检验法现主要用于测定( )。

  A.动物背膘　　　　B.器官疾病　　　　C.心血管检查　　　D.妊娠检查

4.目前临床使用最为广泛的超声诊断法是( )。

  A.A 型　　　　　　B.B 型　　　　　　C.M 型　　　　　　D.C 型

5.将回声信号以光点明暗,即灰阶的形式显示出来的超声类型是( )。

  A.A 型　　　　　　B.B 型　　　　　　C.M 型　　　　　　D.C 型

6.存在声阻抗差异较大的组织界面的远端,声波在这些界面上全部反射的是( )。

  A.声影　　　　　　B.低回声　　　　　C.镜像伪影　　　　D.无回声

7.下列正常的器官组织中,回声强度最高的是( )。

  A.脾脏　　　　　　B.肝脏　　　　　　C.肾脏皮质　　　　D.肾脏髓质

8.下列正常的器官组织中,回声强度最低的是( )。

  A.脾脏　　　　　　B.肝脏　　　　　　C.肾脏皮质　　　　D.肾脏髓质

9.不属于 DR 的特点的是( )。

  A.高分辨率　　　　B.图像细节清楚　　C.放射剂量小　　　D.无胶片化

10.测量和诊断心脏节律最好的方式是( )。

  A.心电图　　　　　B.B 超　　　　　　C.DR　　　　　　　D.X 光

11.代表了心房的激动的是( )。

  A.P 波　　　　　　B.QRS 波　　　　　C.T 波　　　　　　D.ST 段

12.常用的造影剂是(　　)。

　　A.硫酸钡　　　　　　B.硫酸镁　　　　　　C.硫酸锌　　　　　　D.硫酸钠

13.不属于骨膜增生类型的是(　　)。

　　A.均质光滑型　　　　B.层面型　　　　　　C.放射型　　　　　　D.三角型

14.不属于关节间隙的变化的是(　　)。

　　A.关节间隙增宽　　　B.间隙宽窄不均　　　C.间隙消失　　　　　D.关节面断裂

15.不属于髋关节发育不良的影像学变化的是(　　)。

　　A.髋臼变浅　　　　　B.股骨头扁平　　　　C.股骨颈增粗　　　　D.股骨骨折

16.给动物拍摄胸片时曝光时间应在(　　)之内。

　　A.0.04 s　　　　　　B.0.5 s　　　　　　　C.0.1 s　　　　　　　D.0.01 s

17.不属于膝关节炎的影像学变化的是(　　)。

　　A.关节间隙不均　　　B.关节周围骨赘　　　C.软骨下骨骨化　　　D.骨折

18.属于恶性骨肿瘤骨膜反应的是(　　)。

　　A.均质光滑型　　　　B.层面型　　　　　　C.放射型　　　　　　D.花边型

19.不属于胸腔积液的变化的是(　　)。

　　A.心影不清　　　　　B.胸腔密度增加　　　C.叶间裂隙　　　　　D.支气管征

20.属于骨折的X线征象的是(　　)。

　　A.骨碎片　　　　　　B.骨连续性破坏　　　C.关节间隙变化　　　D.骨膜反应

21.给动物进行妊娠检查测胎儿死活,应用的检查方法是(　　)。

　　A.B超　　　　　　　B.X线　　　　　　　C.CBC　　　　　　　D.生化

22.可用于泌尿系统的造影剂是(　　)。

　　A.硫酸锌　　　　　　B.硫酸镁　　　　　　C.泛影葡胺　　　　　D.硫酸钠

23.不属于股骨头坏死的影像学变化的是(　　)。

　　A.髋臼骨折　　　　　B.股骨头扁平　　　　C.股骨颈增粗　　　　D.股骨骨折

24.属于膀胱结石影像的是(　　)。

　　A.膀胱轮廓不清晰　　　　　　　　　　　　B.膀胱消失

　　C.膀胱内有高密度影　　　　　　　　　　　D.膀胱破裂

25.下列选项可能是恶性骨肿瘤骨膜反应的是(　　)。

　　A.均质光滑型　　　　B.层面型　　　　　　C.放射型　　　　　　D.花边型

26.不属于胸腔积液的变化的是(　　)。

　　A.心影不清　　　　　B.胸腔密度增加　　　C.叶间裂隙　　　　　D.支气管征

27.属于肱骨骨折的征象的是(　　)。

　　A.骨碎片　　　　　　B.骨连续性破坏　　　C.关节间隙变化　　　D.骨膜反应

28.给动物进行怀孕后期妊娠检查时,能测胎儿个数的检查方法是(　　)。

　　A.B超　　　　　　　B.X线　　　　　　　C.CBC　　　　　　　D.生化

项目4
兽医临床治疗技术

SHOUYI LINCHUANG ZHILIAO JISHU

▶▷ **学习目标**

　　学生通过学习全面理解与掌握各种治疗技术的应用、操作方法、操作的注意事项，特别是要认真掌握各种治疗技术的操作技巧，在临床应用中做到熟练与灵活。

▶▷ **培养工作能力**

　　1.会各种动物口服、注射、吸入等兽医临床给药技术。

　　2.会各种穿刺与冲洗技术。

　　3.会输液、封闭、自家血疗法等兽医临床常用疗法。

　　4.会对各种动物进行兽医临床抢救。

▶▷ **工作任务**

　　1.兽医临床给药技术。

　　2.穿刺与冲洗技术。

　　3.兽医临床常用疗法。

　　4.兽医临床抢救技术。

任务 4.1 兽医临床给药技术

经过各种诊断,兽医诊断出动物所患疾病并开出处方。要治疗该病,必须将药物通过确实的各种途径投入体内。临床上,投药的方法很多,主要根据药物的性质、剂量、剂型、动物种类及病情灵活选择。

4.1.1 拌料给药

将药物混入饲料中给药,称为拌料给药。

1)适用范围

当发病动物尚有食欲,或大批群养动物发病和进行药物预防时,可采用此种方法。

2)给药方法

根据动物的数量、采食量、给药剂量算出药物和饲料的用量,准确称取后将所用药物先混入少量饲料中,反复拌和,然后再加入部分饲料拌和,这样多次逐步递增饲料,直至将饲料混完。充分混匀后将混药饲料喂给动物,让其自由采食。对于一些发病动物,也可以将个体剂量的片剂、散剂或丸剂药物包入大小适中的面团、馒头、肉块中,让其单个自由吞食,但应注意药物是否被全部食入。

3)注意事项

用于混饲的药物一般为粉剂或散剂,片剂、丸剂则应将其研成细粉状,应无异味或刺激性;与饲料混合时,应将药物混匀,以免发生中毒和达不到防治目的;现混现用;为防止动物争食、暴食,应将其按大小、体质不同分群喂给药料;在给药料前可进行适当停食,以保证药料迅速食净。

4.1.2 饮水给药

1)适用范围

饮水给药对于尚有饮欲的动物,进行药物预防、饮水免疫和药物治疗,尤其是禽类更为适用。

2)给药方法

投药前可停止供水 1~2 h,根据动物的数量、饮水量及药物特性和剂量等准确算出药物和水的用量,将药物混于饮水中,搅拌均匀,让其自由饮用。

3)注意事项

饮水的药物在水中应具有较好的稳定性;宜在规定时间内饮完,以保证药效;饮水应清洁,不含有害物质和其他异物,不宜采用含漂白粉的自来水来溶解药物;冬季应将药水加温到 20 ℃左右,再给动物饮用;饮水器具应满足动物的饮用。

4.1.3 灌药法

灌药法是用适量的水溶解药物,并用灌药器经口投服的一种给药方式。

1)适用范围

灌药法主要用于少量的水剂药物及中药煎剂、动物不能自由饮用时。

2)灌药方法

(1)器材

橡皮瓶、啤酒瓶、灌角、竹筒、汤匙和不安针头的注射器等。

(2)方法

①牛的灌药法(图 4.1)。畜主或助手牵住牛鼻绳,抬高牛头或握住鼻中隔使牛头抬起,必要时使用鼻钳。操作者左手伸入牛的一侧口角,打开口腔,右手持药瓶从另外一侧口角的空隙处伸入,并送向舌背部,待牛吞咽后,再振抖或轻压药瓶,继续灌服,直至灌完。

图 4.1　牛的灌药法

②马的灌药法。通常用灌角。马行站立保定,用绳一端系于笼头上或绕上腭,绳的另一端经过柱栏的横木,使其拉紧,将头部固定好。操作者手持灌角并装满药液,自侧口角通过的空隙处插入,并送向舌背,反转并抬高灌角的柄部将药液灌入,取出灌角,待其咽下再灌一口,直至灌完。

③羊的灌药法。与牛的灌药法相似,通常由畜主或助手提住羊角,或左手托住下颌,右手固定头部,操作者左手从口角处伸入口腔,轻压舌头,右手持药瓶从另一侧口角伸入口

腔,直至把药灌完。

④猪的灌药法(图4.2)。小猪灌服少量药液时,通常一个人固定猪的两耳或两前肢,并提起其前躯。大猪则需进行仰卧保定,通常是操作者用木棍将嘴撬开,用药匙或注射器自口角处徐徐灌入药液。

视频4.1
药物内服

⑤犬、猫灌药法(图4.3)。犬、猫灌药时,通常将犬、猫保定,助手固定头部上、下颌,操作者左手持药瓶或抽满药液的注射器,右手自一侧打开口角,自口角处缓缓灌入或注入药液,让其自咽,直至灌完。

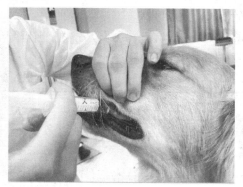

图4.2 猪的灌药法　　　　　图4.3 犬的灌药法

3)注意事项

每次灌入的药量不宜过多,不宜过急,不能连续灌,以防误咽;头部吊起或仰起的高度,以口角与眼角呈水平线为准,不宜过高;灌药中,病畜如发生强烈咳嗽,应立即停止灌药,并使动物头部低下,促使药液咳出,安静后再灌;猪在嚎叫时,喉门张开,应暂停灌药,待停叫后再灌;当病畜咀嚼吞咽时,如有药液流出,应以药盆接取。

4.1.4 胃导管投药法

1)适用范围

胃导管投药法适用于灌服大剂量水剂药液和补食流质饲料。当水剂药量较多,药品带有特殊气味,经口不易灌服时,需用胃管经鼻道或口腔投给。此外,胃导管亦可用于食道探诊、瘤胃排气、抽取胃液或排出胃内容物及洗胃。

2)投药方法

(1)器材

软硬适宜的橡皮管、塑料管,依动物不同而选用相应的口径及长度;特制的胃管,其末端闭塞,侧方设有数个开口;漏斗或打药用的加压泵;插胃管用的开口器。

(2)方法

①马、牛胃导管投药法。给马、牛的头部戴上木质开口器,固定好头部。操作者立于一

侧,用左手握住鼻端,右手持胃导管通过左手的指间沿鼻隔徐徐插入胃管。待前端达咽部后,稍停或轻轻抽动胃管以引起其吞咽,伴随其吞咽而将胃管插入食道。确定胃管插入食管无误后,再稍向深部送进,接上漏斗即可投药。投药完成后,再灌少量的清水,冲净胃管内容物,最后,缓缓抽出胃管。

②猪胃导管投药法。先将猪进行保定,视情况而采取倒卧或站立方式。一般多用倒卧保定。操作者用开口器将口打开,取胃导管前端从开口器中央插入咽部。轻轻抽动胃管,刺激并随吞咽插入食道。确定胃导管在食道后,接上漏斗即可投药。投药完成后慢慢抽出胃导管,并解下开口器。

③胃导管插入食道的判定方法。当胃导管插入食道,不能加以鉴定时,可按下述方法进行鉴定,如表4.1所示。

表 4.1　胃导管插入食道或气管的鉴别要点

鉴别方法	在食道内	在气管内
胃导管送入时的感觉	插入时稍感前方有阻力	无阻力
观察咽、食道及动物的动作	胃导管前端通过咽部时可引起吞咽动作或伴有咀嚼,动物安静	无吞咽动作,可引起剧烈咳嗽,动物表现不安
触诊颈沟部	可摸到胃导管	无
将胃导管外端放入水中	水内无气泡发生	水内有大量气泡
用鼻嗅诊胃导管外端	有胃内酸臭味	无
观察排气与呼气动作	不一致	一致
捏扁橡皮球后再接于胃导管外端	不再鼓起	鼓起
用胃导管吹入气体	随气流吹入,颈沟部可见明显波动	不见波动

犬的胃导管投药法如图4.4所示。

图 4.4　犬的胃导管投药法

3）注意事项

①胃导管使用前要用消毒药水仔细洗净消毒,涂上润滑油。减少胃导管管壁对食道黏膜的损伤。

②插入动作不宜粗暴,抽动时,要小心,动作要轻柔、缓慢。

③患有咽炎及呼吸困难的病畜不宜用胃导管。灌药时,引起咳嗽、气喘时,应立即停药。

④应确定插入食道深部或胃内后再灌药,否则要重新插入并确定无误后再行灌药。

⑤经鼻插入胃导管,导致鼻出血,应引起高度注意。少量的出血,不久自行止血;出血较多时,应该将动物头部适当高抬或吊起,进行鼻部冷敷,或用大块纱布、药棉暂堵塞一侧鼻腔,必要时宜配合应用止血剂、补液乃至输血。

4.1.5　灌肠法

1）适用范围

灌肠法适用于治疗直肠炎、胃肠炎、胃肠卡他、大肠便秘及清除肠内的分解产物和炎症渗出物等情况。

2）灌肠方法

（1）器材

可选用软硬适宜的橡皮管、塑料管,也可用胃导管、导尿管或一次性输液器软管,依动物不同而选用相应的口径及长度。

视频 4.2
药物灌肠

（2）方法

①一般的方法。动物在柱栏内站立保定,尾巴用绷带缠缚,将尾吊起。将药物注入灌肠器或水桶内,并高高地吊起来。灌肠器的一端放入水桶,连接胶管的一端从肛门插入直肠,药液以虹吸原理徐徐流入肠管。

②高压灌肠法。本法是向马的肠内灌注大量的灌肠液的方法。典型方法是革兰特氏灌肠法,介绍如下:

a.肠塞的制作:首先制作能插入肛门大小、圆锥形的金属制肠塞,在塞的中央部安一带孔的竹管,把胶管连接其上。这种肠塞可以防止注入液的返流。

b.高压灌肠操作:为了防止努责和腹内压升高,可进行硬膜外麻醉,即注射 1%～2% 的可卡因或普鲁卡因 10～20 mL,待动物的尾巴和肛门弛缓后,再将肠塞插入肛门,然后用吊桶或者压力唧筒灌注溶液。注入的液体量每次平均为 30～50 L,如再灌注,也可达到盲肠。

③小动物的灌肠方法。小动物的灌肠,通常在治疗台上或者手术台上站立或横卧保定,选用粗细适度的灌肠器（如人用或兽用导尿管）插入肠道一定深度,用注射器或洗耳球缓慢注入适量灌肠液体。犬的灌肠法如图 4.5 所示。

图 4.5 犬的灌肠法

3) 注意事项

①当直肠有粪便时,应排出,再注入药液。

②防止肠黏膜损伤。

③当注入药液排出时,应立即将尾根按压,防止再次排出药液。

4.1.6 气雾给药

1) 适用范围

气雾给药是指使用能使药物气雾化的器械,弥散到空气中,用于畜禽群体体表消毒。这种方法的优点为吸收快、迅速、节省人力,尤其适用于现代化大型养殖场。

2) 给药方法

（1）器材

各型喷雾器、医用雾化器等。

（2）方法

根据动物的数量、饮水量及药物特性和剂量等准确算出药物和水的用量,将药物混于饮水中,置于喷雾器中,距离动物头部 1 m 进行喷雾。犬的气雾给药如图 4.6 所示。

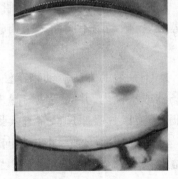

图 4.6 犬的气雾给药

3) 注意事项

①对于有刺激性的药物不应通过气雾给药。如药物作用于肺部,应选用吸湿性较差的药物,而药物作用于呼吸道,则应选择吸湿性较强的药物。

②不要套用拌料或饮水的给药浓度,给药前要按畜禽舍情况,使用气雾设备,准确计算用药剂量。

③严格控制雾粒大小,防止不良反应发生。

4.1.7 注射法

注射法是使用注射器械将药液直接注入动物体内的一种给药方法,包括皮内注射、皮下注射、肌内注射、静脉注射、腹腔注射、瓣胃注射、气管内注射、乳房内注射等。其优点是吸收快而完全,剂量准确,药量小,奏效快,使用方便。

1) 注射前的准备

注射前的准备包括注射器械的准备和动物的准备。

(1) 注射器械的准备

视频 4.3　视频 4.4
注射器给药　注射技术

①兽用注射器。按其容量有 1 mL、2 mL、5 mL、10 mL、20 mL、50 mL、100 mL 等规格。大量输液时,可采用输液瓶和输液管。此外,注射器还有装甲注射器、连续注射器、结核菌素注射器、无针注射器、注射枪等。注射针头可根据其内径大小及长短而分为不同型号。使用时,按动物种类、注射方法和剂量选择适宜的注射器及针头,并应检查注射器有无破损;针筒和针筒活塞是否适合;金属注射器的橡胶垫是否老化;松紧度的调节是否适宜;针头是否锐利、畅通;注射针头与注射器的结合是否严密。注射器械应清洗干净、灭菌后备用。

②注射药液的吸取。注射前,先将药液抽入注射器内或注入输液瓶内,如果使用粉针剂,应事先按规定用适宜的溶剂在原安瓿瓶内进行溶解。抽吸药液时,先将安瓿瓶封口端用酒精棉球消毒,同时检查药品名称、批号及质量,注意有无变质、浑浊、沉淀。敲破玻管安瓿瓶吸药时,应注意防止安瓿瓶破碎及刺伤手指。同时防止玻璃碎屑掉入药中,禁止敲破瓶底部抽吸药液。如果混注两种以上药液,应注意检查有无药物配伍禁忌。抽吸完药液后,排净注射器内的气泡。

(2) 动物的准备

注射前,动物应保定确实;注射时按常规进行注射部位剪毛(观赏动物不剪毛)、消毒(长毛观赏动物应将被毛分开后露出皮肤)。

2) 皮内注射法

(1) 适用范围

皮内注射法是将小量药液注入表皮与真皮之间的方法,多用于牛、羊、犬结核菌素的变态反应试验,绵羊痘预防接种及马鼻疽菌素皮内试验等。

(2) 注射部位

皮内注射法的注射部位通常选择颈侧中部或腹下皮肤。马、牛在颈的上 1/3 处,绵羊在尾根、股内侧,猪在耳根,鸡在肉髯等部皮肤。

(3) 注射方法

注射部位按常规剪毛,用 70%酒精消毒后,左手捏起皮肤,右手持注射器使针头刺入真皮内,缓慢注入药液,如图 4.7 所示。注药时,可感到较大阻力。注射后,在局部形成圆形隆起。注射完毕,用酒精棉球轻按针孔,以免药液外溢。

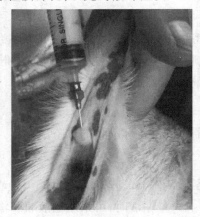

图 4.7　皮内注射

（4）注意事项

注射部位要认真判断,准确无误;进针不可过深,以免刺入皮下,影响诊断与预防接种的效果;拔出针头后注射部位不可用棉球按压揉擦。

3）皮下注射法

（1）适用范围

皮下注射法是将药液注入皮下疏松结缔组织内,经毛细血管、淋巴管吸收而进入血液循环。凡是易溶解又无刺激性的药物以及药物能迅速被吸收时,可作皮下注射。如药量较多,应分开注射。

（2）注射部位

选择皮肤较薄、皮下组织疏松且血管较少的部位。马、牛、羊在颈侧或肩胛骨的后方胸侧,猪在耳根后或大腿内侧皮下,犬、猫在颈部或股内侧皮下,禽类在两侧翼下,兔在腹部皮下。

（3）注射方法

动物进行保定后,术部剪毛,用 70% 酒精棉球和 2% 碘酊进行皮肤消毒,待干后,用左手捏起局部皮肤,形成一个皱褶,右手持注射器,食指固定针栓,针头斜面向上和皮肤呈 30° ~ 40°,迅速将针头刺入皱褶处皮下,深 1.5 ~ 3 cm,以针头刺入皮下可感自由移动为度。将药液注完后,用酒精棉球按住,拔出针头,并作短时间按压即可。犬、牛皮下注射如图 4.8、图 4.9 所示。

视频 4.5

犬皮下注射

图 4.8　犬皮下注射

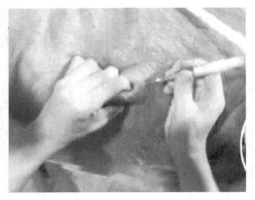
图 4.9　牛皮下注射

（4）注意事项

①刺激性强的药品不能做皮下注射，特别是对局部刺激较强的钙制剂、砷制剂、水合氯醛及高渗溶液等，易诱发炎症，甚至组织坏死。

②大量注射补液时，需将药液加温后分点注射。注射后应轻轻按摩或进行温敷，以促进吸收。长期注射者应经常更换注射部位，建立轮流交替注射计划，达到在有限的注射部位吸收最大药量的效果。

4）肌内注射法

（1）适用范围

肌内注射法是将药物注入富含血管的肌肉内的方法，药液吸收速度比皮下快，仅次于静脉注射；一般刺激性较强和较难吸收的药液、静脉注射有副作用的药液、不能进行静脉注射的油剂和乳剂等都可采用肌内注射法。要使药液被缓慢吸收，持续发挥作用，也可采用肌内注射。

（2）注射部位

肌内注射法应选择肌肉丰满，无血管的部位。大家畜与羊等动物选择臀部和颈侧，猪在耳根后和臀部（图 4.10），犬、猫在腰部（图 4.11），禽类多在胸肌部。

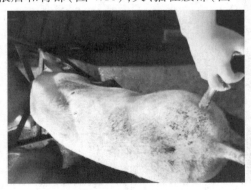
图 4.10　猪肌内注射

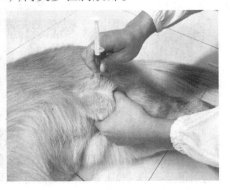
图 4.11　犬肌内注射

（3）注射方法

动物保定后，术部剪毛、消毒，右手持连接针头的注射器，垂直刺入肌肉内 2~4 cm，即可将药液注入肌肉内，注射完毕后，用酒精棉球压针孔处拔出针头。

（4）注意事项

①具有强刺激性的药物，如水合氯醛、钙制剂、浓盐水等，不能进行肌内注射。

②注射针头刺入的深度，一般只刺入 2/3，不宜全部刺入，以防针头折断。

③一旦针头折断，应立即拔出，如不能拔出时，应先将病畜保定好，行局部麻醉后，迅速切开注射部位，用小镊子或钳子拔出折断的针体。

④注射时，注射针头如果接触到神经，则动物会骚动不安，此时应变换针头方向，再注射药液。

⑤对于皮厚或保定不确实的大动物（如牛），可先进针，再连接注射器进行注射。

5）静脉注射法

（1）适用范围

静脉注射法是将药液注入静脉血管的方法。比皮下注射和肌内注射方法复杂，其优点为药效快，可以很快分布到全身，作用时间短，排泄快，能容纳大量药液。

（2）注射部位

马、牛、羊在颈静脉上 1/3 与中 1/3 交界处、外胸静脉和耳静脉注射。猪在耳静脉、股内侧静脉和前腔静脉注射。犬在前肢内侧头静脉和两后肢小隐静脉注射。猫在后肢内侧大静脉注射。兔在耳缘静脉注射。鸡在翼下静脉注射。

（3）注射方法

剪毛消毒后，以手指压在（或以胶管勒紧）注射部位近心端静脉上，待血管膨隆后，选择与静脉粗细相宜的针头，以 15°~45°刺入血管内，见到回血后，将针头顺血管走向推进约 1 cm（大动物），将药液徐徐注入。注射完毕，左手拿酒精棉球压紧针孔，右手迅速拔出针头。为了防止针孔溢血，继续紧压局部片刻，以免血液顺针孔流入皮下形成血肿。最后涂以碘酊。当注射大量药液时，多采用连接输液方法。各种动物的静脉注射如图 4.12—图 4.15 所示。输液治疗时，宠物可以置静脉留置针。

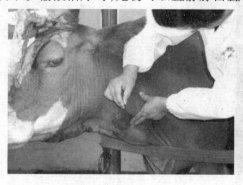

图 4.12　牛静脉注射

图 4.13　羊静脉注射

图 4.14　犬静脉注射　　　　　图 4.15　鸡翅静脉注射

静脉留置针的操作流程如下：

①评估宠物的病情以及血管情况，药物对血管的影响。

②备齐相关物品(型号合适的留置针、棉签、消毒碘酊、酒精、胶布和自粘胶布)，做好各项查对及准备工作。

视频 4.6
犬静脉留置
针埋置

③选择血流丰富、粗直的血管(通常是前肢静脉)，在穿刺点上方 8～10 cm 处扎上止血带，消毒晾干，去除针套并旋转松动外套管。

④操作者左手绷紧穿刺部位的皮肤，右手捏紧针翼，针头斜面向上，与皮肤呈 20°进针，见回血以后降低穿刺的角度，将穿刺针继续推进 0.2～0.5 cm，一只手固定住针芯，另一只手将外套管送入静脉内。

⑤把止血带松开，打开调节器，把针芯全部退出。

⑥固定静脉留置针，调节滴速，清理用物，洗手。

(4)注意事项

①严格遵守无菌操作规程，对所有的器械及注射部位应严格消毒。

②注射器必须配套，注射器及针头必须畅通，有血凝块堵塞时，及时更换。

③注射前，要排尽输液管内的气泡；注射时，要防止药液漏于血管外。

④要检查药品的质量，有无杂质与沉淀，是否过期，防止药物的配伍禁忌。

⑤注射速度要缓慢，要注意动物表现，有不安、出汗、气喘、肌肉战栗等不良表现时要停止。

⑥如为大量药液外漏，应作早期切开，并用高渗硫酸镁溶液引流。

6)腹腔注射法

(1)适用范围

腹腔注射法是将药液注射到腹腔内，通过肠系膜血管吸收的方法，主要治疗腹腔疾病，药物吸收快，常用于仔猪、狗及猫等小动物的补液。大家畜有时也可采用。

(2)注射部位

马属动物在左肷部；牛、羊在右肷窝；猪、犬、猫等在后腹部进行(图 4.16)。

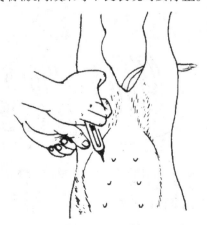

图 4.16　腹腔注射

（3）注射方法

马、牛、羊可站立保定。猪及小动物先将两后肢提起，术部剪毛、消毒后，将针头垂直刺入皮肤，依次穿透腹肌和腹膜，当针头刺入腹膜时，顿觉无阻力，有落空感。针头内无气泡及血液流出，也无内脏内容物溢出，注入灭菌生理盐水无阻力，说明刺入正确。注药完毕，拔下针头，用酒精棉球对局部进行消毒。

（4）注意事项

①所注药液预温到与动物体温相近。

②所注药液应为等渗溶液，最好选用生理盐水或林格氏液。

③有刺激性的药物不宜做腹腔注射。

④注射时避免损伤腹腔内的脏器和肠管。

⑤小动物腹腔内注射宜在空腹时进行，防止腹压过大，而误伤其他器官。

7）瓣胃注射法

（1）适用范围

瓣胃注射法是将药液直接注入瓣胃中，可使瓣胃内容物软化，主要用于治疗瓣胃阻塞。

（2）注射与穿刺部位

注射点在瓣胃，位于右侧第 7—10 肋间；穿刺点应在右侧第 9 肋间，肩端水平线上、下 2 cm 处（图 4.17）。

（3）注射方法

①器材：瓣胃内注射用药品有液状石蜡、10%硫酸镁、生理盐水、植物油等，一般用 15 cm（16—18 号）长的针头（或瓣胃穿刺针）和 100 cm 注射器进行注射。

②方法：动物站立保定，局部剪毛、消毒；左手稍移动皮肤，右手持针头垂直刺入皮肤后，使针头转向对侧肘头的左前下方，刺入深度为 8~10 cm，先有阻力感，后阻力减小，并有沙沙感，此时注入 20~50 mL 生理盐水，再回抽，如混有食糜或被食糜污染的液体时，即为穿入瓣胃，可注入所需药液。注射完后迅速拔针，局部进行消毒处理（图 4.18）。

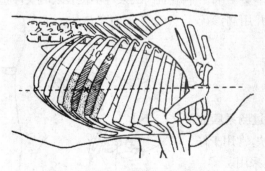

图 4.17　瓣胃注射与穿刺的部位

图 4.18　瓣胃注射

（4）注意事项

注射过程中如遇动物骚动不安，要确实鉴定针头是否在瓣胃内，而后再注入药液。在针头刺入后如回抽见有血液或胆汁,表明误刺入肝脏或胆囊,可能是刺入位置过高或针头偏向上方,应拔出针头,另行斜向下方刺入。瓣胃功能正常,穿刺针阻力不大,针头随瓣胃的蠕动呈倒"8"字形摆动。

8)气管注射法

(1)适用范围

气管注射法是将药物直接注入气管内,主要治疗呼吸道和肺脏疾病,还常用于牛、羊、猪等动物的驱虫治疗。

(2)注射部位

注射部位在颈上部腹侧正中,两个气管环之间(图4.19)。

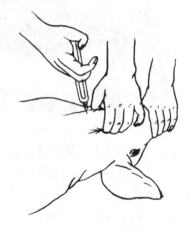

图4.19 气管注射

(3)注射方法

大家畜采用站立保定,小家畜作仰卧保定。术部剪毛、消毒后,操作者左手固定气管环,右手持注射器,由两气管环之间垂直刺入2~3 cm处。刺入气管后,回抽有大量气体并且活塞不回缩,说明已刺入气管,然后慢慢注入药液。注射完毕后,局部进行消毒处理。

(4)注意事项

①注射前宜将药液加温至体温程度,以减轻刺激。

②注射过程中,如遇病畜咳嗽,应暂停,待安静后再注入药液。

③注射速度宜慢,最好逐滴注入,以免刺激气管黏膜引起剧烈咳嗽。

④如果病畜咳嗽剧烈,或为了防止注射时诱发咳嗽,可先注射2%盐酸普鲁卡因溶液2~5 mL(大动物)以降低气管黏膜的敏感反应,而后再注入药液。

⑤油剂、糖剂等不能作气管注射。

9)乳房内注射法

(1)适用范围

乳房内注射法是将药液通过乳头直接注入乳池内,主要用于奶牛、奶山羊的乳腺炎治疗。

（2）注射方法

动物站立或侧卧保定，助手先挤净乳房内乳汁，然后清洗乳房外部，拭干后再用70%酒精消毒乳头。

①乳房注射。操作者位于动物腹侧，左手握紧乳头并轻轻下拉，右手持乳导管自乳头口徐徐导入，当乳导管导入一定长度时，操作者的左手把握乳导管和乳头，右手持注射器，使之与乳导管连接，徐徐将药液注入（图4.20）。注射完毕，将乳导管拔出，同时操作者一只手捏紧乳头管口，以防止刚注入的药液流出，用另一只手对乳房进行轻柔按摩，使药液较快地散开。如多个乳区需要注射时，则各个乳区用相同操作方法分别注射。

图4.20　奶牛乳房内注射

②乳房送风。用乳房送风器（或100 mL注射器或消毒后手用打气筒）送风之前，在金属滤过筒内，放置灭菌纱布，滤过空气，防止感染。先将乳房送风器与乳导管连接（或100 mL注射器接合端垫2层灭菌纱布与乳导管连接）。4个乳头分别充满空气，充气量以乳房的皮肤紧张、乳腺基部的边缘清楚变厚、轻敲乳房发出鼓音为标准。充气后，可用手指轻轻捻转乳头肌，并结系一条纱布，防止空气逸出，经1 h左右解除。

（3）注意事项

①注入的药液一般以抗生素溶液为主；如以洗涤乳房为目的则多用生理盐水及低浓度的青霉素溶液等注入后，随后即可挤出，反复数次，直至挤出液体透明为止。

②操作过程中要严格消毒，特别使用注射器送风时更应注意，包括操作者的手、乳房外部、乳头及乳导管等的消毒，以免引起新的感染。

③乳导管导入及药液注入时，动作要轻柔，速度要缓慢，以免损伤乳房。

④注药前应挤净奶汁，注药后要充分按摩乳房，注药期间不要挤奶。

4.1.8　点眼滴鼻给药

（1）适用范围

点眼、滴鼻免疫是一种常见，适用于禽类一些预防呼吸道疾病的活疫苗免疫方法包括新城疫（Ⅱ系、Ⅲ系、Ⅳ系）疫苗、传染性支气管炎疫苗、传染性喉气管炎疫苗，常用于雏鸡的基础免疫。

视频4.7 滴管

和喷雾给药

（2）给药方法

①点眼：对于小雏鸡要左手轻握住鸡，使其不乱动，右手拿点眼瓶，向左右眼睛各轻轻点一滴，等鸡做完一个眨眼动作，药液完全进入眼中吸收后再松开（图4.21），否则放手早了，药液只在眼球表面，没有进入眼内，鸡很容易甩头，这样就把药液甩出去了，没达到免疫目的。成鸡免疫时，只需打开鸡笼门，握住鸡颈部，仅是鸡颈部在笼外，身体在笼内，点眼方法同小鸡雏。

②滴鼻：滴鼻也是鸡进行免疫的一种方法，有些疫苗对眼睛刺激大，所以宜选择滴鼻，其方法为左手握住鸡颈部使其不能动，右手拿滴鼻瓶朝鸡鼻孔左右各轻滴一滴，也要待鸡完成一次呼吸，完全将药液吸入鼻孔内后，左手方可松开鸡（图4.22），若药液滴入后，不向鼻内渗入，又想加快免疫程序，可用右手轻捏鸡的嘴或用手堵住另一侧鼻孔，药液自然会渗入。

图4.21　禽点眼　　　　　图4.22　禽滴鼻

（3）注意事项

①疫苗不能提前配制，现用现制。配苗时应尽快进行，配苗和使用疫苗时间越短越好，一般掌握配苗不超过3 min，疫苗的使用时间不超过1 h。

②操作时必须使疫苗滴入眼内或鼻孔内。

③滴管必须严格消毒。

④滴瓶的角度与鸡眼睛的方向垂直，滴瓶的距离鸡眼睛1~2 cm，过高会浪费疫苗，过低会剂量不够。

任务 4.2　穿刺与冲洗技术

➤ 学习目标

- 知道穿刺技术、冲洗技术的适应范围。
- 会瘤胃穿刺、胸腹腔、马属动物盲肠穿刺法。
- 学会膀胱、子宫、口腔等冲洗法。

4.2.1　穿刺法

穿刺是以治疗为目的,采取病畜体内某一特定组织的病理材料,供实验室检查,有助于疾病诊断;当急性胃、肠臌气时,应用穿刺排气,可以迅速解除病象。但是,在穿刺的过程中,对组织也有一定损伤,也有可能引起局部感染等。所以在实施时,必须要有充分的诊断依据,避免轻率滥用。穿刺法主要包括以下几种。

1)瘤胃穿刺术

(1)适用范围

瘤胃穿刺术可用于瘤胃臌气的急救,防止造成窒息或瘤胃破裂;采取瘤胃内容物;瘤胃内注入药物达到治疗目的。

视频 4.8

瘤胃穿刺

(2)穿刺部位

一般在左肷窝部,由髋骨外角与最后肋骨画一平行线的中点,距腰椎横突 10~12 cm 处。但不论是牛还是羊,均可在左肷窝膨胀最明显处穿刺。

(3)穿刺方法

牛、羊站立保定,术部剪毛、消毒。在术部切一小口,左手将局部皮肤向上提起,右手持套管针向对侧肘头方向垂直刺入 10~14 cm,然后固定套管,拔出针芯,缓慢排出气体。如放气过程中套管堵塞,可插入内针疏通。气体排出后,为防止复发,可经套管向瘤胃内注入防腐消毒药。操作完毕后,插入针芯,同时压住针孔皮肤,再拔出套管针,局部涂以碘酊处理(图 4.23)。

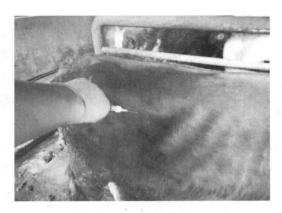

图 4.23　瘤胃穿刺

（4）注意事项

瘤胃臌气时，放气不宜过快，应间歇性放气，以免造成急性脑缺血性休克；放气过程中，如遇针孔堵塞，可用针芯通透；为防止臌气继续发生，可将套管与皮肤缝合固定并保留一定时间，也可经套管注入止酵剂等药物；需要拔出套管时，应先插回针芯或用手指压住针孔，并向下压迫套管周围的皮肤，再拔出套管针或注射针。

2）胸腔穿刺术

（1）适用范围

胸腔穿刺术可用于检查胸腔有无积液、血液，通过采取胸腔积液以鉴别其性质，确诊是否有胸膜炎等疾病；也可用于排出胸腔内的积液、注入药液和进行冲洗治疗。

（2）穿刺部位

马、牛、羊在右侧第6肋间，左侧第7肋间，胸外静脉上方2~3 cm处。猪、犬、猫在胸部右侧第7肋间，胸外静脉上方2~3 cm处。

（3）穿刺方法

大家畜站立保定，中、小家畜侧卧保定，术部剪毛、消毒，操作者左手将术部皮肤向上移动，右手持带胶管的静脉注射针头或小套管针，沿肋骨前缘垂直刺入3~4 cm，然后连接注射器抽取胸腔液体，操作完毕后，进行局部消毒（图4.24）。

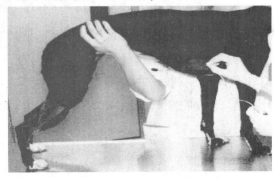

图 4.24　胸腔穿刺

（4）注意事项

①穿刺或排液过程中，应注意无菌操作，穿刺针或注射针头要接胶管并用止血钳密闭，以防止空气进入胸腔。

②套管针刺入时，应以手指控制套管针的刺入深度，或用灭菌棉包裹穿刺针，以防刺入过深损伤心、肺。

③穿刺过程中遇有出血时，应充分止血，改变位置再行穿刺。

④放液时不宜过急，应用拇指不断堵住套管口，做间断性引流，防止胸腔减压过急，而影响心、肺功能。

⑤如针孔堵塞不流时，可用针芯疏通，直至放完为止。

⑥需进行药物治疗时，可在抽液完成后，将药物经穿刺针注入，药液温度要接近体温。

⑦胸壁的血液供应由紧贴于每根肋骨之后的肋间动脉提供，并有静脉和神经伴行。行胸腔穿刺时应从对应肋骨的前缘进针，以免刺穿肋间血管。

3）腹腔穿刺术

（1）适用范围

腹腔穿刺术可用于探查腹腔有无积液，采集腹腔液供化验，排出腹腔积液，注入药物对腹腔冲洗治疗；也可用于鉴别和诊断胃肠破裂、内脏出血、腹膜炎等疾病。

（2）穿刺部位

马在剑状软骨突起后 10~15 cm，腹白线左侧 2~3 cm 处进行穿刺。牛在剑状软骨突起后 10 cm 左右，腹白线右侧 2~3 cm 处进行穿刺。猪、犬、猫在倒数第 2、3 对乳头间，腹中线两侧进行穿刺。

（3）穿刺方法

大动物采取站立保定，小动物采取仰卧或侧卧保定；术部剪毛常规消毒。操作者左手固定穿刺部位的皮肤并稍向一侧移动，右手控制套管针或针头的深度，垂直刺入腹壁，待抵抗感消失时，表示已穿过腹壁层，即可回抽注射器，抽出腹水放入备好的试管中送检。如以排出腹水为目的，则可连接橡胶管或输液管，将液体导入容器，以备定量或检查。放液后，用灭菌棉球压迫针孔拔出穿刺针，并稍压片刻，覆盖无菌纱布，胶布固定。犬腹腔穿刺如图 4.25 所示。

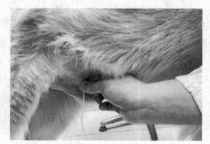

图 4.25　犬腹腔穿刺

（4）注意事项

①动物保定要确实，穿刺位置应准确，刺入深度不宜过深，以防刺伤肠管。

②抽、放腹水引流不畅时,可将穿刺针稍做移动或稍变动体位,针孔如被堵塞可用针芯疏通。

③抽、放液体速度不可太快,可间断抽取或在导流管上加上输液夹以控制流速。穿刺过程中注意动物的反应,观察呼吸、脉搏和黏膜颜色的变化,发现有特殊变化时应停止操作,并进行适当处理。

④当腹压过高时,穿刺时易刺入肠管而将肠内容物误为腹腔积液,造成误诊。

⑤腹腔内有大量积液时,不可一次放净,以免引起虚脱,可隔日再放。

⑥以冲洗腹腔为目的的穿刺,可同时在腹腔注射部位(中、小动物可在肷部)注入药液,再由穿刺部排出,如此反复冲洗 2~3 次,冲洗液的温度以接近体温为宜。

4)马属动物盲肠穿刺术

(1)适用范围

马属动物患急性盲肠膨气,并伴有严重内源性中毒或窒息危险时,盲肠穿刺术可作为紧急治疗措施。

(2)穿刺方法

动物站立保定,穿刺部位剪毛,常规消毒。用外科刀在术部旁皮肤切约 1 cm 切口,操作者再以左手将皮肤切口移向穿刺点,右手持套管针将针尖置于皮肤切口内,向对侧肘头方向刺入 6~10 cm;左手立刻固定套管,右手将针芯拔出,让气体缓慢或断续排出。必要时,可以从套管针向盲肠内注入药液。结肠穿刺时,左手亦将术部皮肤稍错位,右手持针垂直刺入 3~4 cm 即可,其他操作同上。

(3)穿刺部位

马盲肠穿刺部位在右侧肷窝的中心,即距腰椎横突下方约一掌处,或选在肷窝最明显的突起点。马结肠穿刺部位在左侧腹部臌胀最明显处。

(4)注意事项

①穿刺和放气时,应注意防止针孔局部感染。

②放气速度不能过快,防止发生急性脑贫血、休克。

③根据病情,为了防止臌气继续发展,避免重复穿刺可将套管针固定,留置一定时间后再拔出。

④经套管针注入药液时,注药前一定要明确判定套管针仍在盲肠内,然后方可实施药液注入。

4.2.2　冲洗法

1)洗眼与点眼

（1）适用范围

洗眼与点眼主要用于各种眼病,特别是结膜与角膜炎症的治疗。

（2）方法

助手要确实固定动物头部,操作者用一手拇指与食指翻开上下眼睑,另一只手持冲眼壶(洗眼瓶、去针头的注射器等),使其前端斜向内眼角,徐徐向结膜上灌注药液冲洗眼内分泌物,如冲洗不彻底时,可用硼酸棉球轻拭结膜囊。必要时用泪道冲洗针由泪点插入鼻泪管内,连接注射器注入洗眼药液,以利于洗去眼内的分泌物从鼻泪孔排出。洗净之后,左手食指向上推上眼睑,以拇指与中指捏住下眼睑缘。向外下方牵引,使下眼睑呈一囊状,右手拿点眼药瓶,靠在外眼角眶上,斜向内眼角,将药液滴入眼内,闭合眼睑,用手轻轻按摩1~2下,以防药液流出,并促进药液在眼内扩散。

如用眼膏时,可用小玻棒一端蘸眼膏,横放在上下眼睑之间,闭合眼睑,抽去小玻棒,眼膏即可留在眼内,用手轻轻按摩1~2下,以防流出,或直接将眼膏挤入结膜囊内。

（3）注意事项

①有眼外伤或有异物伤及眼球者,禁用眼部冲洗。

②根据病情选定冲洗药液,每天冲洗次数视病情而定。冲洗所用的药液温度应与体温接近,以免发生反应。

③操作中防止动物骚动,冲眼壶或洗眼瓶与病眼不能接触,且与眼球不能呈垂直方向,以防感染和损伤角膜。

④点眼药或眼膏应准确点入眼内,防止流出。

⑤在使用冲洗疗法的同时,可配合应用其他疗法。

2)导胃与洗胃法

（1）适用范围

该方法用于清除胃内过多的内容物,排除胃内的有毒物质,主要治疗胃扩张、积食和中毒;或用于胃炎的治疗和吸取胃液供实验室检查等。

（2）方法

①器材:导胃用具同动物导管给药,洗胃应用39~40 ℃温水。此外根据需要可用2%~3%碳酸氢钠溶液、1%~2%食盐水、0.1%高锰酸钾溶液等,还应备吸引器。

②方法:导胃与洗胃法的操作方法同胃导管投药法。

大动物胃导管经食道插入胃内并经验证后,在胃导管的外端连接漏斗,举高漏斗,将灌洗液缓缓倒入漏斗内,灌洗液达到相当量,将头部压低,利用虹吸原理或用吸引器抽出胃内容物。这样反复多次,逐渐排出胃内大部分内容物,直至流出液与灌洗液同样清亮或两者颜色相同时为止。

　　小动物的胃导管插入胃内后,在胃导管的外端口连接装有灌洗液的注射器,向胃内注相当量的灌洗液后,再用注射器抽吸出胃内容物,反复灌洗,直至吸出的液体与灌洗液颜色相同为止。洗胃完毕后,反折胃导管,缓慢拔出(图4.26)。

图4.26　犬导胃前开口

(3)注意事项

①根据动物的种类选择胃导管,胃导管长度和粗细要适宜。

②操作中要注意安全。

③马胃扩张时,开始灌入温水,不宜过多,以防胃破裂。

④瘤胃积食时宜反复灌入大量温水,方能洗出胃内容物。

3)导尿及膀胱的冲洗

(1)适用范围

该方法用于尿道炎及膀胱炎的治疗,或采取尿液供化验诊断。

(2)方法

①用具。

a.根据动物种类准备不同类型的导尿管。用前将导尿管放在0.1%高锰酸钾溶液或温水中浸泡5~10 min,前端涂液体石蜡。

b.冲洗药液宜选择刺激或腐蚀性小的消毒、收敛剂。常用的有生理盐水、2%硼酸溶液、0.1%~0.5%高锰酸钾溶液、1%~2%石炭酸溶液、0.1%新洁尔灭等。此外,也常用抗生素及磺胺制剂的溶液。

②方法。

a.雌性大家畜:助手将家畜的尾巴拉向一侧或吊起。用0.1%新洁尔灭或0.1%高锰酸钾溶液洗净外阴部。操作者手臂消毒,以一手食指深入阴道内触摸尿道口,轻轻刺激或扩张尿道口,插入导尿管,徐徐推进,当进入膀胱后,尿液则自行流出。排完尿后,导尿管外端连接洗涤器或注射器,注入冲洗药液,反复冲洗,直至排出药液透明为止。

b.雄性大家畜:冲洗膀胱或导尿时,先于枝栏内固定好家畜的两后肢,操作者蹲于家畜的一侧,用0.1%新洁尔灭擦洗尿道外口后,将已消毒并涂以液体石蜡的导尿管缓慢插入尿

视频4.9

人工导尿

道内。当到达坐骨弓附近时,感觉有阻力,推进困难,此时,助手在肛门下方可摸到导尿管的前端,轻轻按摩辅助向上转弯,操作者同时继续推送导尿管,即可进入膀胱导出尿液。冲洗方法同母畜。导尿或冲洗结束后,还可注入治疗药液,而后除去导尿管。

　　c.公犬导尿法:犬仰卧保定。助手将公犬的后腿向上拉开呈屈曲状态,并一手翻开包皮,露出龟头,用低刺激消毒液清洗尿道外口,并将导尿管涂以少量石蜡油,操作者持导尿管与腹壁呈45°插入尿道,缓慢插至膀胱,即有尿液排出,其外端置于盛尿器内以收集尿液(图4.27)。

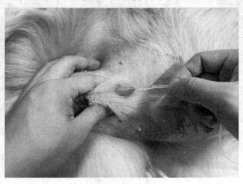

图4.27　公犬导尿

　　d.母犬导尿法:犬施以站立或胸俯式保定,消毒外阴。操作者以左手拨开犬的阴唇,右手持导尿管缓缓插入尿道内,插至膀胱即有尿液排出。收集尿液后,慢慢将导尿管拔出。相关实物图及示意图如图4.28—图4.30所示。

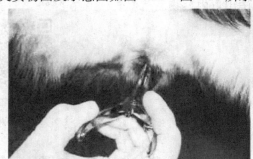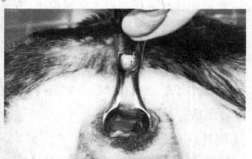

图4.28　雌性动物阴道开张

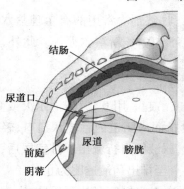

结肠

尿道口

前庭

阴蒂

尿道　　膀胱

图4.29　雌性动物侧面解剖图

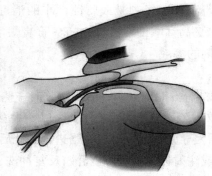

图4.30　雌性动物导尿管插入

e.公猫导尿法:猫全身镇静或局部麻醉。仰卧保定,两后肢拉向前方,将阴茎鞘向后推,从中拉出阴茎,局部清洗消毒,从尿道口插入导尿管,导尿管与脊柱平行,轻轻推入膀胱。

f.母猫导尿法:首先,对母猫阴道穹窿处进行局部麻醉,然后清洗阴户,并拉住阴唇向后推,最后,沿着阴道底壁插进导尿管入尿道开口。母猫导尿容易,甚至不用直视就可插入尿道口。

（3）注意事项

①在导尿管插入或拉出时,动作要缓慢,不要粗暴,以免损伤尿道黏膜和膀胱壁。

②当识别母畜尿道口有困难时,可用开腟器扩张阴道,即可看到尿道口。

③注意人畜的安全,尤其是在公马的导尿或冲洗膀胱时。

④冲洗药液的温度应与体温相近。

4) 阴道与子宫冲洗法

（1）适用范围

该方法用于阴道炎和子宫内膜炎的治疗,主要为了排出阴道或子宫内的炎性分泌物,促进黏膜修复,尽快恢复生殖机能。

（2）冲洗方法

①器材:子宫冲洗用的输液瓶或小动物灌肠器,洗净消毒。冲洗溶液为微温生理盐水、0.1%高锰酸钾溶液、0.1%新洁尔灭溶液、0.1%雷佛奴尔溶液等,还可用抗生素及磺胺类制剂。

②方法。

a.阴道冲洗。将患病动物保定好,先充分洗净外阴部,而后插入开腟器开张阴道;通过一端连有漏斗的软胶管,把导管的一端插入阴道内,将配好的接近动物体温的消毒或收敛液冲入阴道内,冲洗液即可流入,借患病动物努责冲洗液可自行排出,如此反复洗至冲洗液透明为止,如图4.31所示。

图4.31 阴道冲洗

b.子宫冲洗。先进行动物保定。由于雌性动物的子宫颈口只在发情期间开张,此时是进行投药的好时机。如果子宫颈封闭,应先充分洗净外阴部,而后插入开腟器开张阴道,再用颈管钳夹住子宫外口左侧下壁,拉向阴门附近。然后依次用由细到粗的颈管扩张棒,插入子宫颈口使之扩张,再插入子宫冲洗管。通过直肠检查确认冲洗管在子宫内之后,用手固定好冲洗管,然后接好洗涤器的胶管,将药液注入子宫内,并借助虹吸作用使子宫内的液体自行排出,直至排出液透明为止。另一侧子宫角也同样操作。当不具备上述器械时,可把所需药液配制好,并稍加温使药液温度接近动物体温。先注射雌激素制剂,促使子宫颈口松弛,开张后,用开腔器打开阴道,操作者从阴道或者通过直肠把握子宫颈,将带回流支管的子宫导管或小动物灌肠器(其末端接以带漏斗的长橡胶管)送入子宫内,将药液倒入漏斗内让其自行缓慢流入子宫。待输液瓶或漏斗的冲洗液快流完时,迅速把输液瓶或漏斗放低,借虹吸作用使子宫内液体自行排出。如此反复冲洗 2~3 次,直至流出的液体与注入的液体颜色基本一致为止。

每次治疗所用的溶液总量不宜过大,牛一般为 500~1 000 mL,并分次冲洗,直至排出的溶液变为透明为止。以上较大剂量的药液对子宫冲洗之后,可根据情况往子宫内注入抗菌防腐药液,或者直接投入抗生素。为了防止注入子宫内的药液外流,所用的溶剂(生理盐水或注射用水)数量以 20~40 mL 为宜。

(3)注意事项

①导管插入子宫时,应避免操作粗暴,以防子宫壁穿孔。

②严格遵守消毒规则,所用器件必须严格消毒。

③子宫积脓或子宫积水的病畜,应先将子宫内积液排出后,再进行冲洗。

④不得应用强刺激或腐蚀性的药液冲洗。冲洗液的温度应接近体温,以免过冷刺激子宫发生痉挛;注入子宫内的冲洗药液,尽量充分排出,必要时可通过直肠按摩促使子宫排出。

5)其他冲洗法

(1)口腔冲洗法

口腔冲洗法常用于治疗口腔炎、舌及牙齿的疾病和清除口腔的污秽物。

大动物的口腔冲洗,操作者站于动物颈侧,一手固定头部,一手持连接吊桶或漏斗的胶管另一端从一侧口角伸入口腔,高举吊桶或漏斗,让液体自行流入口腔,边冲洗边调整胶管在口腔的位置,可将口腔彻底冲洗干净。小动物的口腔冲洗,操作者一手固定动物头部,一手持连接装有洗涤液的注射器的另一端从一侧口角伸入口腔,由助手把注射器中的洗涤液缓缓注入口腔,由于患畜头部向下低垂,洗涤液会自行流出口腔。

(2)鼻腔冲洗法

鼻腔冲洗法常用于鼻腔分泌物过多,阻塞鼻腔时。冲洗鼻腔时,一定要注意病畜的头必须稍向下低垂,才能防止发生误咽,洗涤液才能自动流出。洗涤液的温度应接近体温,不宜太高或太低。

操作者站于动物头部一侧,一手固定鼻翼,另一只手持洗涤管慢慢送入鼻道,洗涤管的另一端连接吊桶或漏斗,向吊桶或漏斗内灌入洗涤液,高举吊桶或漏斗,液体自行流入鼻腔,操作者可不断调整洗涤管在鼻腔的位置,使其冲洗更彻底。

（3）眼睛冲洗法

眼睛冲洗法的目的在于治疗眼的疾病和清除结膜、角膜异物与化学物质、炎性分泌物和脱落的坏死组织等。在操作过程中要防止动物骚动，以免眼器刺伤结膜或眼球。

常用的冲洗液有生理盐水、2%硼酸溶液、0.01%~0.03%高锰酸钾溶液、3%苏打水等。先在灌注器上连接胶管，一端安装上冲洗嘴。操作者用一手轻轻分开病畜的上、下眼睑（小动物可用两手分开眼睑），把灌注器连接的冲洗嘴前端斜向眼角，对准上、下眼睑，用药液轻轻地冲洗结膜和角膜。冲洗完毕，用消毒纱布擦干眼睑。

（4）腹腔冲洗法

腹腔冲洗的要领与腹腔穿刺法相同。

冲洗液为微温的生理盐水。穿刺针刺入腹腔，排完腹腔液后，从穿刺针孔注入洗涤液，用夹子夹住与穿刺针连接的胶管，轻压两侧腹壁，然后放出腹腔液，再重新注入洗涤液，反复洗涤，直至从腹腔中流出的液体与洗涤液同样清亮或两者颜色相同为止。

视频 4.10
犬肛门腺清洁

任务 4.3　兽医临床常用疗法

➤ **学习目标**

● 知道输液疗法、封闭疗法、光电疗法、自家血疗法等的适用范围。
● 会输液疗法、封闭疗法、光电疗法、自家血疗法。
● 能灵活应用临床常用疗法。

4.3.1　输液疗法

1）适用范围

输液疗法具有调节体内水和电解质的平衡，补充循环血量，维持血压，中和血中的毒素，补充营养物质等作用，用于治疗大失血、失水、中毒的病理过程，某些发热病或败血病，休克及烧伤、手术后伴有某些并发症，口、咽、食管疾病而不能饮水、采食等。

2）输液方法

静脉输液的操作方法与静脉注射法基本相同。此外，还可通过腹腔和皮下，有时也可通过直肠补液。输液应根据病畜的具体情况选择药液。动物输液如图 4.32 所示。

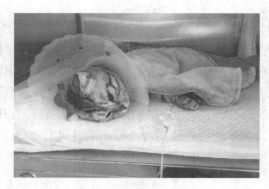

图 4.32　动物输液

4.3.2　封闭疗法

封闭疗法是一种向畜禽组织或血管内注射不同浓度和剂量的普鲁卡因溶液而使用的方法。其优点是操作简单,疗效较好,临床上广泛应用。

1)适用范围

封闭疗法可以通过普鲁卡因溶液的麻醉作用,阻断一些对神经系统的强烈刺激,阻止病理循环,可以使大脑皮层产生一个新的兴奋灶,恢复神经营养机能,使组织新陈代谢旺盛、抵抗力强,从而促使疾病痊愈。

封闭疗法在畜禽患有败血症、脓毒症、肺炎晚期、肝炎及重要器官坏死时,不能应用。

2)分类

封闭疗法可以分为病灶周围的封闭疗法、四肢环状分层封闭法、静脉封闭法和盆神经封闭法。

(1)病灶周围的封闭疗法

①适用范围。该封闭方法通过在病灶周围做封闭,治疗局部性的炎症,如创伤、淋巴结炎、乳腺炎、颈静脉炎、蜂窝组织炎等。

②方法。局部剪毛、消毒,在病灶周围和皮下组织分点注射 0.5%普鲁卡因溶液 10～150 mL。药液中加入青霉素,疗效更好。

(2)四肢环状分层封闭法

①适用范围。本法主要治疗四肢和蹄部疾病。

②方法。术部剪毛、消毒,在病畜四肢病灶上方的健康组织上进行环状分层刺入针头。一般前肢在前臂部及其下 1/3 处和掌骨中部,后肢在胫部及其上 1/3 处和跖骨中部;然后连接注射器,边注入药边拔针,使药液浸润到皮下至骨的各层组织内。根据部位不同,一般每次注射总量为 0.25%～0.5%普鲁卡因溶液 100～200 mL,隔日一次。

(3)静脉封闭法

①适用范围。本法将普鲁卡因溶液缓慢注入静脉内,直接作用于血管内壁感受器,用

于治疗马急性胃扩张、蹄叶炎、风湿病、牛乳腺炎、创伤、烧伤、化脓性炎病和过敏性疾病等。

②方法。注射时以缓慢的速度将药剂注入动物静脉内,其中,有些动物注射时会出现暂时性脉搏加速,呈现兴奋状态,但经过一段时间后即可消失。还有一些动物在注射时表现沉郁,常站立不动,垂头,眼半闭,不久亦可恢复。一般用 0.25% ~ 0.5% 普鲁卡因、生理盐水,大动物剂量为 1 mL/kg;小动物不超过 2 mL/kg,每日或隔日一次。

③注意事项。静脉注射时要缓慢,一般 50 ~ 60 mL/min。个别动物可出现呼吸抑制、呕吐、出汗、发绀、瞳孔散大或惊厥等过敏反应。为防止发生反应,可于每 100 mL 0.25% 普鲁卡因溶液中加入 0.1 g 维生素 C。如发生反应,可立即皮下注射盐酸麻黄素。

（4）盆神经封闭法

①适用范围。将普鲁卡因溶液直接注入骨盆部的结缔组织间隙内,对盆腔器官的急、慢性炎症有较好的治疗作用。尤其用于治疗急性阴道脱、子宫脱和直肠脱效果较好。

②方法。病畜站立保定。在第 3 荐椎棘突（荐椎最高点）顶部,两侧开一掌（5 ~ 8 cm）处,剪毛、消毒后,用长 12 cm 的封闭针垂直刺入皮肤后,以 55° 由外上方向内下方进针,当针尖达荐椎横突边缘后,将针头角度稍加大,针尖向外移,沿荐椎横突侧面穿过荐坐韧带（常有类似刺破硬纸的感觉）1 ~ 2 cm,即达骨盆神经丛附近,注入药液,按每千克体重注药液 1 mL 计算用量,一般大动物（马、牛）0.25% 普鲁卡因溶液用量 150 ~ 200 mL,将总量分左、右两侧注射,每隔 2 ~ 3 d 一次。为了预防感染,可在普鲁卡因溶液中加入 40 万 ~ 80 万 IU 青霉素。

③注意事项。注射部位和深度必须准确,针刺部位过浅未穿透荐坐韧带时,药液必然下沉而波及坐骨大神经,易引起两后肢麻痹;针刺入过深时可穿透腹膜而进入腹腔,从而达不到预期的治疗效果。

4.3.3 物理疗法

1）冷却疗法

（1）适用范围

冷却疗法可使患部在冷的刺激下,血管收缩,血管容量减少,降低局部充血,制止出血,减少和阻止渗出物的渗出,缓和炎症的发展,降低神经的兴奋性与传导性,降低疼痛对肌体刺激;还可使患部的血管收缩,减少渗出,减轻炎症浸润,防止炎症扩展和局部肿胀。该法用于治疗急性炎症的初期,四肢下部疾病,日射病和热射病,马的急性蹄叶炎、挫伤和关节扭伤等。

（2）方法

①泼浇法。将冷水盛入容器内,连接一根软胶管,使水流向体表治疗部位,或用一小容器不断向患部泼浇冷水,也可用冷水进行淋浴。

②冷敷法。分为干性冷敷和湿性冷敷两种。干性冷敷是应用冰袋、雪袋或冷水管（胶

管或铝管中通以冷水)置于患部;湿性冷敷是用冷水浸湿布片、毛巾或麻袋片等置于患部。采用冷敷法进行治疗时,需经常更换冷水以维持冷的作用,一日数次,每次 30 min。为了防止感染和提高疗效,临床上常采用消炎剂(如 2%硼酸溶液、0.1%雷佛奴尔溶液、2%~5%氯化钠溶液等)进行冷敷。

③冷脚浴法。使患肢站立在盛有冷水或 0.1%高锰酸钾等防腐剂溶液的木桶或帆布桶内,也可将患肢站在冷水池或河水中。冷脚浴前,宜将蹄及蹄底洗净,蹄壁上涂油。每 5~10 min更换一次冷水或冷的药液。

④冷黏土外敷法。用冷水将黏土调成糊状,可向每千克水中加入食醋 40~60 mL 以增强黏土的冷却作用,调制好的黏土涂布于患部进行外敷治疗。

（3）注意事项

慢性炎症及一切化脓性炎症过程的疾病禁用;冷却疗法最好在急性炎症的前期 1~2 d 内进行,并经常保持冷的作用,否则效果不佳,但不宜长时间、持续使用冷却疗法,以免发生局部组织坏死;冷却疗法应用的水温应视病情决定,常用的水温分为冰冷水 5 ℃以下,冷水 10~15 ℃,凉水 23 ℃左右。

2）温热疗法

（1）适用范围

此法可使患部温度立即升高,使局部血液循环旺盛,血管扩张,细胞氧化作用加强,促进机体新陈代谢,并可加强白细胞的吞噬能力,适用于急性炎症的后期和亚急性炎症、消散缓慢的炎性浸润、未出现组织化脓性溶解的化脓性炎症。

（2）方法

①热敷。用温热水浸湿毛巾,或用温热水装入胶皮袋、玻璃瓶中,敷于患部,每次 30 min,每天 3 次。为了加强热敷的消炎效果,可以把普通水换成 10%~25%硫酸镁溶液、复方醋酸铅液或把食醋加温对患部进行温敷。

②酒精热绷带。将 95%酒精或白酒在水浴中加热到 50 ℃,用棉花浸渍,趁热包裹患部。再用塑料薄膜包于其外,防止挥发,塑料膜外包以棉花保持温度,然后用绷带固定。治疗可长达 10~12 h,每天更换 1 次绷带即可。

③温脚浴。方法与冷脚浴相同,只是把冷水换成 40~50 ℃的热水。

④石蜡疗法。患部仔细剪毛,用排笔蘸 65 ℃的融化石蜡,反复涂于患部,使局部形成 0.5 cm厚的防烫层。然后根据患部不同,适当选用以下方法:

a.石蜡棉纱热敷法:用 4~8 层纱布,按患部大小叠好,浸于石蜡中(第一次使用时,石蜡温度一般为 65 ℃,以后逐渐升高温度,但最高不要超过 85 ℃),取出,挤去多余蜡液,敷于患部,外面加棉垫保温并设法固定。也可以把融化的蜡灌于各种规格的塑料袋中,密封、备用。使用时,用 70~80 ℃水浴加热,敷于患部,绷带固定,效果很好。

b.石蜡热浴法:适用于四肢游离部。做好防烫层后,从肢端套上一个胶皮套,用绷带把胶皮套下口绑在腿上固定;把 65 ℃石蜡从上口灌入,上口用绷带绑紧。外面包上保温棉花并用绷带固定。石蜡疗法可隔日施行 1 次。

（3）注意事项

当有恶性新生物和出血性病例或有伤口和坏死灶的炎症等，禁用温热疗法；使用温热疗法时，必须经常保持温热的作用，才能产生良好的疗效；注意防止温度过高，将局部皮肤烫伤。温热敷法常用的水温分为温水 28~30 ℃、温热水 33~40 ℃、热水 40~42 ℃、高热水 42 ℃以上，一般采用 38~42 ℃的热水温敷；当局部出现明显水肿或进行性炎症浸润时，不宜采用酒精热敷。

3）光疗法

光疗法就是利用紫外线、可见光线和红外线预防和治疗疾病。短波紫外线具有较强的杀菌作用；中波紫外线具有红斑反应，色素沉着、加速再生过程，促进上皮形成和抗佝偻病的作用。红外线具有强大的穿透性和温热作用，可使照射部位广泛地充血，改善血液循环，促进炎性产物的吸收，加速炎症的愈合，同时具有镇痛作用，是利用光线治疗疾病的一种方法。临床上用于治疗的光疗法有 3 种。

（1）紫外线疗法

①适用范围。紫外线照射可引起皮肤的红斑反应，使皮肤毛细血管舒张，改善血液循环和营养，并能促进维生素 D 的合成。紫外线能引起血浆钙含量的增高，而钾含量常常降低。紫外线能使血中白细胞增加、血小板增多、血红素增加、缩短血凝时间。此外还有杀菌作用。紫外线常用于治疗皮肤损伤疖、湿疹、皮肤炎、肌炎、久不愈合的创伤、溃疡、风湿症、骨及关节疾病等。

②方法。全身照射时，光源距离动物 1 m，每日或隔周照射 10~15 min，局部照射时，光源距离患部 50 cm。每日一次，6~7 次为一疗程，第一次照射时间 5 min，以后每日增加 5 min，但每次照射最长不超过 30 min。紫外线疗法治疗肛周腺瘤（图 4.33）如图 4.34 所示。

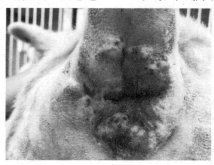

图 4.33 肛周腺瘤

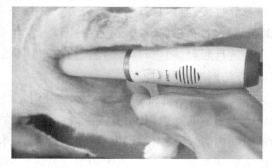

图 4.34 光疗法治疗肛周腺瘤

③注意事项。进行性结核、恶性肿瘤、出血性素质、心脏代谢机能减退等禁用紫外线疗法；在紫外线照射过程中，工作人员须戴上有色护目镜；照射动物头部时，须用眼绷带或面罩遮盖动物眼睛；照射创面时，先用生理盐水洗净油脂、痂皮，除去污物，但创面不可使用防腐剂及其他药物清洗；紫外光疗室应备有良好的换气设备，并保持安静，治疗中注意动物的监护，防止骚动而影响治疗效果和损坏器械。

（2）红外线疗法

①适用范围。红外线疗法多用于治疗亚急性和慢性炎症过程。临床上红外线多用于治疗创伤、挫伤后期，溃疡，湿疹，神经炎等。

②方法。应用时，动物保定，把灯头对准治疗部位，灯头距体表 60~100 cm。调节距离使光线在体表处的温度为 45 ℃ 为宜。每天进行 1~2 次，每次 20~40 min。

③注意事项。急性炎症、恶性肿瘤、急性血栓性静脉炎和可能有内出血危险的病症禁用红外线疗法。

（3）激光疗法

①适用范围。激光治疗就是利用激光器通过照射、切割、气化、烧灼及凝固等治疗疾病的方法，具有疗程短、疗效快、基本无痛苦、不出血或出血少、无细菌感染、病原扩散概率小等优点。目前，兽医临床上使用较多的为氦氖激光器和二氧化碳激光器两种。

a.氦氖激光照射具有扩张血管、加速血液流动、增强组织细胞活力、促进新陈代谢、改善组织乏氧等功能，有消炎、镇痛、止痒、脱敏、收敛、消肿、促进肉芽生长及加速创伤愈合等作用，实践中常用于许多疾病的治疗。

b.二氧化碳激光多用于手术切割、凝固、烧灼和炭化等，也可作低能量散焦照射，起消炎、镇痛等作用，是一种新兴的治疗技术。低能量的激光主要具有刺激局部血液循环的作用，常用 10~25 mW 的氦氖激光器，可以治疗创伤、挫伤、溃疡、烧伤、脓肿、疖、蜂窝组织炎、关节炎、湿疹、睾丸炎、乳腺炎等。中等能量激光具有较强的刺激作用，常用 10~20 W 的二氧化碳激光作散焦照射，可以治疗化脓创、溃疡、褥疮、湿性肌炎等。高能量的激光，如 30~100 W 的二氧化碳激光，可治疗各种肿瘤。

②方法。

a.氦氖激光的照射方法有离焦照射和穴位照射两种。离焦照射时原光束或散焦后的光束对患部直接进行照射，其输出功率一般为 1~25 mW，照射距离为 30~80 cm，照射时间 10~20 min，每日一次，10~12 次为一疗程。穴位照射又称激光针灸，是将激光聚焦后对准传统穴位进行照射，照射时取一穴或数穴，每穴照射 10~20 min，可同时照射，也可分别照射，其余方法同离焦照射。

b.二氧化碳激光进行凝固、烧灼和炭化时，使用中等功率（3 W）的二氧化碳激光器，用原光束或聚焦后的光束照射，其光点处产生很大的功率密度，是良好的烧灼工具，在照射几毫秒的时间内，被照射组织即发生凝固、坏死、炭化、脱落，主要适用于大面积赘生物、浅在较小的皮肤新生物等。进行组织切割、分离时，使用高功率的二氧化碳激光器，通过导光关节引出并经聚焦后可形成一个极小的光点，能量高度集中，可用于打洞或切割。进行低能量散焦照射时，采用 6~30 W 的二氧化碳激光器，照射方法同氦氖激光离焦照射法，但以被照射部位皮肤温度不超过 45 ℃ 为宜。进行穴位照射时，因二氧化碳激光为不可见光，操作应慎重，照射时间一般为数秒钟。

动物激光治疗如图 4.35 所示。

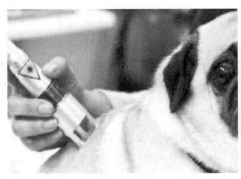

图 4.35　动物激光治疗

③注意事项。使用激光器进行激光治疗时,要严格遵守操作规程,严防漏电、触电和烧伤;开机前必须检查各连线是否接触良好、接线是否正确,打开电源开关,红色指示灯亮;有定时装置的,将旋钮置于所需时间上,开动高压开关,激光管即可发出激光束,氦氖激光束为红色,二氧化碳激光束为不可见光束(红外光);照射结束时,关闭电源开关。如遇激光管闪烁,毫安表摆动,可慢慢调节调压器或调整电压按钮或顺时针拨开电流调节旋钮 1~2 挡,激光管即可停止闪烁而正常工作。照射中注意不要直射人、畜眼睛,并随时看护好动物,防止骚动损坏机器或偏离照射部位,影响治疗效果。

4.3.4　特定电磁波(TDP)疗法

1)适用范围

TDP 是用含有多种微量元素的辐射板,在电热激发下而产生的特定电磁波谱治疗动物疾病的方法,已广泛应用于临床,效果良好。

2)方法

接通电源,打开开关,预热 5~10 min 后,直接辐照患部。板面与患部距离 20~30 cm。每次 30~60 min,每天 1~2 次,7~10 d 为 1 疗程,疗程间隔 3~5 d。

3)注意事项

临床应用证明,TDP 对软组织损伤、骨折、烧伤等具有明显的治疗效果。此外,对角膜炎、结膜炎、关节滑膜炎、腰炎、关节扭伤、挫伤、手术创伤等均有不同程度的疗效。

4.3.5　自家血疗法

1)适用范围

自家血疗法也叫蛋白质刺激疗法,是一种多方面的鼓舞性或刺激性的自体蛋白疗法。它能增强全身和局部的抵抗力,强化机体的生理功能和病理反应,有助于疾病的恢复。它用于治疗风湿病、皮肤病、某些眼病、创伤、营养性恶性溃疡、淋巴结炎、睾丸炎、精索炎及腺

疫等疾病,均有较好的效果。

2) 部位

自家血疗法常用于颈部皮下或肌肉内,如治疗眼部疾病时,可将血液注射在眼睑的皮下,用量不宜超 3 mL;腹膜炎时,可注入腹部皮下。

3) 方法

病畜站立保定,由病畜的颈静脉采取所需量的血液,立即注射患部,但牛凝血很快,最好在注射器里先吸入抗凝剂。注射剂量:牛、马 60~120 mL,猪、羊 10~30 mL。开始时注射量要少些,每注射一次增加原来剂量的 10%~20%。隔 2 d 1 次,4~5 次为 1 个疗程。注射部位可左右两侧交替进行。

4) 注意事项

①操作过程中要严格消毒,无菌操作,以防感染。

②操作要迅速熟练,以防发生血凝。

③注射 2~3 次血液后,如没有明显效果,应停止使用。如收到预期效果,经 1 个疗程后,间隔 1 周,再进行第 2 个疗程。

④对体温升高的病畜,病情严重或机体衰竭者,应禁止使用。

⑤为增强疗效,自家血疗法可与其他疗法配合使用,如并用普鲁卡因的自家血疗法,可用 2%的盐酸普鲁卡因等渗氯化钠溶液与等量自家血混合皮下注射。

⑥当注射大量血液时,为减少组织损伤及发生脓肿,可将血液分成数点注射。

任务 4.4　兽医临床抢救技术

➤ 学习目标

- 会对外伤动物进行抢救。
- 学会对患心脏病动物的抢救。
- 能对呼吸困难动物进行抢救。
- 知道过敏动物的抢救。
- 学会中毒动物的抢救。

4.4.1 外伤动物的抢救

1）适用范围

外伤包括所有外部机械力所致的机体损伤。它常给机体带来全身性后果,如跛行、伤口裂开、外出血等。此外,外伤也可引起如膀胱破裂、脾脏破裂、横膈破裂、气胸、心肺挫伤等内伤。因此,需着重查明全身性外伤,尽早识别涉及外伤的各种组织系统,以排除和防止低血容量、低氧症、酸中毒、休克等。

外伤诊断包括询问病史、检查感觉中枢、评价呼吸、创伤范围、出血程度与种类,检查循环功能、体温变化等。可从意识清醒程度、精神沉郁、意识丧失、过度兴奋、抽搐、神经反射(如角膜反射、眼睑反射、疼痛放射等)、瞳孔大小、眼球运动(眼球震颤)以及运动能力损伤(瘫痪、肌肉无力)等评价中枢神经系统异常。患畜惊恐、可视黏膜发绀、呼吸频率改变、呼吸类型改变、张口呼吸、鼻翼展开吸气等提示呼吸困难。从可视黏膜颜色改变、毛细血管再充盈时间、脉率等评价循环功能。

2）方法

有创口的外伤,首先要进行外伤清创术,即对外伤创口周围皮肤剪毛、消毒,除去污物,切除创口内的坏死组织,扩大创口以清除创内异物、血凝块,消灭创囊、无效腔,修整创缘,做必要的缝合。根据外伤的程度由轻到重,可以分为以下4种,并作出相应的抢救。

（1）外伤不明显患畜

此类患畜应留医24 h,做常规的全身检查。

（2）无生命危险患畜

此类患畜有软组织创伤、骨折或脱位。未发现体内损伤和全身性外伤后果,但必须考虑到有潜在性损害。尽早输液、输氧治疗可预防低血容量、低氧血症、酸中毒及其所致的休克,明显改善预后。

（3）严重多发性外伤危及患畜

此类患畜有高度休克危险或已处于休克状态,需迅速做急救。必须做放射摄影、B超检查、心脏循环功能和实验室诊断以确定患畜状况。视外伤的种类、范围和部位以及涉及的组织器官、全身性后果而异,迅速进行手术治疗可以挽救生命。虽然这类急诊手术风险高,但可通过重症监测方法减轻。如做气管插管、尽早输氧、输液治疗、糖皮质激素治疗甚至利尿疗法等,以保护重要器官的正常功能。定期监控血压、心电图、血气参数和酸碱平衡。

（4）严重损伤与不可逆多发性外伤患畜

此类患畜尤其是颅骨脑外伤、脊椎脱位与骨折合并脊髓毁坏疾病。此时做神经学检查、放射摄影、心电图的急诊检查,可以提供治疗的可能性资料和决定是否采取安乐死术。

动物咬伤清创如图4.36所示。

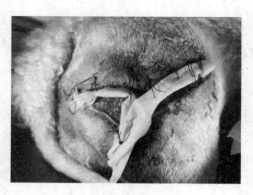

图 4.36　咬伤清创

4.4.2　患心脏病犬、猫的抢救

1）适用范围

犬、猫常见的心脏疾病有心肌病、心脏增大、犬心丝虫病、动脉导管未闭、肺动脉狭窄、主动脉狭窄、心室间隔缺损、心房间隔缺损、法乐氏四联症等。

按美国纽约心脏学会原则，将心脏病患犬、猫分为四度。

①Ⅰ度：正常机体活动不受限的心脏病患犬、猫。正常体力活动既不引起异常疲劳、心杂音、呼吸困难、咳嗽，也不引起喉部、胸下部和四肢等水肿的水潴留现象。

②Ⅱ度：正常机体活动略微受限。安静状态下，心脏病患犬、猫无任何不适。正常体力活动可引起异常疲劳、心杂音、呼吸困难、咳嗽或水潴留现象。

③Ⅲ度：正常机体活动明显受限。安静状态下，心脏病患犬、猫无任何不适。轻微正常的体力活动可引起异常疲劳、心杂音、呼吸困难、咳嗽或水潴留现象。

④Ⅳ度：不能进行任何正常机体活动。安静状态下，已出现心杂音、呼吸困难、咳嗽或水潴留现象。轻微的体力活动就可以使机体严重不适。

2）方法

（1）限制机体活动

Ⅰ度心脏病患犬、猫通常无须限制机体活动，但应避免运动过量。Ⅱ度心脏病患犬、猫仅限于日常活动或平静的快步，活动持续时间视机体状态而定。Ⅲ度心脏病患犬、猫可适当进行轻微活动，一旦出现轻度不适则必须停止。Ⅳ度心脏病患犬、猫必须绝对安静，如置于笼内安静休息。

（2）饮食少量多餐

Ⅲ、Ⅳ度心脏病患犬、猫的食品尚需减少盐分。推荐如新鲜肉、面条、人造黄油、新鲜蔬菜和水果等含钠少的食品，避免富含钠的食品如烤面包等烤制品、牛奶及奶制品、盐腌肉制品、蛋及蛋制品、海鲜、正常犬猫粮等。亦可使用市面上出售的心脏病患犬、猫处方粮。

（3）药物治疗

可通过加强心肌收缩力、治疗心律失常、改善冠状血流量和有效作用于心脏的拟肾上腺素药来改善心脏的功能。常用于加强心肌收缩力的药物有地高辛,初次剂量是每日 0.02 mg/kg,维持剂量是每日 0.01 mg/kg,每日分 2 次口服。心律失常时,可用抗心律失常药（普鲁卡因每日 2~5 mg/kg 静脉注射）或 β-受体阻滞药（心得安每日 0.5~1.0 mg/kg 静脉注射）治疗。冠状血管扩张药,如硝酸甘油,每日 0.1~0.5 mg/kg 静脉注射,可改善冠状血流量。拟肾上腺素药（多巴胺每日 10 mg/kg 静脉注射）亦可增强心肌收缩。

（4）治疗与预防心跳停止

心跳停止分为心搏完全停止和心室纤维性颤动两类。前者多由迷走神经刺激、电击、心肌缺氧、中毒等引起,后者多是麻醉剂中毒、儿茶酚胺中毒所致。心跳停止急救可见心肺复苏部分。斗牛犬心肺复苏如图 4.37 所示。

图 4.37　斗牛犬心肺复苏

（5）消除代谢性酸中毒

当心脏每搏输出量减少和外周血管收缩,可诱发器官血流灌注量不足与缺氧。这可使糖原厌氧分解导致细胞内酸中毒、细胞外酸血症,即代谢性酸中毒。做酸碱平衡测定后,可用碳酸氢钠消除代谢性酸中毒。

（6）利尿

可使用甘露醇或山梨糖醇利尿剂,以增强肾脏功能与消除水肿。

（7）手术治疗

如动脉导管未闭、肺动脉狭窄、主动脉狭窄、心室间隔缺损、心房间隔缺损等。

4.4.3　呼吸困难犬、猫的抢救

1) 适用范围

呼吸困难,即伴有呼吸急促的异常呼吸障碍,表现为呼吸费力、频率加快、呼吸过度。呼吸困难可分为吸气性、呼气性和混合性呼吸困难 3 种类型。

2) 方法

（1）保持呼吸道畅通

检查呼吸道，清除口咽部的异物、呕吐物、分泌物等，使呼吸道畅通。必要时，可做气管吸引排除呕吐物、分泌物，甚至做气管插管以保证呼吸道畅通。

（2）吸氧

吸氧（图4.38）是治疗呼吸困难和纠正低氧血症的一种有效措施。可选用适宜的给氧方式，如呼吸面罩、氧帐等。

（3）人工通气

图4.38　吸氧

人工通气是防治呼吸功能不全的有效方法，可改善通气，纠正低氧血症，减轻患犬、猫的呼吸做功和氧耗，支持呼吸和循环功能。必须做气管内插管，以确保吹入气体不进入食道而进入肺中。人工呼吸频率为8~10次/min，每分钟呼吸量约为150 mL/kg。有条件者，接人工通气机。

（4）抗感染，合理选用抗生素

如无感染的临床症状，则不宜常规使用抗生素。但危重患犬、猫，可适当选用抗生素以预防感染。原则上应根据对抗生素药物敏感试验结果来选择最有效抗生素。尚应考虑患犬、猫的全身状况及肝、肾功能状态。除采用静脉注射、肌肉注射给药途径外，还可做雾化吸入和经气管内滴入局部给药。

（5）维持循环功能稳定

呼吸困难时，低氧血症和二氧化碳潴留可影响心脏功能。如有条件，应给动物做血压、心电图、脉率、外周氧饱和度和呼出二氧化碳的不间断监测，以便尽早发觉心肺抑制并及时治疗。维持体液平衡、强心、利尿，改善微循环功能。

4.4.4　过敏动物的抢救

1) 适用范围

过敏是因抗生素、X射线造影剂、血清、非特异性有刺激性药物、输血、昆虫叮咬毒素等，引起敏感机体过敏反应，大量释放组胺、前列腺素和血栓素所致。除了出现抽搐和全身症状外，常迅速呈现呼吸、循环症状。呼吸道黏膜水肿，支气管、细支气管黏液分泌大量增加。临床经过以呼气艰难，随后呼吸音粗厉、呼吸极度困难，胸部膨胀，出现窒息症状为特征。

2) 方法

抢救以针对临床症状为主，包括输氧、人工呼吸、心血管疗法、补充血容量、利尿、糖皮质激素疗法，以及抗组胺、蛋白酶抑制剂、纤维蛋白溶解剂、安定和防止受凉等。

过敏的治疗应积极而慎重,抢救的药品不宜过多,剂量也要适当。首先,应用0.1%肾上腺素0.5~1 mL静脉注射,并根据需要隔20~30 min注射一次。在昆虫刺蜇部位可以直接注射0.3 mL的肾上腺素稀释液。其次,确保呼吸道通畅,插气管导管,并戴氧气面罩。再次,静脉注射速效的皮质激素,如氢化可的松100~500 mg,强地松龙50~200 mg,并根据需要每隔3~4 h反复注射。静脉注射抗组织胺药物,如苯海拉明1.1~2.2 mg/kg。如果经上述抢救后很快恢复则预后良好。

4.4.5　中毒犬、猫的抢救

虽然犬、猫主人时常怀疑自己的犬、猫中毒,但临床上犬、猫中毒较少见。在下述情况下,即可肯定中毒:见到摄取毒物、毒物残留物、毒物包装残留物;出现特定毒物中毒的确切临床症状;中毒证据,如做呕吐物、胃冲洗液、粪、尿、穿刺物、血和部分机体组织检验,证实中毒。

1)排出毒物

（1）排出消化道内毒物

排出消化道内毒物的方法有催吐、洗胃、灌肠和导泻。

①催吐(图4.39):对由口食入毒物尚不超过1~2 h,毒物未被吸收或吸收不多时,应用催吐,使毒物连同胃内容物吐出体外。催吐药物及使用方法为阿扑吗啡,0.04 mg/(kg·bw),静脉注射;0.04 mg/(kg·bw),皮下注射;1%硫酸铜溶液灌服,犬20~100 mL,猫5~20 mL。

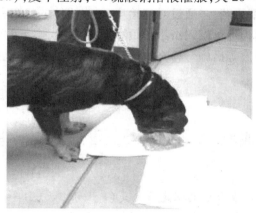

图4.39　动物催吐

②洗胃:由口食入毒物不久尚未吸收时,可采取洗胃措施。

③灌肠:促进肠道内有毒物质排出,选用灌肠法。

④导泻:加速肠道内容物排至体外,以减少肠道对毒物的吸收。

（2）清除皮肤和黏膜上的毒物(阻止有毒物质继续进入体内)

对皮肤和黏膜上的毒物,应及时用冷水洗涤(为了防止血管扩张,加速对毒物吸收,不宜用热水),洗涤越早、越彻底越好。

（3）加速毒物从体内排出

多数毒物通过肝脏代谢由肾脏排出，也有的毒物通过肺或粪便等途径排出。保护肝脏，可给予葡萄糖，以增加肝糖原和葡萄糖醛酸等，从而增强肝脏的解毒功能。

2）解毒药物

（1）常用的一般解毒药物

吸附剂、保护剂、凝固剂、中和剂、氧化剂、沉淀剂、拮抗剂进行一般性的解毒。

（2）特效解毒药

对中毒毒物具备特殊拮抗作用和解毒功能的药物称为特效解毒药。常用的有以下几种。

①美蓝：1%美蓝溶液，剂量 0.5~1 mL/kg，静脉注射，应用于氢氰酸中毒；剂量 0.1~0.2 mL/kg，静脉注射，可解除亚硝酸盐、非那西丁、安替比林、硝基苯等中毒。

②解磷定、氯磷定、双复磷等：用于有机磷中毒，如配合阿托品使用，效果更好。

③依地酸钙钠、青霉胺、二巯基丙醇、硫代硫酸钠等：主要用于铅、汞、砷、铍等重金属和类金属中毒。

④葡萄糖醛酸内酯（肝泰乐）：石炭酸、来苏儿、木焦油等芳香族碳氢化合物中毒的特效解毒药，但主要用于犬而不宜用于猫。

3）对症治疗

对症治疗又称支持疗法，为缓解中毒症状，抢救中毒动物生命赢得了时间。当前仍有许多毒物中毒后无特效解毒药，多通过对症治疗，增强机体的代谢和调节功能，降低毒性作用，从而获得康复。中枢神经过度兴奋给予镇静药，过度抑制给予兴奋药，采取强心、利尿、止痛、兴奋呼吸中枢和降温等措施。补充体液，调节酸碱平衡等，也是中毒治疗中不可忽视的重要措施。

 小结测试

一、单项选择题

1.大动物腹腔穿刺术，最合适的保定方法是（　　）。

　A.鼻钳保定　　　　　B.左侧卧保定　　　　C.仰卧保定　　　　D.站立保定

2.瘤胃穿刺最合适的部位是（　　）。

　A.左侧胺部　　　　　B.左侧腹中部　　　　C.左侧最后肋骨部　　D.右侧胺部

3.瓣胃穿刺最合适的部位是（　　）。

　A.左侧第 8 肋间后缘或第 9 肋间前缘

　B.右侧第 8 肋间后缘或第 9 肋间前缘

　C.右侧第 7—9 肋间

　D.左侧第 7—9 肋间

4.下列关于瘤胃穿刺说法错误的是(　　　)。

    A.为抢救动物生命,应迅速连续放气以降低腹压

    B.严格消毒,防范术部污染

    C.紧急情况下,无套管针时,可用竹管等放气

    D.套管针向右侧肘头方向进针

5.以下不属于灌注给药禁忌证的是(　　　)。

    A.喉炎　　　　　　　　B.咽炎　　　　　　　　C.胃炎　　　　　　　　D.严重呼吸困难

6.牛皮下注射的部位一般选择在(　　　)。

    A.颈部上 1/3、中交界处　　　　　　　　B.颈部中、下 1/3 交界处

    C.颈中部　　　　　　　　　　　　　　　D.股内侧

7.可用于皮下注射给药的是(　　　)。

    A.钙剂　　　　　　　　B.砷剂　　　　　　　　C.水合氯醛　　　　　　D.血清

8.下列关于肌内注射说法错误的是(　　　)。

    A.强刺激性药物不能肌内注射

    B.长远肌内注射时,应交替注射部位

    C.淤血及血肿部位不宜进行肌内注射

    D.为减少损失,可选择瘢痕及以前注射的针眼部位进行注射

9.大静脉注射给药最合适的部位是(　　　)。

    A.耳静脉　　　　　　　B.颈静脉　　　　　　　C.前臂头静脉　　　　　D.后肢小隐静脉

10.肌内注射部位应选在(　　　)处。

    A.肌肉丰满　　　　　　B.无大血管　　　　　　C.无大神经　　　　　　D.以上均包括

二、判断题

1.皮下注射是指将药物注射于皮肤的表皮与真皮之间的一种注射方法。　　　　　(　　　)

2.一般刺激性强、较难吸取的药物可进行皮下注射。　　　　　　　　　　　　　(　　　)

3.静脉注射药效迅速且排泄缓慢,因此是临床上常用的一种抢救给药方法。　　　(　　　)

4.为减少伤害,再次注射时可在有针眼的地方进行。　　　　　　　　　　　　　(　　　)

5.油类制剂可进行肌内注射,禁止进行静脉注射。　　　　　　　　　　　　　　(　　　)

三、问答题

1.动物的给药途径有哪些?

2.药物误投入动物肺部的表现有哪些?

3.静脉注射操作要点与注意事项有哪些?

4.拌料给药适应证有哪些? 应注意些什么?

5.小动物灌肠如何进行? 应注意些什么?

6.怎样确定瘤胃穿刺的部位? 如何操作? 操作时要注意些什么?

7.胸腔穿刺的部位如何确定? 操作时怎样防止气胸的形成?

8.子宫冲洗的方法与注意事项有哪些?

9.公犬如何进行导尿？应注意什么？

10.母犬如何进行膀胱冲洗？应注意什么？

11.阴道和子宫如何冲洗？适用范围有哪些？

12.何谓封闭疗法？操作的方法与注意事项有哪些？

13.冷却疗法与温热疗法各有哪些注意事项？

14.物理疗法都有哪些？适用范围有哪些？

15.自家血疗法在兽医临床上主要用于哪些情况？如何操作？

16.外伤动物如何进行抢救？

17.呼吸困难的动物如何进行抢救？应注意些什么？

18.心脏病患病动物应如何抢救？

19.宠物犬猫发生过敏该如何进行抢救？

20.动物中毒以后，该如何急救？

参考文献

［1］何德肆.兽医临床诊疗技术［M］.重庆：重庆大学出版社，2011.

［2］吴敏秋.兽医临床诊疗技术［M］.5版.北京：中国农业大学出版社，2020.

［3］唐兆新.兽医临床治疗学［M］.北京：中国农业出版社，2002.

［4］林德贵.动物医院临床技术［M］.北京：中国农业大学出版社，2004.

［5］刘俊栋，李巨银.兽医临床诊疗技术［M］.北京：中国农业出版社，2012.

［6］徐克，龚启勇，韩萍.医学影像学［M］.8版.北京：人民卫生出版社，2018.

［7］谢富强.兽医影像学［M］.3版.北京：中国农业大学出版社，2018.

［8］《执业兽医资格考试应试指南》编写组.2021年执业兽医资格考试应试指南·兽医全科类［M］.北京：中国农业出版社，2021.

［9］吴敏秋.执业兽医临床操作手册［M］.北京：中国农业出版社，2014.

［10］苏珊·泰勒.小动物临床技术标准图解［M］.袁占奎，何丹，夏兆飞，等，译.北京：中国农业出版社，2012.

［11］董忠生，吐尔洪·艾买尔.临床基础检验［M］.武汉：华中科技大学出版社，2012.

［12］须建，彭裕红.临床检验仪器［M］.2版.北京：人民卫生出版社，2015.

［13］余建明，李真林.医学影像技术学［M］.4版.北京：科学出版社，2018.